煤炭高等教育"十四五"规划教材

电 机 学

主　编　刘　豪
副主编　柏春岚
参　编　宋亚凯

应急管理出版社
· 北　京 ·

图书在版编目（CIP）数据

电机学 / 刘豪主编 . -- 北京 ：应急管理出版社，
2024. --（煤炭高等教育"十四五"规划教材）.
ISBN 978-7-5237-0652-7

Ⅰ . TM3

中国国家版本馆 CIP 数据核字第 2024B7A584 号

电机学（煤炭高等教育"十四五"规划教材）

主　　编	刘　豪
责任编辑	郭玉娟
责任校对	李新荣
封面设计	罗针盘

出版发行　应急管理出版社（北京市朝阳区芍药居 35 号　100029）

电　　话　010-84657898（总编室）　　010-84657880（读者服务部）

网　　址　www.cciph.com.cn

印　　刷　北京建宏印刷有限公司

经　　销　全国新华书店

开　　本　787mm×1092mm$^1/_{16}$　印　张　15$\frac{1}{4}$　字　数　357 千字

版　　次　2024 年 10 月第 1 版　2024 年 10 月第 1 次印刷

社内编号　20240036　　　　　　　定　价　45.00 元

前　　言

电机学是电气工程及其自动化、电气工程与自动化和智能电网信息工程等专业的专业核心课程，是电力系统分析、发电厂电气部分、高电压技术、电力系统自动化等课程学习的基础。电机学内容多，且理论知识抽象又复杂，为了让学生有充足的时间学习，很多高校的电气类专业对电机学课程教学安排的课时较多。

随着国家高等教育教学改革的进行，为了培养学生具备全面性和多元化的能力，构建更加科学合理的课程体系，高校会根据专业培养目标、学科发展趋势、师资力量、教学设施以及学生就业需求等因素，对课程设置和学时安排进行优化。电机学作为电气类专业的基础课程之一，其学时相比以前也缩减了不少。虽然这种调整可以为其他相关课程，如智能电网、电力电子技术、新能源技术等留出更多时间，以拓宽学生的知识面和增强专业技能。但是这对保证本课程的教学质量却存在不小的挑战。为了解决这一矛盾，河南城建学院组织多位教师共同编写了《电机学》一书。

本着"精、全、简、易"的编写方针，本书突出了电机结构、工作原理、基本方法和基本运行特性，简化了章节的内容结构、基本方程和等效电路等的推导过程，充分体现了编者对学生学习需求和现代教学理念的深刻理解。这种编写方式旨在帮助学生在有限的学时内高效掌握电机学的核心知识，同时保持对学科整体的全面理解，也为学生适应未来社会工作的需求奠定坚实的基础。

全书共分为七章。总教学时数为50~60学时。全书特点如下：

（1）注重基本概念、基本理论和基本方法的阐述和分析，使学生掌握分析电机的方法，建立牢固的物理概念，为学习后续课程和今后解决电气工程领域的工程问题打下坚实的基础；

（2）阐明机电能量转换的机制和条件，为将来开发和研发新型电机建立准则提供了重要的基础理论和实践指导；

（3）课程内容中融入了实践案例和多样的分析方法，增强学习的趣味性和实用性，同时还满足不同层次学生的学习需求，为学生提供丰富的参考资源；

（4）各章具有相对独立性，讲授次序可以根据具体情况进行调整；

（5）选学内容由任课教师根据人才培养要求、学科发展趋势等情况而定，不再标注。

本教材由河南城建学院刘豪担任主编，柏春岚担任副主编，宋亚凯担任参编。其中绪论、第一、二、三章由刘豪编写；第五章由宋亚凯编写；第四、六、七章由柏春岚编写；全书由刘豪统稿。

本书可作为高等学校电气工程及其自动化专业、智能电网信息工程专业以及其他强、弱电相结合专业的教材。由于作者水平有限，书中如有错误之处，敬请读者批评指正。

编　者

2024 年 8 月

目　　次

绪　　论

一、为什么要学习"电机学"

电机是一种利用电磁感应原理进行机电能量转换或信号传递的电气设备或机电元件，或是一种机电能量转换或信号传递的电磁机械装置。随着时代的日新月异，电机广泛运用于电力、工业、农业、国防与日常生活等领域，无处不在，促进了国家经济发展。

1. 电机应用广泛

（1）电机在电力系统中的应用。火电厂利用汽轮发电机（水电厂利用水轮发电机）将机械能转换为电能，然后电能经各级变电站利用变压器改变电压等级，再进行传输和分配。此外，发电厂多种辅助设备，如给水泵、鼓风机、调速器、传送带等，也都需要电动机驱动。

（2）电机在工业中的应用。在机器制造业和其他所有轻、重型制造工业中，电动机的应用也非常广泛。各类工作母机，尤其是数控机床，都必须由一台或多台不同容量类型的电动机来拖动和控制。各种专用机械，如纺织机、造纸机、印刷机等也都需要电动机来驱动。一个现代化的大中型企业，通常要装备几千乃至几万台不同类型的电动机，所以在工业中电机被广泛应用。

（3）电机在农业中的应用。农村用的脱粒机、收割机、播种机、磨面机、抽水机、农用三轮车和电动车等离不开电机。

（4）电机在交通运输业中的应用。在电气化铁路和城市交通以及作为现代化高速交通工具之一的磁悬浮列车中，以及电力机车和无轨电车中也用电动机来拖动。

（5）电机在国防中的应用。国防上雷达天线和人造卫星的自动控制系统也要用许许多多的被称作"控制电机"的微电机来作为元件进行工作和执行命令；军舰、飞机和飞船上也应用了各种类型的发动机。

（6）日常生活中的家用电器绝大多数都离不开电机。

2. 电机学是电气类、自动化类专业的专业课基础

在电气类专业的专业课中，电力系统分析、电力电子技术、发电厂电气部分、高电压技术与电力系统自动化等主干专业课程与电机学课程紧密相关。如对于电力系统专业的技术人员来说，要解决电力系统稳定性问题，就必须掌握系统的电源——同步发电机的特性；对于从事电气工程及其自动化、智能电网信息工程、电气自动化专业的技术人员，若要解决控制的精度等问题，就必须了解执行元件的特性，即微电机的特性。

因此学好电机学，具有十分重要的意义。

二、电机学课程的内容和电机的类型

1. 课程内容

电机学课程通常介绍 4 种典型电机——变压器、直流电机、异步电机和同步电机，讲

述其原理、结构、特性和应用。

2. 电机的类型

电机的种类很多，分类方法也很多。按运动方式可分为静止电机、直线电机和旋转电机；按电流角度划分为直流电机和交流电机两种，而交流电机按运行速度与电源频率的关系又可分为异步电机和同步电机；按能量转换角度可分为发电机（是指由原动机拖动，将机械能转换为电能）、电动机（是指将电能转换为机械能，驱动电力机械）、变压器（是指用于改变电压和电流，频率不变）和控制电机（是指进行信号的传递和转换，控制系统中的执行、检测或解算元件）；按使用场合电机可分为潜水电机、防爆电机、航空电机等。此外，还可根据防护型式（防护式、开启式、封闭式）、额定电压、相数、转速来分类。

三、如何学习电机学

电机学是电气类、自动化类的专业基础课，具有高等数学、大学物理、电路等基础课逻辑性较强的特点，同时也有很强的工程实践性，学习时需要考虑如工艺、标准、经济性等诸多实践性问题。根据电机学课程的特点，建议学生学习电机学时应注意以下几点。

（1）首先弄清楚各种电机的结构，主要部件的作用和构成。为此，还需要到电机实验室或电机厂实地参观，对实物建立起初步印象，特别是观察绕组展开图和实际接线图。

（2）搞清楚各种电机（变压器、直流电机、异步电机和同步电机）的空载和负载磁场，对于磁场分布要弄清楚，做到脑中能够勾画出该电机磁场。

（3）能够写出各种电机的方程式（电压方程、电流方程、功率方程、转矩方程、磁动势平衡），画出等效电路图和相量图，并能求取电机参数。

（4）掌握各种电机的运行特性，并能画出特性曲线图。

（5）弄清楚各类电机的用途和特点，以及电动机和发电机的互逆性原理。

（6）必须重视电机试验，要求人人都能动手，会写出试验报告（试验原理、试验报告、试验器材、试验原理图、试验步骤、试验结果和试验分析），重点是试验过程、结果和分析。

（7）要课前预习、认真听课、做记录、课后复习，做试验、写试验报告，通过理论和实践的多次反复，加深对电机学的理解和掌握。

（8）课后采用多种方式学习、交流和互动。

第一章　磁　　路

电机是一种机电能量转换装置，变压器是一种电能传递装置，它们的工作原理都是以电磁感应定律为基础，且以磁场作为其耦合场。磁场的强弱和分布，不仅关系到电机的性能，而且还将决定电机的体积和重量。所以磁场的分析和计算，对于研究电机是十分重要的。

由于铁磁材料的磁导率比空气磁导率大得多，即 $\mu_{Fe} \approx (2000 \sim 8000) \mu_0$，所以电机和变压器通常采用铁磁材料来加强磁场，使大部分磁通被约束在规定的区域和特定的路径内；再考虑到工作频率很低，铁芯内部磁场的集肤效应不太明显。因此，电机内的许多三维电磁场问题均可简化成一维的磁路问题来计算和分析，其准确度从工程角度来说均满足要求。

本章先介绍磁路的基本定律，然后阐述常用铁磁材料及其性能，最后说明磁路的计算方法。

第一节　磁路的基本定律

一、基本概念

磁通所通过的路径称为磁路，如图 1-1 所示。

在电机和变压器内，常把线圈套装在铁芯上。当线圈内通有电流时，线圈的周围空间（包括铁芯内、外）就会形成磁场。由于铁芯的磁导率要比空气的大得多，所以载流线圈和部分线圈所产生的绝大部分磁通将在铁芯内通过，这部分磁通称为主磁通。围绕载流线圈和部分铁芯周围空间，还存在少量分散的磁通，这部分磁通称为漏磁通。主磁通和漏磁通所通过的路径分别构成主磁路和漏磁路，如图 1-1 所示。

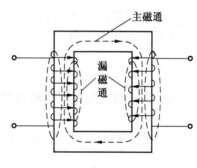

图 1-1　变压器的磁路

用以激励磁通的载流线圈称为励磁线圈（或励磁绕组），励磁线圈中的电流称为励磁电流。若励磁电流为直流，磁路中的磁通不随时间变化而恒定，这种磁路称为直流磁路，直流电机的磁路就属于这一类。若励磁电流为交流（为把交、直流激励区分开，对于交流情况，以后称为激磁电流），磁路中的磁通随时间变化而变化，这种磁路称为交流磁路，交流铁芯线圈、变压器和异步电机的磁路都属于这一类。

二、基本定律

分析和计算磁场时，常用到安培环路定律和磁通连续性定律。在此基础上，可得到磁路的欧姆定律、磁路的基尔霍夫第一和第二定律，下面对这些定律作以说明。

（一）安培环路定律

沿着任何一条闭合回线 L，磁场强度 H 的线积分值 $\oint_L \vec{H} \cdot \mathrm{d}\vec{l}$ 恰好等于该闭合回线所包围的总电流值 $\sum i$（代数和），这就是安培环路定律。用公式表示为

$$\oint_L \vec{H} \cdot \mathrm{d}\vec{l} = \sum i \qquad (1-1)$$

式中，若电流的正方向与闭合回线 L 的环形方向符合右手螺旋关系，电流取正，否则取负。

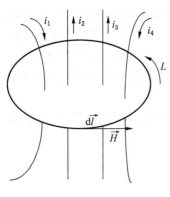

图 1-2　安培环路定律

【例 1-1】　在图 1-2 中，i_2、i_3 的方向向上，取正号；i_1 和 i_4 的方向向下，取负号；故有

$$\oint_L \vec{H} \cdot \mathrm{d}\vec{l} = -i_1 + i_2 + i_3 - i_4 \qquad (1-2)$$

（二）磁路的欧姆定律

如图 1-3a 所示，铁芯上绕有 N 匝线圈，线圈中通有电流 i，铁芯截面积为 A，磁路的中心长度为 l，铁芯的磁导率为 μ。若不计漏磁通，即所有的磁通都在铁芯之内，并且认为各截面上的磁通密度均匀分布，B（或 H）的方向总是沿着回线 l 的切线方向且大小处处相等，此时就有 $\oint_L \vec{H} \cdot \mathrm{d}\vec{l} = Hl$，而闭合回线 l 所包含的总电流 $\sum i = Ni$，即

$$Hl = Ni \qquad (1-3)$$

由于各截面内的磁通密度 B 为均匀分布，且垂直于各截面，故磁通量 $\varPhi$ 等于磁通密度 B 乘以面积 A，即

$$B = \frac{\varPhi}{A} \qquad (1-4)$$

再考虑到磁通密度 B 等于磁场强度 H 乘以磁导率 μ，即

$$B = \mu H \qquad (1-5)$$

将式（1-4）、式（1-5）代入式（1-3），经整理后可得

$$F = Ni = \varPhi R_{\mathrm{m}} \qquad (1-6)$$

式中　F——磁动势，A；

　　　R_{m}——磁阻，A/Wb；

$$R_{\mathrm{m}} = \frac{l}{\mu A} \qquad (1-7)$$

$$\Lambda_{\mathrm{m}} = \frac{1}{R_{\mathrm{m}}} \qquad (1-8)$$

式中　Λ_{m}——磁导，Wb/A。

式（1-6）表示，作用在磁路上的磁动势 F 等于磁路内的磁通量 $\varPhi$ 乘以磁阻 R_{m}，该表达式与电路中的欧姆定律在形式上十分相似，称为磁路的欧姆定律。从中可以把磁路中的磁动势 F 比拟为电路中的电动势 E，磁通量 $\varPhi$ 比拟为电流 I，磁阻 R_{m} 比拟为电阻 R，

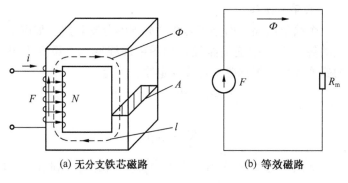

(a) 无分支铁芯磁路　　　　　　(b) 等效磁路

图 1-3　铁芯磁路

等效磁路如图 1-3b 所示。

从磁阻的表达式（1-7）来看，磁阻 R_m 与磁路的平均长度 l 成正比，与磁路的截面积 A 及所用材料的磁导率 μ 成反比，此式与导体的电阻公式相似。注意：铁磁材料的磁导率 μ 不是一个常值，所以磁阻也不是常值，其随着磁路中磁通密度的大小而变化，因此磁路中的磁通量 Φ 不是随着磁动势 F 的增大而正比增大，或者说 Φ 与 F 之间不是线性关系，此称为非线性的磁路。

磁路的欧姆定律是由安培环路定律导出，它对于建立磁路和磁阻的概念很有用。但是，由于铁芯磁路是非线性的，所以实际计算时，多数情形下都是利用安培环路定律来计算。

【例 1-2】　图 1-3a 所示的闭合铁芯磁路，铁芯的横截面积 $A = 9 \times 10^{-4}\ \mathrm{m}^2$，磁路的平均长度 $l = 0.3\ \mathrm{m}$，铁芯的磁导率 $\mu_{Fe} = 5000\mu_0$（$\mu_0 = 4\pi \times 10^{-7}\ \mathrm{H/m}$），套装在铁芯上的励磁绕组 $N = 500$ 匝。试求在铁芯中产生 1T 的磁通密度时，所需的励磁磁动势和励磁电流。

解：根据安培环路定律，有

①磁场强度

$$H = \frac{B}{\mu_{Fe}} = \frac{1}{5000 \times 4\pi \times 10^{-7}} = 159.15\ \mathrm{A/m}$$

②磁动势

$$F = Hl = 159.15 \times 0.3 = 47.745\ \mathrm{A}$$

③励磁电流

$$\because F = Hl = Ni$$

$$\therefore i = \frac{F}{N} = \frac{47.745}{500} = 0.09549\ \mathrm{A}$$

（三）磁通连续性定律

穿出（或进入）任一闭合面的总磁通量恒等于零（或者说，进入任一闭合曲面的磁通量恒等于穿出该闭合曲面的磁通量），这就是磁通连续性定律，其数学表达式为

$$\oint_A \vec{B} \cdot \mathrm{d}\vec{\alpha} = 0 \qquad\qquad (1-9)$$

式中，$\mathrm{d}\vec{\alpha}$ 的方向规定为闭合曲面的外法线方向。

1. 磁路的基尔霍夫第一定律

如果铁芯不是一个简单回路，而是带有并联分支的分支磁路，如图1-4所示，则当中间铁芯柱上加有磁动势 F 时，磁通的路径将如图中虚线所示。设穿出闭合面 A 的磁通为正，进入闭合面的磁通为负，根据磁通连续性定律，可得

$$-\Phi_1 + \Phi_2 + \Phi_3 = 0 \tag{1-10}$$

即

$$\sum \Phi = 0 \tag{1-11}$$

式（1-11）与电路中的基尔霍夫第一定律 $\sum i = 0$ 相似，因此该定律称为磁路的基尔霍夫第一定律。

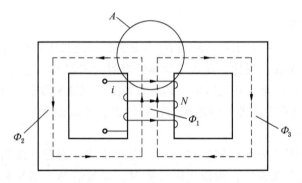

图1-4　磁路的基尔霍夫第一定律

2. 磁路的基尔霍夫第二定律

电机和变压器的磁路通常是由数段不同截面、不同铁磁材料的铁芯组成，磁路中还可能含有气隙。因此磁路计算时，总是把整个磁路分成若干段，每段为同一材料、具有相同的截面积，从而段内磁通密度处处相等，磁场强度也处处相等；然后用安培环路定律算出每段磁路中所需的磁动势。如图1-5所示，磁路由气隙和铁磁材两部分组成，但是横截面积都相等。若铁芯上绕有线圈匝数为 N，励磁电流为 i，根据磁路的欧姆定律可得

$$F = Ni = \sum_{k=1}^{2} H_k l_k = H_1 l_1 + H_\delta \delta = \frac{\Phi_1}{R_{m1}} + \frac{\Phi_\delta}{R_{m\delta}} \tag{1-12}$$

式中　　H_k ——第 k 段磁路单位长度上的磁位降；

$\quad\quad l_k$ ——第 k 段磁路长度；

$\quad\quad \delta$ ——气隙长度，m；

$\quad\quad H_1$ ——铁芯内的磁场强度，A/m；

$\quad\quad H_\delta$ ——气隙内的磁场强度，A/m；

$\quad\quad \Phi_1$ ——铁芯内的磁通密度，Wb；

$\quad\quad \Phi_\delta$ ——气隙内的磁通密度，Wb；

$\quad\quad R_{m1}$ ——铁芯的磁阻，A/Wb；

$\quad\quad R_{m\delta}$ ——气隙的磁阻，A/Wb；

$\quad\quad l_1$ ——铁芯的平均长度，m。

$$l_1 = 2l_n + 2l_m - \delta \tag{1-13}$$

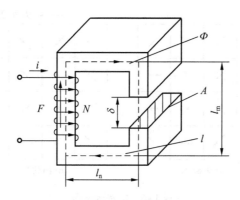

图 1-5 磁路的基尔霍夫第二定律

式（1-12）表示：作用在任何闭合磁路的总磁动势恒等于各段磁路磁位降的代数和，称为磁路的基尔霍夫第二定律。不难看出，此定律实际上是安培环路定律的另一种表达形式。

需要指出，磁路和电路的比拟仅是——种数学形式上的类比，而不是物理本质的相似。

第二节　常用的铁磁材料及其特性

为了使在一定的励磁磁动势作用下能激励较强的磁场，电机和变压器的铁芯常用磁导率较高的铁磁材料制成。因此，需要对常用的铁磁材料及其特性作一说明。

一、铁磁材料的磁化

铁磁物质包括铁、镍、钴等以及它们的合金。将铁磁材料放入磁场后，材料内的磁场会显著增强。铁磁材料在外磁场中呈现很强的磁性，这种现象称为铁磁物质的磁化。铁磁材料能被磁化，是因为在它内部存在着许多很小的被称为磁畴的天然磁化区，每一个磁畴可以看作一个微型磁铁，如图 1-6 所示，其中磁畴用一些具有一定指向的箭头来表示。由图中可以看出，铁磁材料未放入磁场之前，磁畴随机、杂乱地排列着，其磁效应互相抵消，对外部不呈现磁性；当铁磁材料放入磁场内，在外磁场的作用下，磁畴的指向将逐步趋于一致，由此形成一个附加磁场叠加在外磁场上，使合成磁场大为增强。由于磁畴所产生的附加磁场要比非铁磁材料在同一磁场强度下所激励的磁场强得多，所以铁磁材料的磁导率 μ_{Fe} 要比非铁磁材料的磁导率（接近于真空的磁导率 μ_0）大得多。因此，电机中常用的铁磁材料，其磁导率取值为 $(2000 \sim 6000)\mu_0$。

磁化是铁磁材料的特性之一。

二、磁化曲线和磁滞回线

1. 初始磁化曲线

在非铁磁材料中，磁通密度 B 和磁场强度 H 之间呈直线关系，其斜率为 μ_0。对于铁磁材料，将一块尚未磁化的铁磁材料进行磁化，磁通密度 B 随着磁场强度 H 由零逐渐增大

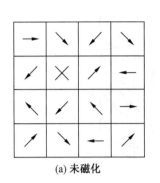 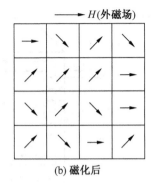

(a) 未磁化   (b) 磁化后

图 1-6　磁畴示意图

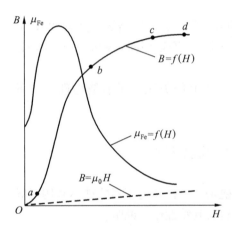

图 1-7　铁磁材料的初始磁化曲线和
磁导率 $\mu_{Fe} = f(H)$

而增大，此曲线 $B = f(H)$ 就称为初始磁化曲线，如图 1-7 所示。图中磁化曲线分为四段：开始磁化时，外磁场较弱，磁通密度增加得较慢，为 Oa 段；随着外磁场的增强，材料内部大量磁畴开始转向，趋向于外磁场方向，此时 B 值增加得很快，为 ab 段（其磁化曲线接近于直线）；若外磁场继续增加，大部分磁畴已趋向于外磁场方向，可转向的磁畴越来越少，B 值增加越来越慢，为 bc 段（其为饱和）；达到饱和后，磁化曲线基本上成为与非铁磁材料的 $B = \mu_0 H$ 特性相平行的直线，为 cd 段。磁化曲线开始拐弯的点（b 点），称为膝点。

由于铁磁材料的磁化曲线不是一条直线，所以 $\mu_{Fe} = \dfrac{B}{H}$ 也随 H 值的变化而变化，图 1-7 中展示出了曲线 $\mu_{Fe} = f(H)$。由图可知，Oa 段的磁导率较低，直线段 ab 的磁导率较高，铁芯饱和后，磁导率又重新下降。设计电机和变压器时，为使主磁路内得到较大的磁通量而又不过分增大励磁磁动势，通常把铁芯内的工作磁通密度选择在膝点附近。

2. 磁滞回线

若将铁磁材料进行周期性磁化，B 和 H 之间的变化关系就会变成图 1-8 中所示的曲线 $abcdefa$。由图可见，当 H 开始从零增加到 H_m 时，B 相应地从零增加到 B_m；以后如逐渐减小磁场强度 H，B 值将沿曲线 ab 下降。当 $H = 0$ 时，B 值并不等于零，而等于 B_r；这种去掉外磁场之后，铁磁材料内仍然保留的磁通密度 B_r，称为剩余磁通密度，简称剩磁。要使 B 值从 B_r 减小到零，必须加上一定的反向外磁场，此反向磁场强度称为矫顽力，用 H_c 表示。B_r 和 H_c 是铁磁材料的两个重要参数。铁磁材料所具有的这种磁通密度 B 的变化滞后于磁场强度 H 变化的现象，叫作磁滞。呈现磁滞现象的 $B - H$ 闭合回线，称为磁滞回线，如图 1-8 中 $abcdefa$ 所示。磁滞现象是铁磁材料的另一个特性。

3. 基本磁化曲线

对同一铁磁材料，选择不同的磁场强度 H_m 进行反复磁化，可得一系列大小不同的磁滞回线，如图 1-9 所示。再将各磁滞回线的顶点连接起来，所得曲线称为基本磁化曲线或

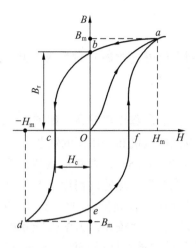

图 1-8　铁磁材料的磁滞回线

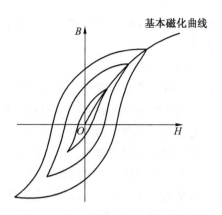

图 1-9　基本磁化曲线

平均磁化曲线。基本磁化曲线不是起始磁化曲线，但差别不大。计算直流磁路时所用的磁化曲线都是基本磁化曲线，如图 1-10 所示。

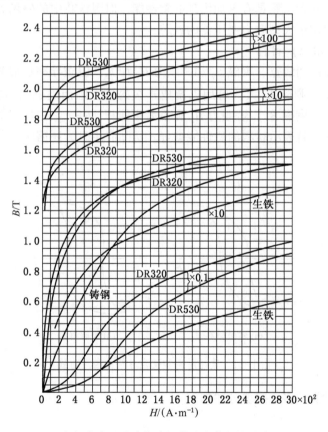

图 1-10　电机中常用的硅钢片、铸铁和铸钢的基本磁化曲线
（图中×0.1、×10、×100 等分别表示横坐标的读数×0.1、×10、×100）

三、铁磁材料

按照磁滞回线形状的不同，铁磁材料分为软磁材料和硬磁（永磁）材料两大类，具体阐述如下。

（一）软磁材料

软磁材料的磁滞回线窄、剩磁 B_r 小和矫顽力 H_c 小，但是磁导率较高，如图1-11a所示。常用的软磁材料有铸铁、铸钢和硅钢片等，常用以制造电机和变压器的铁芯。

电机和变压器中常用的电工硅钢片，其含硅量为 0.5%～4.8%，含硅量愈高，铁芯中的磁场交变时，铁耗就愈小。电工硅钢片分成热轧和冷轧两类。热轧硅钢片（型号为DR）的磁导率为各向同性，按含硅量的高、低，可分成低硅钢片（含硅量为 1%～2%）和高硅钢片（含量为 3.5%～4.8%）。低硅钢片达到饱和时的磁通密度较高、力学性能较好，厚度一般为 0.5 mm，主要用于中、小型电机；高硅钢片的单位重量铁耗较低、磁导率较高，厚度一般为 0.35 mm，主要用于大型交流电机和电力变压器。

冷轧硅钢片可分成含硅量为 0.5%～3% 的无取向硅钢片（型号为DW）和含硅量为 2.5%～3.5% 的单取向硅钢片（型号为DQ）。前者为各向同性，可用于中、大型电机和电力变压器的铁芯；后者虽然具有更加优越的磁性能，但因铁芯中的磁场方向要求平行于规定的取向，所以仅用于大型电力变压器的铁芯。

（二）硬磁（永磁）材料

硬磁材料的磁滞回线宽、剩磁 B_r 和矫顽力 H_c 均大，但磁导率近似为空气磁导率，如图1-11b所示。由于剩磁 B_r 大，可用以制成永久磁铁，因而硬磁材料亦称为永磁材料。永磁材料的磁性能用剩磁 B_r、矫顽力 H_c 和最大磁能积 $|BH|_{max}$ 三项指标来表征。一般来说，三项指标愈高，就表示材料的磁性能愈好。实际应用时，还需考虑其工作温度、稳定性和价格等因素。

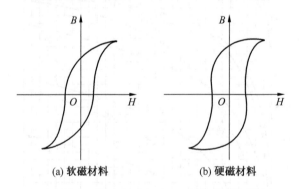

(a) 软磁材料　　　　　　　(b) 硬磁材料

图1-11　软磁材料和硬磁材料的磁滞曲线

永磁材料的种类较多，摘要分述如下。

1. 铝镍钴

铝镍钴材料的剩磁 B_r 较高（最高可达 1.3 T），但矫顽力 H_c 相对较低，磁能积中等，价格相对来说较低。这种材料的特点是，温度变化时磁性能变化很小，材料硬而脆，退磁曲线呈现非线性变化，如图1-12所示。20世纪60年代以前，这种材料在永磁电机和仪表中应用较多，后来由于新材料不断出现，除了对某些温度稳定性要求较高的仪表和永磁电机之外，已有逐步被取代的趋势。

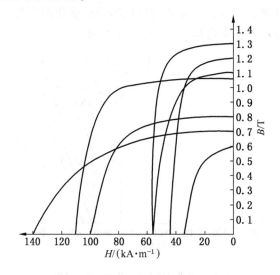

图 1-12 铝镍钴永磁材料退磁曲线

2. 铁氧体

20 世纪 50 年代出现的铁氧体永磁材料，在电机中常见的两种材料有钡铁氧体（BaO·$6Fe_2O_3$）和锶铁氧体（SrO·Fe_2O_3）。铁氧体永磁材料的特点是价格低廉，不含稀土元素镍、钴等贵重金属；制造工艺较为简单；矫顽力较大，抗去磁能力较强；密度小，质量较轻；退磁曲线接近于直线，回复线基本上与退磁曲线的直线部分重合，如图 1-13 所示。但其不足之处是剩磁密度低，磁能积低。同时，环境温度对磁性能影响也比较大，剩磁温度系数 α_{Br} 为 -(0.18 ~ 0.20)%K^{-1}，矫顽力温度系数 α_{Hci} 为 -(0.4 ~ 0.6)%K^{-1}。当铁氧体永磁材料的 α_{Hci} 为正值时，

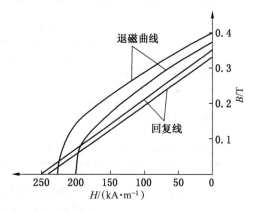

图 1-13 铁氧体永磁材料退磁曲线

其矫顽力随温度的升高而增大，随温度的降低而减少，这是它与其他几种常用永磁材料的不同之处。另外，铁氧体永磁材料硬而脆，且不能进行电加工，仅能切片和进行少量磨加工。

3. 稀土钴

稀土钴材料的剩磁 B_r、矫顽力 H_c 和最大磁能积 $|BA|_{max}$ 都很高；同时，还具有很强的抗去磁能力，温度稳定性也较好，其允许工作温度可高达 200~250 ℃，是一种性能优良的永磁材料；缺点是除电加工外，不能进行其他的机械加工；另外，材料的价格较贵，使电机的造价较高，故仅用于要求体积小、重量轻和高性能的永磁电机。

4. 钕铁硼

钕铁硼是20世纪80年代后期研制成的一种稀土永磁材料,其性能优于稀土钴。它具有高剩磁、高矫顽力、高磁能积等优点。但不足之处是温度系数大、居里点低、容易氧化生锈,需要进行涂层处理。另外,永磁体磁性能随温度变化而变化,稳定性较差。在高温下工作时,要防止工作在不稳定区域,如图1-14所示。

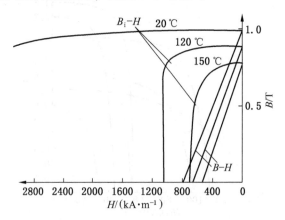

B_i-H—内裹退磁曲线;B-H—退磁曲线

图1-14 不同温度下钕铁硼永磁材料的内裹退磁曲线和退磁曲线

现将四类永磁材料各举一种,其磁性能见表1-1。

表1-1 四类永磁材料的磁性能

磁性能	铝镍钴(LNG60)	铁氧体(Y35)	稀土钴(XGS200)	钕铁硼(NTP336)
剩磁/T	1.35	0.42	1.05	1.31
矫顽力/$(kA \cdot m^{-1})$	60	200	680	915
最大磁能积/$(kJ \cdot m^{-3})$	80	31.8	200	314

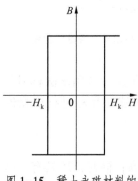

图1-15 稀土永磁材料的磁滞回线

稀土永磁材料的磁滞回线呈平行四边形,如图1-15所示。回线转折处的磁场强度H_k,称为临界磁场强度。当$|H|<|H_k|$时,回线接近于两条平行、倾斜的直线,其磁导率接近于空气的磁导率μ_0;当$|H|>|H_k|$时,回线呈铅垂线下降。

四、铁芯损耗

1. 磁滞损耗

将铁磁材料置于交变磁场中时,材料被反复交变磁化。与此同时,磁畴相互间不停地摩擦、消耗能量、造成损耗,这种损耗称为磁滞损耗。

分析表明,磁滞损耗p_h等于磁场交变的频率f乘以铁芯的体积V和磁滞回线的面积$\oint HdB$,即

$$p_h = fV \oint H \mathrm{d}B \qquad\qquad (1-14)$$

通过实验可证明，磁滞回线的面积与 B_m 的 n 次方成正比，故磁滞损耗亦可改写成

$$p_h = C_h f B_m^n V \qquad\qquad (1-15)$$

式中，C_h 为磁滞损耗系数，其大小取决于材料性质；对一般电工钢片，$n = 1.6 \sim 2.3$。

由于硅钢片磁滞回线的面积较小，为减小铁耗，电机和变压器的铁芯常用硅钢片叠成。

2. 涡流损耗

因为铁芯是导电的，故当通过铁芯的磁通随时间交变时，根据电磁感应定律，铁芯中将产生感应电动势，并引起环流。这些环流在铁芯内部围绕磁通作旋涡状流动，称为涡流，如图1-16所示。涡流在铁芯中引起的损耗，称为涡流损耗。

分析表明，频率越高，磁通密度越大，感应电动势越大，涡流损耗也越大；铁芯的电阻率越大，涡流所经过的路径越长，涡流损耗就越小。对于由硅钢片叠成的铁芯，经推导可知，涡流损耗 p_e 为

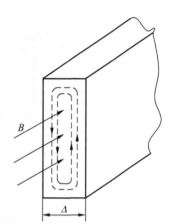

$$p_e = C_e \Delta^2 f^2 B_m^2 V \qquad\qquad (1-16)$$

式中　C_e——涡流损耗系数，其大小取决于材料的电阻率；

　　　Δ——钢片厚度。

为减小涡流损耗，电机和变压器的铁芯都用含硅量较高的薄硅钢片（厚度为 $0.35 \sim 0.5$ mm）叠成。

图1-16　硅钢片中的涡流

铁芯中磁滞损耗和涡流损耗之和，称为铁芯损耗，用 p_{Fe} 表示，即

$$p_{Fe} = p_h + p_e = (C_h f B_m^n + C_e \Delta^2 f^2 B_m^2) V \qquad\qquad (1-17)$$

对于一般的电工钢片，在正常的工作磁通密度范围内（ $1\ \mathrm{T} < B_m < 1.8\ \mathrm{T}$ ），式（1-17）可近似地写成

$$p_{Fe} \approx C_{Fe} f^{1.3} B_m^2 G \qquad\qquad (1-18)$$

式中　C_{Fe}——铁芯的损耗系数；

　　　G——铁芯重量。

式（1-18）表明，铁芯损耗与频率的1.3次方、磁通密度的平方和铁芯重量成正比。

第三节　简单的磁路计算

磁路计算时，通常是先给定磁通量，然后计算所需的励磁磁动势，这类问题称为正问题。对于少数逆问题，即给定励磁磁动势求磁通量的问题，由于磁路的非线性，需要进行多次迭代才能得到解答。

一、串联磁路计算

简单串联磁路就是不计漏磁影响，仅有一个磁回路的无分支磁路，如图1-17所示。该图中整个磁路为同一磁通，但由于各段磁路的截面积不同，应分段求出各段中的磁通密

度 B_k，再根据所用材料的磁化曲线，查产生 B_k 所需要的磁场强度 H_k，最后求出各段和整个磁路所需的磁动势值。若磁路中含有气隙，由于磁场的边缘效应（图 1-18），气隙的有效面积 A_δ 大于材料的截面积，故实际计算时要采用有效面积 $A_{\delta(有效)}$。若气隙长度为 δ，铁芯的截面积为 $a \times b$，当 δ 比 a 和 b 小很多时，气隙的有效面积将近似等于 $A_{\delta(有效)} \approx (a + \delta)(b + \delta)$。

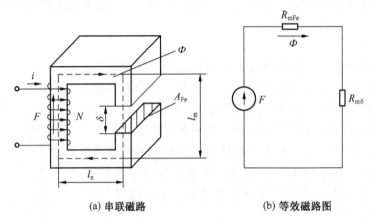

(a) 串联磁路   (b) 等效磁路图

图 1-17　简单串联磁路

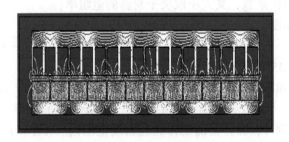

图 1-18　气隙的边缘效应

【例 1-3】　如图 1-17 所示的磁路中，$l_m = 0.08\ \text{m}$，$l_n = 0.06\ \text{m}$，励磁绕组匝数 $N = 1000$ 匝，铁芯截面积 $A_{Fe} = 3 \times 8 \times 10^{-4}\ \text{m}^2$，$\mu_{Fe} = 5000\mu_0$，开一个长度 $\delta = 1 \times 10^{-3}\ \text{m}$ 的气隙，问铁芯中磁通密度为 1 T 时，所需的励磁磁动势为多少？励磁电流为多少？考虑到气隙磁场的边缘效应，在计算气隙的有效面积时，通常在长、宽方向各增加 δ 值。

解： 用磁路的基尔霍夫第二定律来求解。

（1）求解励磁磁动势。

①铁芯内的磁场强度。

$$H_{Fe} = \frac{B_{Fe}}{\mu_{Fe}} = \frac{1}{5000 \times 4\pi \times 10^{-7}} = 159.15\ \text{A/m}$$

②气隙的磁场强度。

气隙内的有效面积为

$$A_{\delta(有效)} = (a + \delta)(b + \delta) = (3 + 0.1)(8 + 0.1) = 2.511 \times 10^{-3}\ \text{m}^2$$

气隙内的磁通密度为

$$B_\delta = B_{Fe} \frac{A_{Fe}}{A_\delta} = 1 \times \frac{3 \times 8 \times 10^{-4}}{2.511 \times 10^{-3}} = 0.9558 \text{ T}$$

气隙内的磁场强度为

$$H_\delta = \frac{B_\delta}{\mu_0} = \frac{0.9558}{4\pi \times 10^{-7}} = 7.606 \times 10^5 \text{ A/m}$$

③磁位降。

铁芯的磁位降为

$$F_{Fe} = H_{Fe} l_{Fe} = 159.15 \times (0.28 - 0.001) = 44.4 \text{ A}$$

气隙的磁位降为

$$F_\delta = H_\delta l_\delta = 7.606 \times 100000 \times 1 \times 10^{-3} = 760.6 \text{ A}$$

励磁磁动势为

$$F = F_\delta + F_{Fe} = 760.6 + 44.4 = 805 \text{ A}$$

（2）求解励磁电流。

$$\because F = Ni$$

$$\therefore i = \frac{F}{N} = \frac{805}{1000} = 0.805 \text{ A}$$

由此可见，气隙虽然很短，仅 1 mm（仅占磁路总长度的 0.357%），但其磁位降却占整个磁路的 94.48%。

二、并联磁路计算

简单并联磁路是指考虑漏磁影响，或磁回路有两个以上分支的磁路。电机和变压器的磁路大多属于这一类。下面举例说明其算法。

【例1-4】 图 1-19 所示的并联磁路，已知线圈的匝数 $N = 1000$，铁芯厚度为 0.025 m，铁芯由 0.35 mm 的 DR320 硅钢片叠成，叠片系数（即扣除叠片中的空气层后，截面中铁的净面积与总面积之比）为 0.93，不计漏磁。试计算：

（1）中间心柱的磁通为 7.5×10^{-4} Wb，不计铁芯的磁位降时所需的励磁电流；

（2）考虑铁芯磁位降时，产生同样的磁通量所需的励磁电流。

解：为便于理解，先画出图 1-19 的等效磁路，如图 1-20 所示。由于左、右两条并联磁路是对称的，$\delta_1 = \delta_2 = \delta_3$，故只需计算其中一个磁回路即可。

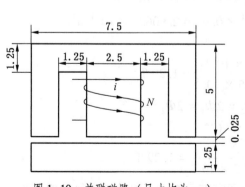

图 1-19　并联磁路（尺寸均为 cm）

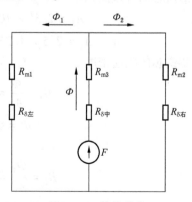

图 1-20　等效磁路

（1）不计铁芯的磁位降时所需的励磁电流。

根据磁路基尔霍夫第一定律，可知：

①气隙有效面积。

$$A_{\delta中(有效)} = (2.5 + 0.025)^2 \times 10^{-4} \times 0.93 = 5.824 \times 10^{-4} \ m^2$$

$$A_{\delta左(有效)} = A_{\delta右(有效)} = (2.5+0.025) \times (1.25+0.025) \times 10^{-4} \times 0.93 = 2.994 \times 10^{-4} \ m^2$$

②气隙的磁通密度。

$$B_{\delta中} = \frac{\Phi}{A_{\delta中(有效)}} = \frac{7.5 \times 10^{-4}}{5.824 \times 10^{-4}} = 1.288 \ T$$

$$\Phi = \Phi_1 + \Phi_2 = 2\Phi_1 = 2\Phi_2$$

$$B_{\delta左} = \frac{\Phi_1}{A_{\delta左(有效)}} = \frac{\frac{7.5 \times 10^{-4}}{2}}{2.994 \times 10^{-4}} = 1.253 \ T$$

③气隙的磁场强度。

$$H_{\delta中} = \frac{B_{\delta中}}{\mu_0} = \frac{1.288}{4\pi \times 10^{-7}} = 1024957.85 \ A/m$$

$$H_{\delta左} = H_{\delta左} = \frac{B_{\delta左}}{\mu_0} = \frac{1.253}{4\pi \times 10^{-7}} = 997105.735 \ A/m$$

④磁动势降。设左边的铁芯段的磁路长度为 l_1，磁场强度为 H_1，右边的铁芯段的磁路长度为 l_2，磁场强度为 H_2，中间铁芯段的磁路长度为 l_3，磁场强度为 H_3，两个气隙中的磁场强度为 $H_{\delta左}$、$H_{\delta右}$、$H_{\delta中}$，根据磁路的基尔霍夫第二定律，有

$$F = H_{\delta中}l_{\delta中} + H_{\delta左}l_{\delta左}$$

$$= 1024957.85 \times 0.025 \times 10^{-2} + 997105.735 \times 0.025 \times 10^{-2} = 505.52 \ A$$

⑤励磁电流。

$$i = \frac{F}{N} = \frac{505.52}{1000} = 0.50552 \ A$$

（2）计铁芯的磁位降时所需的励磁电流。

根据磁路基尔霍夫第一定律，可知：

①铁芯的有效面积。

$$A_3 = 2.5^2 \times 10^{-4} \times 0.93 = 5.8125 \times 10^{-4} \ m^2$$

$$A_1 = A_2 = 2.5 \times 1.25 \times 10^{-4} \times 0.93 = 2.90625 \times 10^{-4} \ m^2$$

②铁芯的磁通密度。

$$B_3 = \frac{\Phi}{A_3} = \frac{7.5 \times 10^{-4}}{5.8125 \times 10^{-4}} = 1.29 \ T$$

$$\Phi = \Phi_1 + \Phi_2 = 2\Phi_1 = 2\Phi_2$$

$$B_1 = \frac{\Phi_1}{A_1} = \frac{\frac{7.5 \times 10^{-4}}{2}}{2.90625 \times 10^{-4}} = 1.29 \ T$$

③铁芯的磁场强度。根据铁磁材料的磁通密度，查表可得铁磁材料的磁场强度 $H_3 =$

$H_1 = H_2 = 700 \text{ A/m}$。

④磁动势降。

$$F = H_{\delta中}l_{\delta中} + H_{\delta左}l_{\delta左} + H_3l_3 + H_1l_1$$

$= 1024957.85 \times 0.025 \times 10^{-2} + 997105.735 \times 0.025 \times 10^{-2} +$

$700 \times [(3.75 + 1.25 - 0.025) \times 2 + (3.75 - 1.25/2) \times 2] \times 10^{-2} = 618.92 \text{ A}$

⑤励磁电流。

$$i = \frac{F}{N} = \frac{618.92}{1000} = 0.619 \text{ A}$$

小　结

（1）磁路的三大定律主要包括安培环路定律、磁路的欧姆定律和磁路的连续性定律，其中磁路的连续性定律又包括磁路的基尔霍夫第一定律和磁路的基尔霍夫第二定律。

（2）铁磁材料主要包括铁磁材料的磁滞回线、磁化曲线以及铁芯的磁滞损耗和涡流损耗。

（3）磁路计算主要介绍磁路的串、并联计算方法和解题思路。

思考与练习

1-1　磁路的基本定律有哪几条？当铁芯磁路上有几个磁动势同时作用时，磁路计算能否用叠加原理，为什么？

1-2　磁路的磁阻如何计算？磁阻的单位是什么？

1-3　基本磁化曲线与起始磁化曲线有何区别？磁路计算时用的是哪一种磁化曲线？

1-4　什么是软磁材料？什么是硬磁材料？

1-5　电机和变压器的磁路常采用什么材料制成？这种材料有哪些主要特性？

1-6　磁滞损耗和涡流损耗是什么原因引起的？它们的大小与哪些因素有关？

1-7　如图 1-21 所示，如果铁芯用 D23 硅钢片叠成，截面积 $A_{Fe} = 12.25 \times 10^{-4} \text{ m}^2$，铁芯的平均长度 $l_{Fe} = 0.4 \text{ m}$，空气隙 $\delta = 0.5 \times 10^{-3} \text{ m}$，线圈的匝数为 600 匝，试求产生磁通 $\Phi = 11 \times 10^{-4} \text{ Wb}$ 时所需的励磁磁动势和励磁电流。

1-8　磁路结构如图 1-22 所示，欲在气隙中建立 $\Phi = 7 \times 10^{-4} \text{ Wb}$ 的磁通，需要多大的磁动势？

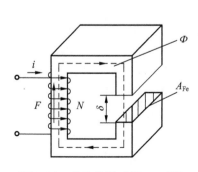

图 1-21　铁芯线圈（题 1-7 图）

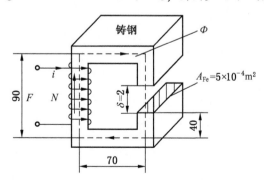

图 1-22　铁芯线圈（题 1-8 图）

1-9 图 1-23 所示的并联磁路，铁芯所用材料为 DR530 硅钢片，铁芯柱和铁轭的截面积均为 $A = 2 \times 2 \times 10^{-4}\,\mathrm{m}^2$，磁路段的平均长度 $l = 5 \times 10^{-2}\,\mathrm{m}$，气隙长度 $\delta_1 = \delta_2 = 2.5 \times 10^{-3}\,\mathrm{m}$，励磁线圈匝数 $N_1 = N_2 = 1000$ 匝。不计漏磁通，试求在气隙内产生 $B_\delta = 1.211\,\mathrm{T}$ 的磁通密度时，所需的励磁电流 i。

1-10 如图 1-24 所示，线圈 A 为 100 匝，通入电流 1.5 A，线圈 B 为 50 匝，通入电流 1 A，铁芯截面积为均匀，求 PQ 两点间的磁位降。

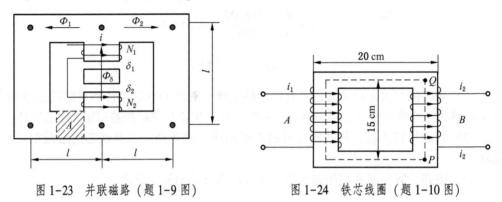

图 1-23 并联磁路（题 1-9 图）   图 1-24 铁芯线圈（题 1-10 图）

1-11 已知有一 N 匝的铁芯线圈，线圈内的电流为 i，铁芯内的总磁通为 Φ，铁芯磁路的磁导为 Λ_{m}，不计漏磁。求 $L = N^2 \Lambda_{\mathrm{m}}$。

第二章 变 压 器

电机按运动方式可分为静止电机和旋转电机。变压器是一种静止电机，它利用电磁感应作用将一种电压、电流的交流电能，转换成同频率的另一种电压、电流的电能。变压器是电力系统中重要的电气设备。众所周知，输送一定的电能时，输电线路的电压愈高，线路中的电流和损耗就愈小。为此，需要用升压变压器把交流发电机发出的电压升高到输电电压，然后通过高压输电线将电能经济地送到用电地区，再用降压变压器逐步将输电电压降到配电电压，供用户安全而方便地使用。除电力系统外，变压器还广泛应用于电子装置、焊接设备、电炉等场合，以及测量和控制系统中；用以实现交流电源供给、电路隔离、阻抗变换、高电压和大电流的测量等功能。

本章主要研究一般用途的电力变压器，对其他用途的变压器只作简单介绍。

第一节 变压器的基本结构、工作原理及额定值

一、变压器的基本结构

由变压器的基本工作原理知，变压器主要是由铁芯和绕组构成，构成变压器的器身。因此，绕组和铁芯是变压器的最基本部件，即电磁部分；此外，根据结构和运行的需要，变压器还有油箱、绝缘套管、调压、冷却和保护装置等主要部件。下面以铁芯和绕组为重点介绍各部件的结构和作用。

1. 铁芯

变压器的铁芯既是磁路，又是套装绕组的骨架。铁芯由心柱和铁轭两部分组成，心柱用来套装绕组，铁轭将心柱连接起来，使之形成闭合磁路。为减少铁芯损耗，铁芯通常用含硅量5%左右、厚度为0.3~0.35 mm的硅钢片叠成，片上涂上绝缘漆，以避免片间短路，在大型电力变压器中，为提高磁导率和减少铁芯损耗，常采用冷轧硅钢片；为减少接缝间隙和激磁电流，有时还采用由冷轧硅钢片卷成的卷片式铁芯。

按照铁芯的结构，变压器可分为心式和壳式两种。心式结构的心柱被绕组所包围，如图2-1所示；壳式结构则是铁芯包围绕组的顶面、底面和侧面，如图2-2所示。心式结构的绕组和绝缘装配比较容易，所以电力变压器常采用这种结构。壳式变压器的机械强度较好，常用于小容量变压器以及一些特种变压器（如电炉变压器）。

变压器铁芯的交叠方式，就是把裁成长条形的硅钢片用两种不同的排列方法交错叠压，每层将接缝错开。图2-3~图2-6分别表示变压器铁芯的不同叠装方式，每层用四片式、六片式、七片式、渐开线式等形式交错叠装。

图2-6所示的渐开线式铁芯和电力变压器的铁芯一样，是由铁芯柱和铁轭组成，渐开线式铁芯柱是由专门的成形机碾压形成的渐开线型叠片，然后拼装成渐开线式铁芯的变压器。其三相铁芯柱呈等边三角形分布；铁轭是由钢带卷制成环形。该变压器的优点是节省

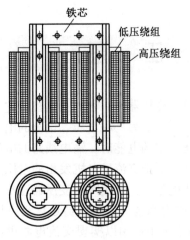

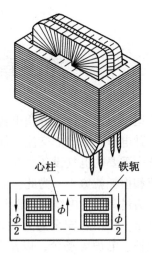

图2-1 单相心式变压器　　　　　图2-2 单相壳式变压器

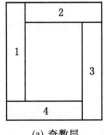

(a) 奇数层

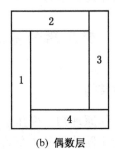

(b) 偶数层

图2-3 四片式铁芯叠装方法

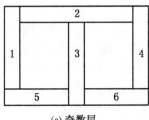

(a) 奇数层

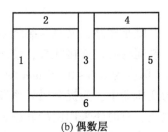

(b) 偶数层

图2-4 六片式铁芯叠装方法

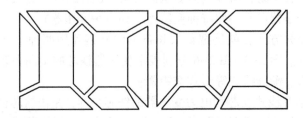

图2-5 七片式铁芯斜切叠装方法

图 2-6　渐开线式铁芯叠装方法

材料、结构简单，便于标准化、通用化；缺点是由于铁轭与铁芯柱采用对接式装配，因而空载损耗大。

铁芯柱的截面在小型变压器里是方形或长方形的，而在大型变压器中为了充分利用空间，铁芯柱的截面是阶梯形的，如图 2-7 所示，容量大的变压器，级数多。

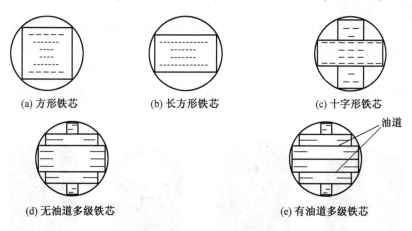

(a) 方形铁芯　　　　(b) 长方形铁芯　　　　(c) 十字形铁芯

(d) 无油道多级铁芯　　　　　　(e) 有油道多级铁芯

图 2-7　多种形状的铁柱截面

铁轭截面有方形的，也有阶梯形的，如图 2-8 所示。当然，铁芯柱为阶梯形时，铁轭也应采用阶梯形截面，这样磁通在铁芯轭中的分布才能均匀。图 2-8 中表示了方形、T 字形、倒 T 字形和多级阶梯形等 4 种不同的铁芯轭截面。

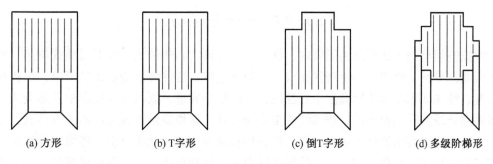

(a) 方形　　　　(b) T字形　　　　(c) 倒T字形　　　　(d) 多级阶梯形

图 2-8　几种铁芯轭的截面

除此之外，在大容量变压器中，铁芯柱和铁轭的尺寸都很大，为了保证变压器工作时铁芯内部能可靠地冷却，在叠片间留有油道，它的方向与硅钢片的方向平行或垂直，分别称为纵向油道和横向油道。

铁芯叠装之后，要用槽钢夹件将上、下磁轭夹紧，大型变压器的夹紧螺栓要穿过磁轭。为了不使夹件和夹紧螺栓中形成涡流损耗，在夹件、螺栓与磁轭之间必须用绝缘纸板和套筒进行绝缘。夹紧装置松动必将增加变压器在运行中的噪声。

变压器在运行或试验时，为了防止由于静电感应在铁芯或其他金属构件上产生悬浮电位面，造成对地放电，铁芯及其构件（除穿心螺杆外）都应接地。

2. 绕组

绕组是变压器的电路部分，用纸包或纱包的绝缘扁线或圆线绕成，其中输入电能的绕组称为一次绕组（或原绕组），输出电能的绕组称为二次绕组（或副绕组），它们通常套装在同一心柱上。一次和二次绕组具有不同的匝数、电压和电流，其中电压较高的绕组称为高压绕组，电压较低的绕组称为低压绕组。对于升压变压器，一次绕组为低压绕组，二次绕组为高压绕组；对于降压变压器，情况恰好相反，高压绕组的匝数多、导线细；低压绕组的匝数少、导线粗。

从高、低压绕组的相对位置来看，变压器的绕组可分为同心式和交叠式两类。同心式绕组的高、低压绕组同心地套装在心柱上，如图2-1所示。交叠式绕组的高、低压绕组沿心柱高度方向互相交叠地放置，如图2-2所示。同心式绕组结构简单、制造方便，国产电力变压器均采用这种结构，常用的绕组结构如图2-9所示。交叠式绕组用于特种变压器中。

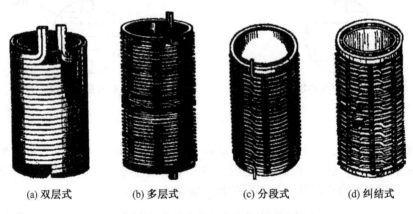

(a) 双层式　　　(b) 多层式　　　(c) 分段式　　　(d) 纠结式

图2-9　常用的绕组结构（同心式）

根据绕组绕制方法可分为圆筒式、螺旋式、连续式和纠结式。所谓圆筒式绕组，是由扁导线或圆导线一匝挨着一匝绕制而成，匝间无空隙。这种绕组绕制工艺简单，但机械强度较差、散热面积小和绕制高度不好控制，多用于小容量、低电压变压器中。螺旋式绕组由多根扁导线并联绕制而成，相邻线匝间用垫块分开。这种绕组机械强度高于圆筒式，散热面积大，但它能容纳的线匝较少，多用作各种容量变压器的低压绕组。连续式绕组是由单根或多根扁导线并联绕制的若干个线段串联而成。这种绕组具有较高的机械强度，所能容纳的线匝较多，散热面介于圆筒式绕组和螺旋式绕组之间，多用作各种容量变压器的63 kV及以下电压等级的绕组。纠结式绕组是在连续式绕组的基础上发展起来的，具有较

22

高的纵向电容，从而改善了电场，广泛地用作 60 kV 及以上电压等级的高压绕组。

3. 其他部件

除器身外，典型的油浸电力变压器还有油箱、变压器油、散热器、绝缘套管、分接开关及继电保护装置等部件，如图 2-10 所示。

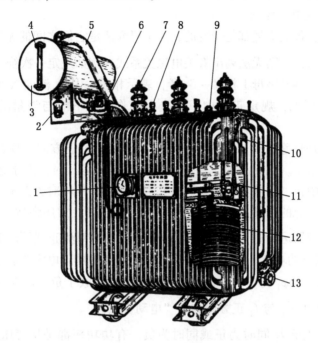

1—信号式温度计；2—吸湿器；3—储油柜；4—油表；5—安全气道；6—气体继电器；7—高压套管；8—低压套管；
9—分接开关；10—油箱；11—铁芯；12—线圈；13—放油阀门

图 2-10 三相油浸电力变压器

在上述这些部分中，绕组、铁芯和油箱属于变压器的本体部分，是结构的最基本部分，常称为"器身"；而高、低压套管，调压分接开关，储油柜等，则属于变压器的辅助部分，又称为变压器的"组件"。其中高、低压套管是将变压器内部的高、低压引出线引到油箱外部作为引线绝缘之用，调压开关是用于在一定范围内调整变压器的输出电压。

二、变压器的工作原理

在一个闭合的铁芯磁路上套装两个匝数不同的绕组，就构成了一台最简单的变压器，如图 2-11 所示。图中与交流电源相连接的绕组称为一次绕组，与负载阻抗相连接的绕组称为二次绕组。下面先说明变压器为什么能变压、变流，然后再说明交流电能是如何从一次绕组传递到二次绕组的。

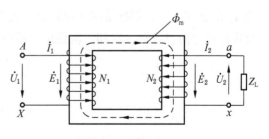

图 2-11 理想变压器

在说明变压器的工作原理时，为分析方便，作假设如下：①一次和二次绕组完全耦合，即链过一次和二次绕组的磁通为同一磁通；②铁芯磁路的磁阻为零，铁芯损耗也等于零；③一次和二次绕组的电阻都等于零。满足这三个条件的变压器，称为理想变压器。

下面分析理想变压器的一次和二次绕组中，电压、电流、功率和阻抗的关系。设一次绕组中的所有物理量用下标1来表示，二次绕组中的所有物理量用下标2来表示。

1. 变压器各电磁量正方向

变压器运行时，各电磁量都是交变的，为了研究清楚它们之间的相位关系，必须事先规定好各量的正方向，否则无法列出有关电磁关系式，例如规定一次绕组电流 $\dot{i}_1$（在后面章节中，凡是在大写英文字母上标"·"者，表示相量）从 A 流向 X 为正，用箭头标在图里，否则为负，可见，规定正方向只起坐标的作用，不能与该量瞬时实际方向混为一谈。

正方向的选取是任意的，在列电磁关系式时，不同的正方向，仅影响该量为正或为负，不影响其物理本质。也就是说，变压器在某状态下运行时，由于选取了不同的正方向，导致各方程式中正、负号不一致，但研究瞬时值之间的相对关系不会改变。

选取正方向有一定的习惯，称为惯例，对分析变压器，常用惯例如图 2-11 所示。从图中可以看出，变压器运行时，如果电压 $\dot{U}_1$ 与电流 $\dot{i}_1$ 同时为正或同时为负，即其间相位差 φ_1 小于 90°，则有功功率 $U_1 I_1 \cos\varphi_1$ 为正值，说明变压器从电源吸收了这部分功率；如果 φ_1 大于 90°，$U_1 I_1 \cos\varphi_1$ 为负值，说明变压器从电源吸收了负有功功率（实际为发出有功功率）。因此把图中 $\dot{U}_1$ 与 $\dot{i}_1$ 正方向称为"电动机惯例"。

再看电压 $\dot{U}_2$、电流 $\dot{i}_2$ 同时为正或同时为负，有功功率都是从变压器二次绕组发出，称为"发电机惯例"。当然，$\dot{U}_2$、$\dot{i}_2$ 为一正、一负时，则发出负有功功率（实际为吸收有功功率）。

关于无功功率，同时电流 $\dot{i}_1$ 滞后电压 $\dot{U}_1$ 90°，对电动机惯例，称为吸收滞后性无功功率；对发电机惯例，称为发出滞后性无功功率。

图 2-11 中，在一次、二次绕组绕向情况下，电流 $\dot{i}_1$、$\dot{i}_2$ 和电动势 $\dot{E}_1$、$\dot{E}_2$ 等规定正方向都与主磁通 $\dot{\Phi}_m$ 规定正方向符合右手螺旋关系。

2. 一次和二次电压的关系

若电源电压 u_1 为交流正弦电压，通过铁芯并与一次和二次绕组相交链的磁通为 ϕ，当 u_1 和 ϕ 交变时，根据法拉第电磁感应定律和图 2-11 所示一次和二次绕组的绕向以及所规定的正方向，可知一次和二次绕组的感应电动势 e_1 和 e_2 应为

$$\left.\begin{array}{l} e_1 = - N_1 \dfrac{\mathrm{d}\phi}{\mathrm{d}t} \\[2mm] e_2 = - N_2 \dfrac{\mathrm{d}\phi}{\mathrm{d}t} \end{array}\right\} \tag{2-1}$$

式中　　N_1——一次绕组的匝数；

　　　　N_2——二次绕组的匝数。

一次和二次绕组的端电压 u_1 和 u_2 应为

$$u_1 = -e_1 = N_1 \frac{\mathrm{d}\phi_\mathrm{m}}{\mathrm{d}t} \left.\begin{array}{c}\\[3ex]\\\end{array}\right\} \tag{2-2}$$

$$u_2 = e_2 = -N_2 \frac{\mathrm{d}\phi_\mathrm{m}}{\mathrm{d}t}$$

由式（2-1）和式（2-2）可知

$$\frac{e_1}{e_2} = \frac{N_1}{N_2} = k \left.\begin{array}{c}\\[3ex]\\\end{array}\right\} \tag{2-3}$$

$$\frac{u_1}{u_2} = -\frac{N_1}{N_2}$$

式中　k——电压比（也称变比），它是一次和二次绕组中感应电动势之比。

式（2-3）的第二式表示，对于理想变压器，就数值而言，一次和二次绕组的电压比就等于一次和二次绕组的匝数比，负号表示 u_2 和 u_1 的相位相差 $180°$。因此，要使一次和二次绕组具有不同的电压，只要使它们具有不同的匝数即可，这就是变压器能够变压的原理。

3. 一次和二次电流的关系

若一次绕组的电流瞬时为 i_1，二次绕组的电流瞬时为 i_2，由图 2-11 可见，作用在铁芯磁路上的总磁动势应为 $N_1 i_1 + N_2 i_2$。根据磁路的欧姆定律，此总磁动势应当等于磁路内的磁通 Φ 乘以铁芯磁路的磁阻 R_mFe。由于理想变压器的铁芯磁阻为 0，所以

$$N_1 i_1 + N_2 i_2 = \Phi R_\mathrm{mFe} = 0 \tag{2-4}$$

上式经整理后可得

$$\frac{i_1}{i_2} = -\frac{N_2}{N_1} = -\frac{1}{k} \tag{2-5}$$

由式（2-4）和式（2-5）可知，对于理想变压器，一次和二次绕组的磁动势总是数值相等、方向相反；一次和二次电流之比则等于电压比 k 的倒数，相位相差 $180°$。

4. 功率关系和阻抗关系

由式（2-3）和式（2-5）可知，一次绕组输入的瞬时功率 $u_1 i_1$ 与二次绕组输出的瞬时功率 $u_2 i_2$ 之间有下列关系：

$$u_1 i_1 = \left(-\frac{N_1}{N_2} u_2\right)\left(-\frac{N_2}{N_1} i_2\right) = u_2 i_2 \tag{2-6}$$

由式（2-6）可知，通过电磁感应以及一次和二次绕组之间的磁动势平衡关系，输入一次绕组的瞬时功率全部传递到二次绕组，并输出给负载。若 u 和 i 都是正弦量，这就意味着一次绕组输入的有功功率将等于二次绕组输出的有功功率，输入的无功功率将等于输出的无功功率。

设 Z_L 为二次侧的负载阻抗，用二次绕组的端电压相量 $\dot{U}_2$ 和电流相量 $\dot{I}_2$ 表示时，即 $Z_\mathrm{L} = \dfrac{\dot{U}_2}{\dot{I}_2}$。经过理想变压器的变压和变流作用，从一次侧看进去的输入阻抗 Z'_L 应为

$$Z'_\mathrm{L} = \frac{\dot{U}_1}{\dot{I}_1} = \frac{k\dot{U}_2}{\dot{I}_2/k} = k^2 \frac{\dot{U}_2}{\dot{I}_2} = k^2 Z_\mathrm{L} \tag{2-7}$$

式（2-7）表示，一次侧的输入阻抗 Z'_L 应为负载的实际阻抗 Z_L 乘以 k^2。换言之，理想变压器不但有变压和变流的作用，还有阻抗变换的作用。

理想变压器对阻抗的变换作用，在电子技术中具有广泛应用。在放大电路中，为了获得最大功率，需要把负载阻抗与放大器的内阻抗相匹配，为此只需引入一个具有特定电压比的理想变压器，就可以达到目的。

三、变压器的额定值

1. 型号

型号表示一台变压器的结构、额定容量、电压等级、冷却方式等内容。表示方法为

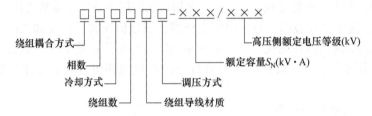

变压器的型号中各量所表示的意义，可查阅专门的《电工手册》。如 OSFPSZ-250000/220 型电力变压器。其中，各符号和数字的含义为：O—自耦；S—三相变压器；F—风冷却；P—强迫油循环；S—铜线；Z—有载调压；250000—额定容量，单位为 kV·A；220—高压额定电压，单位为 kV。

2. 额定值

额定值是制造厂对变压器在指定工作条件下运行时所规定的一些量值。在额定状态下运行时，可以保证变压器长期可靠地工作，并具有优良性能。额定值亦是产品设计和试验的依据。额定值通常标在变压器的铭牌上，亦称为铭牌值。变压器的额定值主要有额定容量、额定电压、额定电流、额定频率、额定温升等。

（1）额定容量 S_N。额定容量是指在铭牌规定的额定状态下变压器输出视在功率的保证值，用伏安（V·A）或千伏安（kV·A）表示。对三相变压器，额定容量系指三相容量之和。

（2）额定电压 U_{1N}/U_{2N}。铭牌规定的各个绕组在空载、指定分接开关位置下的端电压，称为额定电压。U_{1N} 是指变压器正常运行时电源加到原边的额定电压；U_{2N} 是指原边加上额定电压后，变压器处于空载状态时的副边电压。额定电压用伏（V）或千伏（kV）表示。对三相变压器，额定电压指线电压。

（3）额定电流 I_{1N}/I_{2N}。额定电流是根据额定容量和额定电压算出的电流，用安（A）表示。对三相变压器，额定电流指线电流。

对单相变压器，一次和二次额定电流分别为

$$\left. \begin{array}{l} I_{1N} = \dfrac{S_N}{U_{1N}} \\[3mm] I_{2N} = \dfrac{S_N}{U_{2N}} \end{array} \right\}$$

$$(2-8)$$

对三相变压器，一次和二次额定电流分别为

$$I_{1N} = \frac{S_N}{\sqrt{3}\,U_{1N}}$$

$$I_{2N} = \frac{S_N}{\sqrt{3}\,U_{2N}}$$

$$(2-9)$$

（4）额定频率 f_N。我国的标准工频规定为 50 Hz。

（5）额定温升。额定温升指变压器内绕组或上层油温与变压器周围大气温度之差的允许值。根据国家标准，周围大气的最高温度规定为 + 40 ℃，绕组的额定温升为 65 ℃，上层油面温升为 55 ℃。

（6）接线图与连接组别。此外，额定工作状态下变压器的效率、温升等数据亦属于额定值。除额定值外，铭牌上还标有变压器的相数、连接组和接线图、短路电压（或短路阻抗）的标幺值、变压器的运行方式及冷却方式等。

为考虑运输，有时铭牌上还标有变压器的总重、油重、器身重量和外形尺寸等附属数据。

【例2-1】　有一台 SSP-125000/220 型三相电力变压器，Yd 连接，$\dfrac{U_{1N}}{U_{2N}}$ = 220/10.5 kV。试求：①变压器原边（一次侧）额定电压和额定电流；②变压器副边（二次侧）额定电压和额定电流。

解：①变压器原边（一次侧）额定电压和额定电流为

$$U_{1N} = 220 \text{ kV}$$

$$I_{1N} = \frac{S_N}{\sqrt{3}\,U_{1N}} = \frac{125000}{\sqrt{3}\times 220} \approx 328.05 \text{ A}$$

②变压器副边（二次侧）额定电压和额定电流为

$$U_{2N} = 10.5 \text{ kV}$$

$$I_{2N} = \frac{S_N}{\sqrt{3}\,U_{2N}} = \frac{125000}{\sqrt{3}\times 10.5} \approx 6873.42 \text{ A}$$

第二节　变压器的空载运行

实际变压器中，绕组的电阻不等于零，铁芯的磁阻和铁芯损耗也不等于零，一次和二次绕组不可能完全耦合，实际变压器要比理想变压器复杂得多。因此，需要研究变压器空载运行。空载运行是指变压器的一次绕组接交流电源，二次绕组开路、负载电流为零。

一、空载运行时的物理情况

单相变压器空载运行的示意图如图 2-12 所示，图中 N_1 和 N_2 分别表示一次和二次绕组的匝数。当一次绕组外施交流电压 u_1，二次绕组开路时，一次绕组内将流过一个很小的电流 i_{10}，称为变压器的空载电流。空载电流 i_{10} 将产生交变磁动势 $N_1 i_{10}$，并建立交变磁通 $\varPhi$；i_{10} 的正方向与磁动势 $N_1 i_{10}$ 的正方向之间符合右手螺旋关系，磁通 $\varPhi$ 的正方向与磁动势的正方向相同。

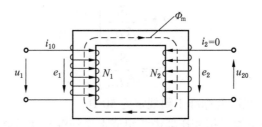

图 2-12 变压器空载运行示意图

设磁通 Φ_m 全部约束在铁芯磁路内，并同时与一次和二次绕组相交链。根据电磁感应定律，磁通 Φ_m 将在一次和二次绕组内感应生电动势 e_1 和 e_2，可得

$$\left.\begin{aligned} e_1 &= -N_1 \frac{\mathrm{d}\Phi_\mathrm{m}}{\mathrm{d}t} \\ e_2 &= -N_2 \frac{\mathrm{d}\Phi_\mathrm{m}}{\mathrm{d}t} \end{aligned}\right\} \tag{2-10}$$

基于图 2-12，写出一次和二次绕组的电压方程为

$$\left.\begin{aligned} u_1 &= i_{10}R_1 - e_1 = i_{10}R_1 + N_1 \frac{\mathrm{d}\Phi_\mathrm{m}}{\mathrm{d}t} \\ u_{20} &= e_2 = -N_2 \frac{\mathrm{d}\Phi_\mathrm{m}}{\mathrm{d}t} \end{aligned}\right\} \tag{2-11}$$

式中　R_1——一次绕组的电阻，Ω；

$\quad\quad i_{10}$——一次绕组的空载电流，A；

$\quad\quad u_{20}$——二次绕组的空载电压（即开路电压），V。

在一般变压器中，空载电流所产生的电阻压降 $i_{10}R_1$ 很小，可以忽略不计，于是

$$\left|\frac{u_1}{u_{20}}\right| \approx \frac{e_1}{e_2} = \frac{N_1}{N_2} = k \tag{2-12}$$

式中　k——变压器的电压比。

式（2-12）与理想变压器的情况相同。

由于 u 和 e 均为正弦量，故可把式（2-11）改写成如下的相量形式：

$$\left.\begin{aligned} \dot{U}_1 &= \dot{I}_{10}R_1 - \dot{E}_1 \approx -\dot{E}_1 \\ \dot{U}_{20} &= \dot{E}_2 \end{aligned}\right\} \tag{2-13}$$

二、主磁通和激磁电流

1. 主磁通

在图 2-12 中，沿着铁芯闭合，同时交链一次、二次绕组的磁通叫作主磁通，用 ϕ_m 表示。根据式（2-10）可知：

$$\phi_\mathrm{m} = -\frac{1}{N_1}\int e_1 \mathrm{d}t \tag{2-14}$$

空载时由于 $-e_1 \approx u_1$，而电源电压通常为正弦波，故电动势 e_1 也可认为是正弦波，

即 $e_1 = \sqrt{2} E_1 \sin\omega t$，于是

$$\phi_m = -\frac{1}{N_1}\int \sqrt{2}\, E_1 \sin\omega t\, dt = \frac{\sqrt{2} E_1}{\omega N_1}\cos\omega t = \Phi_m \cos\omega t \qquad (2-15)$$

式中　Φ_m —— 主磁通的幅值，Wb；

　　　　E_1 —— 次绕组感应电动势的有效值，V。

$$\phi_m = \frac{\sqrt{2} E_1}{2\pi f N_1} = \frac{E_1}{4.44 f N_1} \approx \frac{U_1}{4.44 f N_1} \qquad (2-16)$$

$$E_1 = 4.44 f N_1 \phi_m \qquad (2-17)$$

式（2-15）和式（2-16）表明，对于已经制成
的变压器，匝数 N_1 为固定，若电源频率为 50 Hz，则
主磁通的大小和波形主要取决于电源电压的大小和波
形。用相量表示时，$\dot{\phi}_m$ 的相位超前感应电动势 $\dot{E}_1$ 以
90°相角，如图 2-13 所示。

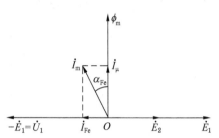

图 2-13　变压器的空载相量示意图

2. 激磁电流

产生主磁通所需要的电流叫作激磁电流，用 i_m
表示。空载运行时，铁芯上仅有一次绕组电流 i_{10} 所
形成的激磁磁动势，此空载电流就是激磁电流，即 $i_{10} = i_m$。

激磁电流 i_m 包括两个分量，一个是磁化电流 i_μ，另一个是铁耗电流 i_{Fe}，即

$$i_m = i_\mu + i_{Fe} \qquad (2-18)$$

磁化电流 i_μ 用于激励铁芯中的主磁通 ϕ_m，对已制成的变压器，i_μ 的大小和波形取决
于主磁通 ϕ_m 和铁芯磁路的磁化曲线 $\phi = f(i_\mu)$。当磁路不饱和时，磁化曲线是直线，i_μ 与
ϕ_m 成正比，故当主磁通 ϕ_m 随时间正弦变化时，i_μ 亦随时间正弦变化，且 i_μ 与 ϕ_m 同相而与
感应电动势 e_1 相差 90°相角，故对 $-e_1$ 而言，磁化电流 i_μ 为纯无功电流。若铁芯中主磁通
的幅值 Φ_m 使磁路达到饱和，则 i_μ 需由图 2-14 所示的图解法来确定。图 2-14a 表示铁芯
的磁化曲线，图 2-14b 表示主磁通随时间正弦变化时的磁化电流。当时间 $t = t_1$、磁通量
$\phi = \phi_{(1)}$ 时，由磁化曲线的点 1 处查出对应的磁化电流 $i_{\mu(1)}$；当 $\omega t = 90°$、主磁通达到最大
值 Φ_m 时，由磁化曲线的 m 点可以查出此时的磁化电流为 $i_{\mu(m)}$。同理，可以确定其他瞬间
的磁化电流，从而得到 $i_{\mu(t)}$。

从图 2-14 可以看出，当主磁通随时间正弦变化时，由磁路饱和而引起的非线性将导
致磁化电流 i_μ 成为尖顶波；磁路越饱和，磁化电流的波形越尖，即畸变越严重。但是无论
i_μ 怎样畸变，如果用傅氏级数把 i_μ 分解成基波、三次谐波和其他高次谐波，可知其基波分
量 $i_{\mu 1}$ 始终与主磁通 ϕ 同相位，如图 2-14c 所示；即对 $-e_1$ 而言，它是一个无功电流。为
便于计算，通常用一个有效值与之相等的等效正弦波电流来代替非正弦的磁化电流。

由于铁芯中存在铁芯损耗，故激磁电流 i_m 中除无功的磁化电流 i_μ 外，还有一个与铁
芯损耗相对应、与 $-e_1$ 同相位的有功电流 i_{Fe}，i_{Fe} 称为铁耗电流。用相量表示时，激磁电
流 $\dot{I}_m$ 为

$$\dot{I}_m = \dot{I}_\mu + \dot{I}_{Fe} \qquad (2-19)$$

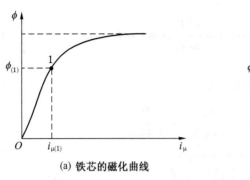

(a) 铁芯的磁化曲线

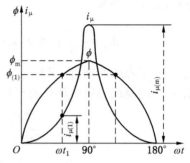

(b) 磁路饱和时磁化电流(称为尖顶波)

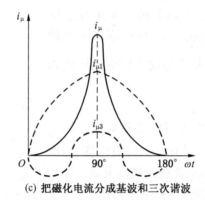

(c) 把磁化电流分成基波和三次谐波

图 2-14 主磁通 ϕ 为正弦形，从磁化曲线来确定磁化电流 i_μ

相应的相量图如图 2-13 所示，图中的 α_{Fe} 称为铁耗角，它由铁芯损耗所引起。

三、激磁阻抗和激磁方程

根据磁路的欧姆定律和电磁感应定律，主磁通 ϕ、感应电动势 e_1 与磁化电流 i_μ 之间有下列关系：

$$\left.\begin{array}{l} \phi = N_1 i_\mu \times \Lambda_{\mathrm{m}} \\[2mm] e_1 = -N_1 \dfrac{\mathrm{d}\phi}{\mathrm{d}t} = -N_1^2 \Lambda_{\mathrm{m}} \dfrac{\mathrm{d}i_\mu}{\mathrm{d}t} = -L_{1\mu} \dfrac{\mathrm{d}i_\mu}{\mathrm{d}t} \end{array}\right\} \qquad (2-20)$$

式中　Λ_{m} ——主磁路的磁导；

　　　$L_{1\mu}$ ——铁芯线圈的磁化电感，$L_{1\mu} = N_1^2 \Lambda_{\mathrm{m}}$。

用 i_μ 的等效正弦波相量 $\dot{I}_\mu$ 表示时，式 (2-20) 的第二式可写成

$$\dot{E}_1 = -j\omega L_{1\mu} \dot{I}_\mu = -j\dot{I}_\mu X_\mu \quad \text{或} \quad \dot{I}_\mu = -\frac{\dot{E}_1}{jX_\mu} \qquad (2-21)$$

式中　X_μ ——变压器的磁化电抗，它是表征铁芯磁化性能的一个参数，$X_\mu = \omega L_{1\mu}$。

铁耗电流 $\dot{I}_{\mathrm{Fe}}$ 与 $-\dot{E}_1$ 间的关系：根据式 (1-18)，铁耗 p_{Fe} 与铁芯内主磁密 B_{m} 的平方成正比，考虑到主磁通 ϕ_{m} 又与一次绕组内的感应电动势 E_1 成正比，故有 $p_{\mathrm{Fe}} \propto B_{\mathrm{m}}^2 \propto \phi_{\mathrm{m}}^2 \propto E_1^2$，即 $p_{\mathrm{Fe}} = E_1^2 / R_{\mathrm{Fe}}$，式中的比例常数 R_{Fe} 称为铁耗电阻，它是表征铁芯损耗 p_{Fe} 的一个参

数。此外，对于 $-\dot{E}_1$，铁耗电流 $\dot{I}_{\mathrm{Fe}}$ 是一个有功电流，所以铁耗也可写成 $p_{\mathrm{Fe}} = -\dot{E}_1 \dot{I}_{\mathrm{Fe}}$，即可得

$$\dot{I}_{\mathrm{Fe}} = -\frac{\dot{E}_1}{R_{\mathrm{Fe}}} \qquad (2-22)$$

由式（2-21）和式（2-22）可知，激磁电流 $\dot{I}_{\mathrm{m}}$ 与感应电动势 $\dot{E}_1$ 之间有下列关系：

$$\dot{I}_{\mathrm{m}} = \dot{I}_{\mathrm{Fe}} + \dot{I}_{\mu} = -\dot{E}_1 \left(\frac{1}{R_{\mathrm{Fe}}} + \frac{1}{jX_{\mu}} \right) \qquad (2-23)$$

图 2-15a 表示与上式相应的等效电路，此电路由磁化电抗 X_{μ} 和铁耗电阻 R_{Fe} 两个并联分支构成。

为便于计算，也可用一个等效的串联阻抗 Z_{m} 去代替这两个并联分支，如图 2-15b 所示，则式（2-23）可改写成

$$\dot{I}_{\mathrm{m}} = -\frac{\dot{E}_1}{Z_{\mathrm{m}}} \quad \text{或} \quad \dot{E}_1 = -\dot{I}_{\mathrm{m}} Z_{\mathrm{m}} = -\dot{I}_{\mathrm{m}} (R_{\mathrm{m}} + jX_{\mathrm{m}}) \qquad (2-24)$$

式中　R_{m} ——激磁电阻；

　　　X_{m} ——激磁电抗；

　　　Z_{m} ——变压器的激磁阻抗，它是 R_{Fe} 和 X_{μ} 的并联值。

$$Z_{\mathrm{m}} = \frac{R_{\mathrm{Fe}}(jX_{\mu})}{R_{\mathrm{Fe}} + jX_{\mu}} = R_{\mathrm{m}} + jX_{\mathrm{m}} \qquad (2-25)$$

其中，

$$R_{\mathrm{m}} = R_{\mathrm{Fe}} \frac{X_{\mu}^2}{R_{\mathrm{Fe}}^2 + X_{\mu}^2} \qquad (2-26)$$

$$X_{\mathrm{m}} = X_{\mu} \frac{R_{\mathrm{Fe}}^2}{R_{\mathrm{Fe}}^2 + X_{\mu}^2} \qquad (2-27)$$

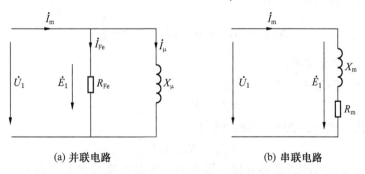

(a) 并联电路　　　　　　　　(b) 串联电路

图 2-15　铁芯绕组的等效电路

激磁阻抗是用串联阻抗形式来表征铁芯磁化性能和铁芯损耗的一个综合参数；X_{m} 称为激磁电抗，它是表征铁芯磁化性能的一个等效参数；R_{m} 称为激磁电阻，它是表征铁芯损耗的一个等效参数。式（2-24）被称为变压器的激磁方程。

由于铁芯磁路的磁化曲线是非线性的，所以 E_1 和 I_{m} 之间亦是非线性关系，即激磁阻抗 Z_{m} 不是常值，而是随着工作点饱和程度的增加而减小。考虑到实际运行时，一次电压

$U_1 =$ 常值，负载运行时主磁通 Φ_m 的变化很小，在此条件下，可近似认为 Z_m 为一常值。

第三节　变压器的负载运行

变压器的一次绕组接到交流电源，二次绕组接到负载阻抗 Z_L 时，二次绕组中便有电

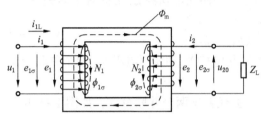

图 2-16　变压器的负载运行

流流过，这种情况称为变压器的负载运行，如图 2-16 所示。图中各量的正方向按惯例规定如下：一次电流 i_1 的正方向与电源电压 u_1 的正方向一致，主磁通 Φ_m 的正方向与 i_1 的正方向符合右手螺旋关系，一次和二次绕组电动势 e_1、e_2 的正方向与 Φ_m 的正方向亦符合右手螺旋关系；二次电流 i_2 的正方向与 e_2 的正方向一致，二次端电压 u_2 的正方向与流入负载阻抗 Z_1 的电流 i_2 正方向一致。

一、负载运行时的磁动势方程

当二次绕组通过负载阻抗 Z_1 而闭合时，在感应电动势 e_2 的作用下，二次绕组中便有电流 i_2 流过，i_2 将产生磁动势 $N_2 i_2$。由于磁动势 $N_2 i_2$ 的作用，铁芯内的主磁通 Φ_m 趋于改变；相应的一次绕组的电动势 e_1 亦趋于改变，并引起一次绕组电流 i_1 发生变化。考虑到电源电压 u_1 为常数时，主磁通 Φ_m 基本保持不变，故一次绕组电流将从空载时的 i_m 增大为 i_1，

$$i_1 = i_m + i_{1L} \tag{2-28}$$

一次绕组电流 i_1 中除用以产生主磁通 Φ_m 的激磁电流 i_m 外，还将增加一个负载分量 i_{1L}，以抵消二次绕组电流 i_2 的影响；换言之，i_{1L} 产生的磁动势 $N_1 i_{1L}$ 应与 i_2 所产生的磁动势 $N_2 i_2$ 大小相等、方向相反，即

$$N_1 i_{1L} + N_2 i_2 = 0 \quad \text{或} \quad i_{1L} = -\frac{N_2}{N_1} i_2 \tag{2-29}$$

此关系称为磁动势平衡关系。

将式（2-28）两边乘以 N_1，可得

$$N_1 i_1 = N_1 i_m + N_1 i_{1L} \tag{2-30}$$

将式（2-30）代入式（2-29），经整理后有

$$N_1 i_1 + N_2 i_2 = N_1 i_m \tag{2-31}$$

式（2-31）就是变压器的磁动势方程，其表明，负载时用以建立主磁通的激磁磁动势是一次和二次绕组的合成磁动势。

正常负载时，i_1 和 i_2 都随时间正弦变化，故式（2-31）可用相量表示为

$$N_1 \dot{I}_1 + N_2 \dot{I}_2 = N_1 \dot{I}_m \tag{2-32}$$

二、漏磁通和漏磁电抗

在图 2-16 中，除主磁通外，还有少量仅与一个绕组交链且主要通过空气或油而闭合

的磁通，称为漏磁通。由电流 i_1 产生仅与一次绕组相交链的磁通，称为一次绕组的漏磁通，用 $\phi_{1\sigma}$ 表示；电流 i_2 产生仅与二次绕组相交链的磁通，称为二次绕组的漏磁通，用 $\phi_{2\sigma}$ 表示，漏磁通的磁路如图 2-17 所示。由于漏磁磁路主要通过空气或油形成闭路，其磁阻较大，故漏磁通要比主磁通少得多。

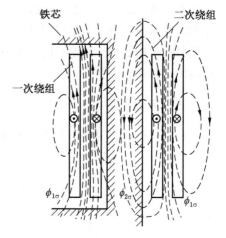

图 2-17　变压器中漏磁场的分布

漏磁通 $\phi_{1\sigma}$ 和 $\phi_{2\sigma}$ 分别由 i_1 和 i_2 产生，它们也随时间而交变，因此它们将分别在一次和二次绕组内感生电动势 $e_{1\sigma}$ 和 $e_{2\sigma}$。

$$\left.\begin{aligned} e_{1\sigma} &= -N_1 \frac{\mathrm{d}\phi_{1\sigma}}{\mathrm{d}t} \\ e_{2\sigma} &= -N_1 \frac{\mathrm{d}\phi_{2\sigma}}{\mathrm{d}t} \end{aligned}\right\} \tag{2-33}$$

由于一次和二次绕组的漏磁通分别等于一次和二次绕组的磁动势乘以相应的漏磁导，即

$$\left.\begin{aligned} \phi_{1\sigma} &= N_1 i_1 \Lambda_{1\sigma} \\ \phi_{2\sigma} &= N_2 i_2 \Lambda_{2\sigma} \end{aligned}\right\} \tag{2-34}$$

式中　$\Lambda_{1\sigma}$、$\Lambda_{2\sigma}$——一次和二次漏磁路的磁导。

将式（2-33）代入式（2-34），可得

$$\left.\begin{aligned} e_{1\sigma} &= -N_1^2 \Lambda_{1\sigma} \frac{\mathrm{d}i_1}{\mathrm{d}t} = -L_{1\sigma} \frac{\mathrm{d}i_1}{\mathrm{d}t} \\ e_{2\sigma} &= -N_2^2 \Lambda_{2\sigma} \frac{\mathrm{d}i_2}{\mathrm{d}t} = -L_{2\sigma} \frac{\mathrm{d}i_1}{\mathrm{d}t} \end{aligned}\right\} \tag{2-35}$$

式中　$L_{1\sigma}$——一次绕组的漏磁电感，H；

　　　$L_{2\sigma}$——二次绕组的漏磁电感，H。

由式（2-35）可见，漏磁电感等于绕组匝数的平方乘以相应的漏磁导，即

$$\left.\begin{aligned} L_{1\sigma} &= N_1^2 \Lambda_{1\sigma} \\ L_{2\sigma} &= N_2^2 \Lambda_{2\sigma} \end{aligned}\right\} \tag{2-36}$$

由于漏磁通的路径主要是通过空气或油，因此漏磁导可以认为是常数，相应的漏磁电感也可以认为是常数。

当一次和二次电流随时间正弦变化时，相应的漏磁通和漏磁电动势亦将随时间正弦变化，于是用相量表示时，式（2-36）就成为

$$\left.\begin{aligned} \dot{E}_{1\sigma} &= -j\omega L_{1\sigma} \dot{I}_1 = -jX_{1\sigma} \dot{I}_1 \\ \dot{E}_{2\sigma} &= -j\omega L_{2\sigma} \dot{I}_2 = -jX_{2\sigma} \dot{I}_2 \end{aligned}\right\} \tag{2-37}$$

式中　$X_{1\sigma}$——一次的漏磁电抗，$X_{1\sigma} = \omega L_{1\sigma}$，$\Omega$；

　　　$X_{2\sigma}$——二次绕组的漏磁电抗，$X_{2\sigma} = \omega L_{2\sigma}$，$\Omega$。

漏磁电抗是表征绕组漏磁效应的一个参数，$X_{1\sigma}$ 和 $X_{2\sigma}$ 都是常值。

按照磁路性质不同，把磁通分成主磁通和漏磁通两部分。把不受铁芯饱和影响的漏磁

通分离出来，用常值参数 $X_{1\sigma}$ 和 $X_{2\sigma}$ 来表征；把受铁芯饱和影响的主磁路及其参数 Z_m 作为局部的非线性问题，再加以线性化处理。这种方法称为主磁通–漏磁通法。主磁通–漏磁通法是分析变压器和旋转电机的重要方法之一。这样做一方面可以简化分析，另一方面可以提高测试和计算的精度。

三、电压方程

负载运行时，变压器内部的磁动势、磁通和感应电动势可归纳如下：

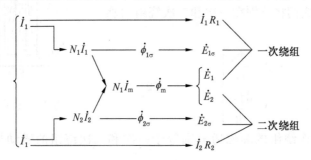

此外，一次和二次绕组内还有电阻压降 i_1R_1 和 i_2R_2。这样，根据图 2-16，列出一次和二次绕组的电压方程为

$$\left.\begin{aligned} u_1 &= i_1R_1 + L_{1\sigma}\frac{di_1}{dt} - e_1 \\ e_2 &= i_2R_2 + L_{2\sigma}\frac{di_2}{dt} + u_2 \end{aligned}\right\} \qquad (2-38)$$

若一次和二次的电压、电流均随时间正弦变化，则上式可写成相应的相量形式为

$$\left.\begin{aligned} \dot{U}_1 &= \dot{I}_1(R_1 + jX_{1\sigma}) - \dot{E}_1 = \dot{I}_1Z_{1\sigma} - \dot{E}_1 \\ \dot{E}_2 &= \dot{I}_2(R_2 + jX_{2\sigma}) + \dot{U}_2 = \dot{I}_2Z_{2\sigma} + \dot{U}_2 \end{aligned}\right\} \qquad (2-39)$$

式中　　R_1——一次绕组的电阻，Ω；

$\quad X_{1\sigma}$——一次绕组的电抗，Ω；

$\quad R_2$——二次绕组的电阻，Ω；

$\quad X_{2\sigma}$——二次绕组的电抗，Ω；

$\quad Z_{1\sigma}$——一次绕组的漏阻抗，$Z_{1\sigma} = R_1 + jX_{1\sigma}$，$\Omega$；

$\quad Z_{2\sigma}$——二次绕组的漏阻抗，$Z_{2\sigma} = R_2 + jX_{2\sigma}$，$\Omega$。

电压方程和磁动势方程、激磁方程合在一起，统称为变压器的基本方程：

$$\left.\begin{aligned} \dot{U}_1 &= \dot{I}_1Z_{1\sigma} - \dot{E}_1 \\ \dot{E}_2 &= \dot{I}_2Z_{2\sigma} + \dot{U}_2 \\ \frac{\dot{E}_1}{\dot{E}_2} &= k \\ \dot{E}_1 &= -\dot{I}_mZ_m \\ N_1\dot{I}_1 + N_2\dot{I}_2 &= N_1\dot{I}_m \end{aligned}\right\} \qquad (2-40)$$

至此，变压器的数学模型已经建立。但是在解决实际问题之前，为便于计算，还要建立变压器的等效电路。

第四节　变压器的等效电路和相量图

一、等效电路

在研究变压器的运行问题时，希望有一个既能正确反映变压器内部电磁关系，又便于工程计算的等效电路，来代替具有电路、磁路和电磁感应联系的实际变压器。

（一）绕组归算

为建立等效电路，除了需要把一次和二次侧漏磁通的效果作为漏抗压降，主磁通和铁芯线圈的效果作为激磁阻抗来处理外，还要解决如何把两个具有不同电动势和电流、在电的方面没有直接联系的一次和二次绕组连在一起的问题。为此需要进行绕组归算。通常是把二次绕组归算到一次绕组，也就是假想把二次绕组的匝数变换成一次绕组的匝数，而不改变一次和二次绕组原有的电磁关系。

从磁动势平衡关系可知，二次电流对一次侧的影响是通过二次磁动势 $N_2\dot{I}_2$ 来实现的。所以只要归算前、后二次绕组的磁动势保持不变，则一次绕组将从电网吸收同样大小的功率和电流，并有同样大小的功率传递给二次绕组。

归算后，二次侧各物理量的数值称为归算值，用原物理量的符号加"′"表示。

1. 电流归算

设二次绕组电流和电动势的归算值为 $\dot{I}'_2$，根据归算前、后二次绕组磁动势不变的原则，可得

$$N_2\dot{I}'_2 = N_2\dot{I}_2 \tag{2-41}$$

由此可得二次电流的归算值 $\dot{I}'_2$ 为

$$\dot{I}'_2 = \frac{N_2}{N_2}\dot{I}_2 = \frac{1}{k}\dot{I}_2 \tag{2-42}$$

2. 电动势归算

由于归算前、后二次绕组的磁动势未变，因此铁芯中的主磁通将保持不变。这样，根据感应电动势与匝数成正比这一关系，便得归算前、后二次侧电动势之比为

$$\frac{\dot{E}'_2}{\dot{E}_2} = \frac{N_1}{N_2} = k \tag{2-43}$$

即二次绕组感应电动势的归算值 $\dot{E}'_2$ 应为

$$\dot{E}'_2 = k\dot{E}_2 \tag{2-44}$$

3. 磁动势归算

把磁动势方程［式（2-32）］除以匝数 N_1，可得归算后的磁动势方程为

$$\dot{I}_1 + \dot{I}'_2 = \dot{I}_m \tag{2-45}$$

再把二次绕组的电压方程乘以电压比 k，可得

$$kE_2 = kI_2(R_2 + jX_{2\sigma}) + kU_2 = \frac{I_2}{k}(k^2R_2 + jk^2X_{2\sigma}) + kU_2 \tag{2-46}$$

$$E_2' = I_2'(k^2R_2 + jk^2X_{2\sigma}) + kU_2 = I_2'(R_2' + jX_{2\sigma}') + U_2' \tag{2-47}$$

式中　　R_2'——二次绕组电阻的归算值，$R_2' = k^2R_2$，Ω；

$X_{2\sigma}'$——二次绕组漏抗的归算值，$X_{2\sigma}' = k^2X_{2\sigma}$，$\Omega$；

U_2'——二次电压的归算值，$U_2' = kU_2$，V。

综上，二次绕组归算到一次绕组时，电动势和电压应乘以 k 倍，电流除以 k 倍，阻抗乘以 k^2 倍。

4. 功率不变

传递到二次绕组的复功率为

$$E_2' \dot{I'}_2^* = (kE_2)\left(\frac{\dot{I}_2^*}{k}\right) = E_2 \dot{I}_2^* \tag{2-48}$$

式中　　* ——复数的共轭值。

二次绕组的电阻损耗和漏磁场内的无功功率为

$$\left. \begin{array}{l} I_2'^2 R_2' = \left(\frac{1}{k}I_2\right)^2(k^2R_2') = I_2^2R_2 \\[2mm] I_2'^2 X_{2\sigma}' = \left(\frac{1}{k}I_2\right)^2(k^2X_{2\sigma}) = I_2^2X_{2\sigma} \end{array} \right\} \tag{2-49}$$

负载的复功率为

$$U_2' \dot{I'}_2^* = (kU_2)\left(\frac{\dot{I}_2^*}{k}\right) = U_2' \dot{I}_2^* \tag{2-50}$$

即用归算前、后的量算出的值为相同。因此，所谓归算，实质是在功率和磁动势保持为不变量的条件下，对绕组的电压、电流所进行的一种线性变换。

归算后，变压器的基本方程变为

$$\left. \begin{array}{l} \dot{U}_1 = \dot{I}_1 Z_{1\sigma} - \dot{E}_1 \\[2mm] \dot{E}_2' = \dot{I}_2' Z_{2\sigma}' + \dot{U}_2' \\[2mm] \dot{E}_1 = \dot{E}_2' = -\dot{I}_m Z_m \\[2mm] \dot{I}_1 + \dot{I}_2' = \dot{I}_m \end{array} \right\} \tag{2-51}$$

（二）T 形等效电路

归算后，一次和二次绕组的匝数变成相同，故电动势 $\dot{E}_1 = \dot{E}_2'$，一次和二次绕组的磁动势方程也变成等效的电流关系 $\dot{I}_1 + \dot{I}_2' = \dot{I}_m$，由此可导出变压器的等效电路。

根据式（2-51）中的第一式和第二式，可画出一次和二次绕组的等效电路，如图 2-18a 和图 2-18b 所示；根据第三式可画出激磁部分的等效电路，如图 2-18c 所示。然后根据 $\dot{E}_1 = \dot{E}_2'$ 和 $\dot{I}_1 + \dot{I}_2' = \dot{I}_m$ 两式，把这三个电路连接在一起，即可得到变压器的 T 形等效电路，如图 2-19 所示。

工程上常用等效电路来分析、计算各种实际运行问题。应当指出，利用归算到一次侧

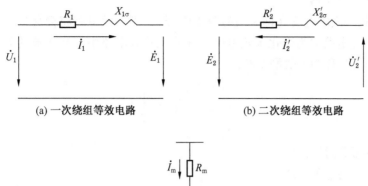

(a) 一次绕组等效电路　　　　　　　　(b) 二次绕组等效电路

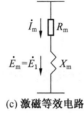

(c) 激磁等效电路

图 2-18　根据归算后的基本方程画出的部分等效电路

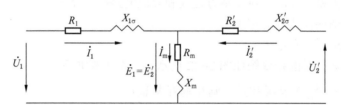

图 2-19　变压器的 T 形等效电路

的等效电路算出的一次绕组各量，均为变压器的实际值；二次绕组中各量则为归算值，欲得其实际值，对电流应乘以 k，对电压应除以 k。

也可以把一次侧各量归算到二次侧，以得到归算到二次侧的 T 形等效电路。一次侧各量归算到二次侧时，电流应乘以 k，电压除以 k，阻抗除以 k^2。

（三）近似等效电路

T 形等效电路属于复联电路，计算起来比较繁复。对于一般的电力变压器，额定负载时一次绕组的漏阻抗压降 $I_{1N}|Z_{1\sigma}|$ 仅占额定电压的百分之几，而激磁电流 I_m 又远小于额定电流 I_{1N}，因此把 T 形等效电路中的激磁分支从电路的中间移到电源端，对变压器的运行计算不会带来明显的误差。这样，就可得到图 2-20 所示的近似等效电路。

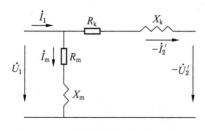

图 2-20　变压器的近似等效电路

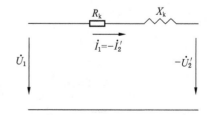

图 2-21　变压器的简化等效电路

（四）简化等效电路

若进一步忽略激磁电流（即把激磁分支断开），则等效电路将简化成一串联电路，如图 2-21 所示，此电路称为简化等效电路。在简化等效电路中，变压器的等效阻抗表现为一串联阻抗 Z_k，Z_k 称为等效漏阻抗。

$$\left.\begin{array}{l} Z_k = Z_{1\sigma} + Z'_{2\sigma} \\ R_k = R_{1\sigma} + R'_{2\sigma} \\ X_k = X_{1\sigma} + X'_{2\sigma} \end{array}\right\} \qquad (2-52)$$

式中　Z_k——短路阻抗，Ω；

$\quad\quad R_k$——短路电阻，Ω；

$\quad\quad X_k$——短路电抗，Ω。

用简化等效电路来计算实际问题十分简便，多数情况下其精度已能满足工程要求。

二、相量图

相量图是根据基本方程式作出的，相量图的特点是可以较直观地看出变压器中各物理量的大小和相位关系。前面已对基本方程式和等值电路作了介绍，下面分析变压器在不同运行情况下相量图的作法及应用。

（一）变压器空载相量图

变压器空载运行时的相量图如图 2-22 所示，作图步骤如下：

（1）以主磁通 $\dot\phi_m$ 为参考相量，画在垂直纵轴上。

（2）根据式 $\dot E_1 = -j4.44fN_1\dot\phi_m$、$\dot E_2 = -j4.44fN_2\dot\phi_m$，画出电动势 $\dot E_1$ 和 $\dot E_2$，它们均滞后 $\dot\phi_m$ 90°。

（3）将空载电流 $\dot I_0$ 分解为有功分量 $\dot I_{Fe}$ 和无功分量 $\dot I_\mu$。$\dot I_\mu$ 与 $\dot\phi_m$ 同相，$\dot I_{Fe}$ 超前 $\dot I_\mu$ 90°，$\dot I_{Fe}$ 与 $\dot I_\mu$ 相加得到 $\dot I_0$。

（4）根据式 $\dot U_1 = \dot I_0(R_1 + X_{1\sigma}) - \dot E_1$，依次作出 $-\dot E_1$、$\dot I_0 R_1$、$j\dot I_0 X_{1\sigma}$，叠加得出 $\dot U_1$。

（5）根据式 $\dot U_2 = \dot E_2$，得出 $\dot U_2$。

$\dot U_1$ 和 $\dot I_0$ 之间的相位角 φ_0 为变压器空载时的功率因数角，从图 2-22 可以看出，$\varphi_0 \approx 90°$，即变压器空载运行时功率因数 $\cos\varphi_0$ 很低。

（二）变压器负载相量图

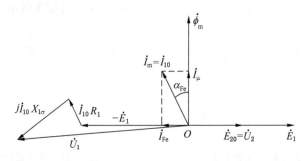

图 2-22　变压器空载运行时的相量图

基于式（2-51），绘制变压器负载运行时的相量图，如图 2-23 所示，其作图步骤如下。

1. 感性负载

（1）以主磁通 $\dot{\phi}_m$ 为参考相量，画在垂直纵轴上。

（2）根据式 $\dot{E}_1 = \dot{E}_2' = -j4.44fN_1\dot{\phi}_m$，画出电动势 $\dot{E}_1$ 和 $\dot{E}_2'$，它们均滞后 $\dot{\phi}_m$ 90°。

（3）将电流 $\dot{I}_2'$ 滞后 $\dot{E}_2'$ 一个 ψ_2 角，根据式 $\dot{E}_2' = \dot{I}_2'Z_{2\sigma}' + \dot{U}_2'$，依次作出 $\dot{E}_2'$、$\dot{I}_2'R_2'$、$\dot{I}_2'X_{2\sigma}'$，叠加得出 $\dot{U}_2'$。

（4）根据式 $\dot{I}_1 + \dot{I}_2' = \dot{I}_m$，因为激磁电流 $\dot{I}_m$ 存在铁耗，因此超前 $\dot{\phi}_m$ 一个铁耗角 α_{Fe}，叠加得出 $\dot{I}_1$。

（5）根据式 $\dot{U}_1 = \dot{I}_1(R_1 + X_{1\sigma}) - \dot{E}_1$，依次作出 $-\dot{E}_1$、$\dot{I}_1R_1$、$j\dot{I}_1X_{1\sigma1}$，叠加得出 $\dot{U}_1$。

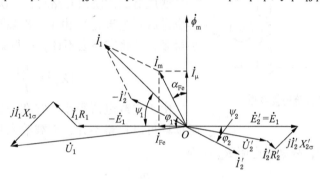

图 2-23　变压器负载运行时的相量图（感性负载）

2. 容性负载

容性与感性负载的电压相量图绘法基本相同，唯一区别是电流 $\dot{I}_2'$ 超前 $\dot{E}_2'$ 一个 ψ_2 角，如图 2-24 所示。

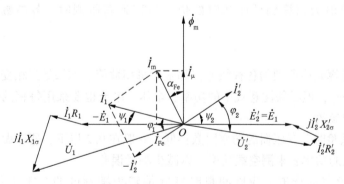

图 2-24　变压器负载运行时的相量图（容性负载）

第五节　等效电路的参数测定和标幺值

变压器等值电路中的各阻抗参数 R_1、R_2'、R_m、$X_{1\sigma}$、$X_{2\sigma}'$ 和 X_m 是变压器的重要参数，它们直接影响着变压器的运行性能。设计变压器时，这些参数可通过计算求得，对已经制造出来的变压器，则可通过空载试验和短路试验来测定。空载试验和短路试验是变压器的基本试验项目，通过这两项试验，不仅可以测定变压器的基本参数，而且还可以分析变压器存在的故障和检验变压器的产品质量。

一、等效电路的参数测定

（一）开路试验

1. 参数测定

开路试验亦称空载试验，其接线图如图 2-25 所示。试验时，二次绕组开路，一次绕组加以额定电压，测量此时的输入功率 p_0、一次电压 U_1 和电流 I_{10}，即可算出激磁阻抗。

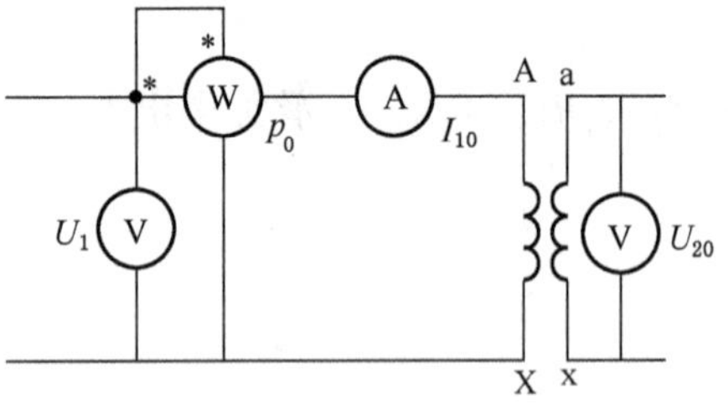

变压器二次绕组开路时，一次绕组的电流 I_{10} 其实也是激磁电流 I_m。由于一次漏阻抗比激磁阻抗 Z_m 小得多，若将它略去不计，可得激磁阻抗 $|Z_m|$ 为

$$|Z_m| \approx \frac{U_1}{I_{10}} \qquad (2-53)$$

图 2-25　开路试验的接线图

由于空载电流很小，它在一次绕组中产生的电阻损耗可以忽略不计，空载输入功率可认为基本上是供给铁芯损耗的，故激磁电阻 R_m 应为

$$R_m = \frac{p_0}{I_{10}^2} \qquad (2-54)$$

激磁电抗 X_m 为

$$X_m = \sqrt{|Z_m|^2 - R_m^2} \qquad (2-55)$$

为了试验时的安全和仪表选择的方便，开路试验时通常在低压侧加上电压、高压侧开路，此时测出的值为归算到低压侧时的值。归算到高压侧时，各参数应乘以 k^2，$k = N_{高压}/N_{低压}$。

2. 注意事项

（1）以上计算式中所列的各种数值，都是指每相数值。如果是三相变压器，计算方法与单相变压器一样，但必须注意式中的功率、电压、电流也要采用每相的数值，计算出的参数也是每相的参数。

（2）空载试验时，变压器的功率因数很低，一般在 0.2 以下，所以做空载试验时，应选用低功率因数的功率表来测空载功率，以减少测量误差。

（3）表计量程的选取，应以测量时指针偏转为满刻度的 2/3 左右，以减少读数误差。

（4）出于空载试验是在低压侧施加电源电压进行测定，所以测得的激磁阻抗参数是折算到低压侧的数值，如果要得到高压侧的数值，还必须乘以 k^2。

（5）空载电流和空载损耗（铁损耗）随电压的大小而变化，即与铁芯的饱和程度有关。所以，测定空载电流和空载损耗时，也应在额定电压下才有意义。

（二）短路试验

1. 参数测定

短路试验亦称为负载试验，图 2-26 表示试验时的接线图。试验时，把二次绕组短路，一次绕组上加一可调的低电压。调节外加的低电压，使短路电流达到额定电流，测量此时的一次电压 U_k、输入功率 p_k 和电流 I_k，即可确定等效漏阻抗。

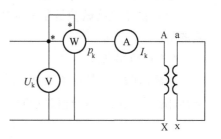

图 2-26 短路试验的接线图

由简化等效电路可见，变压器短路时，外加电压仅用于克服变压器内部的漏阻抗压降，当短路电流为额定电流时，该电压一般只有额定电压的 5% ~ 10%，因此短路试验时变压器内的主磁通很小，激磁电流和铁耗均可忽略不计。于是变压器的等效漏阻抗即为短路时所表现的阻抗 Z_k，即

$$|Z_k| \approx \frac{U_k}{I_k} \qquad (2-56)$$

若不计铁耗，短路时的输入功率 p_k 可认为全部消耗在一次和二次绕组的电阻损耗上，故短路电阻 R_k 为

$$R_k = \frac{p_k}{I_k^2} \qquad (2-57)$$

短路电抗 X_k 则为

$$X_k = \sqrt{|Z_k|^2 - R_k^2} \qquad (2-58)$$

短路试验时，绕组的温度与实际运行时不一定相同，按《电气装置安装工程 电气设备交接试验标准》（GB 50150）规定，测出的电阻应换算到 75 ℃ 时的数值。若绕组为铜线绕组，电阻可用下式换算：

$$R_{k75 \, ℃} = R_{k\theta} \frac{234.5 + 75}{234.5 + \theta} \qquad (2-59)$$

$$Z_{k75 \, ℃} = \sqrt{R_{k75 \, ℃}^2 + X_k^2} \qquad (2-60)$$

式中　θ——试验时绕组的温度，通常为室温。

由于 R_1 可用电桥法或直流伏安法测定，故 R_2' 将随之确定。

短路试验常在高压侧加电压，由此所得的参数值为归算到高压侧时的值。

变压器中漏磁场的分布十分复杂，把漏磁场划分成一次和二次绕组的漏磁场。所以要从测出的 X_k 中把 $X_{1\sigma}$ 和 $X_{2\sigma}'$ 分开，事实上是不可能的。由于工程上大多采用近似或简化等效电路来计算各种运行问题，因此通常没有必要把 $X_{1\sigma}$ 和 $X_{2\sigma}'$ 分开。有时假设 $X_{1\sigma} = X_{2\sigma}'$ 以把两者分离。

2. 注意事项

(1) 以上计算式中所列的各种数值，都是指单相数值。如果是三相变压器，计算方法与单相变压器一样，但必须注意式中的功率、电压、电流均要采用每相的数值，计算出的参数也是一相的参数。

(2) 仪表量程选择原则与空载试验一样。

(3) 由于试验时，二次侧短路，一次侧绝对不能施加额定电压，一次侧外加电压只能从零逐渐上升至一次侧电流达到额定电流时为止。

（4）由于短路试验是在高压侧施加电压进行的，因此所测得的参数已属于折算到高压侧的值。

（三）短路电压

短路试验时，使电流达到额定值时所加的电压 U_{1k}，称为阻抗电压或短路电压。阻抗电压用额定电压的百分值表示时有

$$u_k = \frac{U_{1k}}{U_{1N}} \times 100\% = \frac{I_{1N}|Z_{1k}|}{U_{1N}} \times 100\% \tag{2-61}$$

阻抗电压的百分值亦是铭牌数据之一。

短路电压有功分量

$$u_{kP} = \frac{I_{1N}R_k}{U_N} \times 100\% \tag{2-62}$$

短路电压无功分量

$$u_{kQ} = \frac{I_{1N}X_k}{U_N} \times 100\% \tag{2-63}$$

短路电压是变压器的重要参数之一。从正常运行的角度来看，希望它小一些，这使得变压器二次侧电压随负载变化的波动程度小一些；而从限制短路电流的角度来看，又希望它大一些，这使得变压器在运行过程中二次侧万一发生短路时，可使得短路电流不至于过大。一般中、小型变压器的短路电压为额定电压的 4%～10.5%，大型变压器的短路电压为额定电压的 12.5%～17.5%。

二、标幺值

1. 标幺值的选取

在工程计算中，各物理量有时用标幺值来表示和计算。所谓标幺值就是某一物理量的实际值与选定的基值之比，即

$$标幺值 = \frac{实际值}{基值} \tag{2-64}$$

在本书中，标幺值用加"*"的上标来表示。标幺值乘以100，便是百分值。

应用标幺值时，首先要选定基值（用下标 b 表示）。对于电路计算而言，四个基本物理量 U、I、Z 和 S 中，有两个量的基值可以任意选定，其余两个量的基值可根据电路的基本定律导出。例如对单相系统，若选定电压和电流的基值为 U_b 和 I_b，则功率基值 S_b 和阻抗基值 Z_b 便随之确定。

$$\left.\begin{array}{l} S_b = U_b I_b \\ Z_b = \dfrac{U_b}{I_b} \end{array}\right\} \tag{2-65}$$

2. 电压的标幺值

计算变压器或电机的稳态问题时，常用其额定值作为相应的基值。此时一次和二次电压的标幺值为

$$U_1^* = \frac{U_1}{U_{1b}} = \frac{U_1}{U_{1N\phi}}$$
$$U_2^* = \frac{U_2}{U_{2b}} = \frac{U_2}{U_{2N\phi}} \qquad (2-66)$$

式中　$U_{1N\phi}$——一次侧的额定相电压，kV；

$\quad\quad U_{2N\phi}$——二次侧的额定相电压，kV。

3. 电流的标幺值

一次和二次相电流的标幺值为

$$I_1^* = \frac{I_1}{I_{1b}} = \frac{I_1}{I_{1N\phi}}$$
$$I_2^* = \frac{I_2}{I_{2b}} = \frac{I_2}{I_{2N\phi}} \qquad (2-67)$$

式中　$I_{1N\phi}$——一次侧额定相电流，A；

$\quad\quad I_{2N\phi}$——二次侧额定相电流，A。

4. 阻抗的标幺值

归算到一次侧时，等效漏阻抗的标幺值 Z_k^* 为

$$|Z_k^*| = \frac{Z_k}{Z_{1b}} = \frac{I_{1N\phi}Z_k}{U_{1N\phi}} \qquad (2-68)$$

在三相系统中，线电压和线电流亦可用标幺值表示，此时以线电压和线电流的额定值为基值。不难证明，此时相电压和线电压的标幺值恒相等，相电流和线电流的标幺值也相等。三相功率的基值取变压器（电机）的三相额定容量，即

$$S_b = S_N = 3U_{N\phi}I_{N\phi} = \sqrt{3}\,U_N I_N \qquad (2-69)$$

当系统中装有多台变压器（电机）时，可以选择某一特定的 S_b 作为整个系统的功率基值。这时系统中各变压器（电机）的标幺值需要换算到以 S_b 作为功率基值时的标幺值。由于功率的标幺值与对应的功率基值成反比，在同一电压基值下，阻抗的标幺值与对应的功率基值成正比，所以可以用下式进行换算：

$$S^* = S_1^* \frac{S_{b1}}{S_b}$$
$$Z^* = Z_1^* \frac{S_b}{S_{b1}} \qquad (2-70)$$

式中　S_1^*——功率标幺值；

$\quad\quad Z_1^*$——阻抗标幺值；

$\quad\quad S^*$——功率标幺值；

$\quad\quad Z^*$——阻抗标幺值。

5. 标幺值的优缺点

应用标幺值的优点为：①不论变压器或电机容量的大小，用标幺值表示时，各个参数和典型的性能数据通常都在一定范围内，因此便于比较和分析。例如，对于电力变压器，漏阻抗的标幺值 $Z_k^* = 0.04 \sim 0.17$，空载电流的标幺值 $I_0^* \approx 0.02 \sim 0.10$。②用标幺值表示

时，归算到高压侧或低压侧时变压器的参数恒相等，故用标幺值计算时不必再进行归算。

标幺值的缺点是没有量纲，无法用量纲关系来检查。

【例 2-2】 有一台单相变压器，额定值为 $S_N = 50$ kV·A，$U_{1N}/U_{2N} = 7200/480$ V，$f =$ 50 Hz，其空载和短路试验数据如下：

试验名称	电压/V	电流/A	功率/W	电源加压侧
空载	480	5.2	245	电压加在低压侧
短路	157	7	615	电压加在高压侧

试求：（1）归算到高压侧（一次侧）的励磁参数和短路参数；（2）已知 $R_1 = 7$ Ω，画出 T 形等效电路图；（3）激磁阻抗和漏阻抗标幺值。

解：（1）归算到高压侧（一次侧）的励磁参数和短路参数。

①电压比：

$$k = \frac{U_{1N}}{U_{2N}} = \frac{7200}{480} = 15$$

②空载试验时，由于电压加在低压侧的激磁阻抗：

$$|Z_m| = \frac{U_{2N}}{I_{20}} = \frac{480}{5.2} = 92.31 \ \Omega$$

$$R_m = \frac{p_0}{I_{20}^2} = \frac{245}{5.2^2} = 9.06 \ \Omega$$

$$X_m = \sqrt{|Z_m|^2 - R_m^2} = \sqrt{20769.23^2 - 2038.65^2} = 91.86 \ \Omega$$

归算到高压侧的激磁阻抗：

$$|Z_m|_{高} = k^2 |Z_m| = 15^2 \times \left(\frac{480}{5.2}\right) = 20769.23 \ \Omega$$

$$R_{m高} = k^2 \left(\frac{p_0}{I_0^2}\right) = 15^2 \times \left(\frac{245}{5.2^2}\right) = 2038.65 \ \Omega$$

$$X_{m高} = \sqrt{|Z_m|_{高}^2 - R_{m高}^2} = \sqrt{20769.23^2 - 2038.65^2} = 20668.93 \ \Omega$$

③短路试验时，归算到高压侧时的等效漏阻抗：

$$|Z_k| = \frac{U_K}{I_K} = \frac{157}{7} = 22.43 \ \Omega$$

$$R_k = \frac{p_k}{I_k^2} = \frac{615}{7^2} = 12.55 \ \Omega$$

$$X_k = \sqrt{|Z_k|^2 - R_k^2} = \sqrt{22.43^2 - 12.55^2} = 18.6 \ \Omega$$

（2）归算到高压侧时的 T 形等效电路如图 2-27 所示，图中 $R_1 = R_k - R_2' = 5.55$ Ω，$X_{1\sigma} = X_{2\sigma} = \frac{1}{2} X_k = 9.3$ Ω，$R_m = 2038.65$ Ω，$X_m = 20668.93$ Ω。

（3）激磁阻抗和漏阻抗标幺值。

一次侧额定电流为

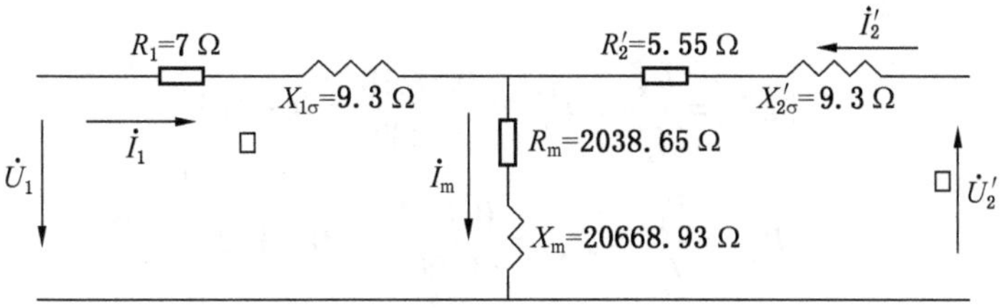

图 2-27 变压器的 T 形等效电路

$$I_{1N} = \frac{S_N}{U_{1N}} = \frac{50000}{7200} = 6.94 \text{ A}$$

二次侧额定电流为

$$I_{2N} = \frac{S_N}{U_{2N}} = \frac{50000}{480} = 104.17 \text{ A}$$

①激磁阻抗的标幺值。

归算到低压侧时

$$|Z_m^*| = \frac{I_{2N}|Z_m|}{U_{2N}} = \frac{104.17 \times 92.31}{480} = 20.03$$

$$R_m^* = \frac{I_{2N}R_m}{U_{2N}} = \frac{104.17 \times 9.06}{480} = 1.97$$

$$X_m^* = \frac{I_{2N}X_m}{U_{2N}} = \frac{104.17 \times 91.86}{480} = 19.93$$

归算到高压侧时

$$|Z_m^*| = \frac{I_{1N}|Z_m|_{\text{高}}}{U_{1N}} = \frac{6.94 \times 20769.23}{7200} = 20.02$$

$$R_m^* = \frac{I_{1N}R_{m\text{高}}}{U_{1N}} = \frac{6.94 \times 2038.65}{7200} = 1.965$$

$$X_m^* = \frac{I_{1N}X_{m\text{高}}}{U_{1N}} = \frac{6.94 \times 20668.93}{7200} = 19.92$$

由于归算到高压侧的激磁阻抗是归算到低压侧时的 k^2 倍（$Z_{m\text{高}} = k^2 Z_m$，而高压侧的阻抗基值也是低压侧阻抗基值的 k^2 倍，所以从高压侧或低压侧算出的激磁阻抗标幺值恰好相等），故用标幺值计算时，可不再进行归算。这点可以从本例的计算中清楚地看出来。

②漏阻抗的标幺值：

$$|Z_k^*| = \frac{I_{1N}|Z_k|}{U_{1N}} = \frac{6.94 \times 22.43}{7200} = 0.0216$$

$$R_k^* = \frac{I_{1N}R_k}{U_{1N}} = \frac{6.94 \times 12.55}{7200} = 0.0121$$

$$X_k^* = \frac{I_{1N}X_k}{U_{1N}} = \frac{6.94 \times 18.6}{7200} = 0.018$$

若短路试验在额定电流（$I_k^* = 1$）下进行，也可以把试验数据化成标幺值来计算

Z_k^*，即

$$|Z_k^*| = \frac{U_k^*}{I_k^*} = U_k^* = \frac{0.0218}{1.009} = 0.0216$$

$$R_k^* = \frac{P_k^*}{I_k^*} = P_k^* = \frac{0.0123}{1.009} = 0.0122$$

$$X_k^* = \sqrt{|Z_k^*|^2 - R_k^{*2}} = \sqrt{0.0216^2 - 0.0122^2} = 0.0178$$

【例 2-3】　一台三相变压器，$S_N = 1000\,kV \cdot A$，$U_{1N}/U_{2N} = 10/6.3\,kV$，Yd 连接。当外施额定电压时，变压器的空载损耗 $p_0 = 4.9\,kW$，空载电流为额定电流的 5%。当独立电流为额定值时，短路损耗 $p_k = 15\,kW$（已换算到 75 ℃ 时的值），短路电压为额定电压的 5.5%。试求归算到高压侧的激磁阻抗和漏阻抗的实际值和标幺值。

解：选取 $U_b = U_{1N}$、$S_b = S_N$ 为基值。

（1）激磁阻抗和漏阻抗的标幺值。

$$|Z_m^*| = \frac{U_1^*}{I_0^*} = \frac{1}{0.05} = 20$$

$$R_m^* = \frac{p_0^*}{I_0^{*2}} = \frac{4.9}{1000 \times (0.05)^2} = 1.96$$

$$X_m^* = \sqrt{|Z_m^*|^2 - R_m^{*2}} = \sqrt{20^2 - 1.96^2} = 19.9$$

$$|Z_k^*| = \frac{U_k^*}{I_k^*} = \frac{U_k^*}{1} = 0.055$$

$$R_{k(75\,℃)}^* = \frac{p_{k(75\,℃)}^*}{I_k^{*2}} = \frac{p_{k(75\,℃)}^*}{1} = 0.015$$

$$X_k^* = \sqrt{|Z_k^*|^2 - R_{k(75\,℃)}^{*2}} = \sqrt{(0.055)^2 - (0.015)^2} = 0.0529$$

（2）归算到高压侧时激磁阻抗和漏阻抗的实际值。

高压侧的额定电流 I_{1N} 和阻抗基值 Z_{1b} 为

$$I_{1N} = \frac{S_N}{\sqrt{3}\,U_{1N}} = \frac{1000}{\sqrt{3} \times 10} = 57.73\,A$$

$$Z_{1b} = \frac{U_{1N}}{\sqrt{3}\,I_{1N}} = \frac{10 \times 10^3}{\sqrt{3} \times 57.73}\,\Omega = 100\,\Omega$$

于是归算到高压侧时各阻抗的实际值为

$$|Z_m| = |Z_m^*|\,Z_{1b} = 20 \times 100\,\Omega = 2000\,\Omega$$

$$R_m = R_m^*\,Z_{1b} = 1.96 \times 100\,\Omega = 196\,\Omega$$

$$X_m = X_m^*\,Z_{1b} = 19.9 \times 100\,\Omega = 1990\,\Omega$$

$$|Z_k| = |Z_k^*|\,Z_{1b} = 0.055 \times 100\,\Omega = 5.5\,\Omega$$

$$R_{k(75\,℃)} = R_{k(75\,℃)}^*\,Z_{1b} = 0.015 \times 100\,\Omega = 1.5\,\Omega$$

$$X_k = X_k^*\,Z_{1b} = 0.0529 \times 100\,\Omega = 5.29\,\Omega$$

第六节 三相变压器

目前电力系统均采用三相制,因而三相变压器的应用极为广泛。三相变压器对称运行时,其各相的电压、电流大小相等,相位互差120°;因此在原理分析和计算时,可以取三相中的一相来研究,即三相问题可以化为单相问题。基于导出的基本方程、等效电路等方法,可直接用于三相中的任一相。由于电压比 k 是一次和二次绕组的感应电动势之比,所以对三相变压器,仍有

$$k = \frac{N_1}{N_2} = \frac{U_{1N\phi}}{U_{2N\phi}} \qquad (2-71)$$

式中　　$U_{1N\phi}$——一次绕组的额定相电压,kV;

　　　　$U_{2N\phi}$——二次绕组的额定相电压,kV。

关于三相变压器的特点,如三相变压器的磁路系统,三相绕组的连接方法等问题,将在本节中加以研究。

一、三相变压器的磁路

三相变压器的磁路可分为三个单相独立磁路和三相磁路两类。图2-28表示三台单相变压器在电路上连接起来,组成一个三相系统,这种组合称为三相变压器组,其三相磁路彼此独立。

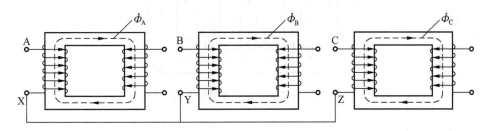

图2-28　三相变压器组

如果把三台单相变压器的铁芯拼成如图2-29a所示的星形磁路,则当三相绕组外施三相对称电压时,由于三相主磁通 $\dot{\Phi}_A$、$\dot{\Phi}_B$ 和 $\dot{\Phi}_C$ 也对称(图2-29b),故三相磁通之和将等于零,即

$$\dot{\Phi}_A + \dot{\Phi}_B + \dot{\Phi}_C = 0 \qquad (2-72)$$

这样,中间心柱中将无磁通通过,因此可以把它省略。进一步把三个心柱安排在同一平面内,如图2-29c所示,就可以得到三相心式变压器。三相心式变压器的磁路是一个三相磁路,任何一相的磁路都以其他二相的磁路作为自己的回路。

与三相变压器组相比较,三相心式变压器的材料消耗较少、价格便宜、占地面积也较小,维护比较简单。但是对于大型和超大型变压器,为了便于制造和运输,并减少电站的备用容量,往往采用三相变压器组。

从图2-29c可见,心式变压器三相磁路长度不等,两边两相磁路的磁阻 [$R_A = R_C =$

$(l_A + 2l_B)/(\mu A)]$ 比中间相的磁阻 $[R_B = l_A/(\mu A)]$ 大，故两边相 A 和 C 的空载电流大于中间相 B 的空载电流。不过，由于空载电流较小，在带负载的情况下空载电流的差别对变压器的影响很小，可不予考虑。对巨型变压器，采用三相三柱旁轭铁芯，它是在普通的三相心式变压器铁芯基础上加上两个旁轭，从而减小两边两相磁路的磁阻，使三相磁路接近对称，如图 2-30 所示。

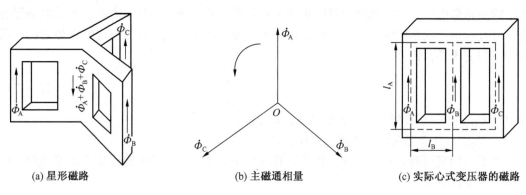

(a) 星形磁路   (b) 主磁通相量   (c) 实际心式变压器的磁路

图 2-29　三相心式变压器的磁路

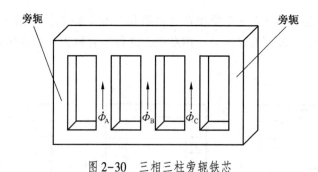

图 2-30　三相三柱旁轭铁芯

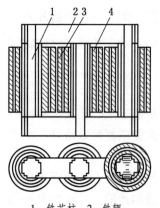

1—铁芯柱；2—铁轭；

3—高压绕组；4—低压绕组

图 2-31　三相心式变压器

二、三相变压器绕组的连接组号

三相心式变压器的三个铁芯柱上分别套有 A 相、B 相和 C 相的高压和低压绕组，三相共 6 个绕组，如图 2-31 所示。为绝缘方便，常把低压绕组套在里面、靠近心柱，高压绕组套装在低压绕组外面。三相绕组常用星形连接（用 Y 或 y 表示）或三角形连接（用 D 或 d）表示。

星形连接是把三相绕组的三个首端 A、B、C 引出，把三个尾端 X、Y、Z 连接在一起作为中点，如图 2-32 所示。三角形连接是把一相绕组的尾端和另一相绕组的首端相联，顺次联成一个闭合的三角形回路，最后把首端 A、B、C 引出，如图 2-33 所示。

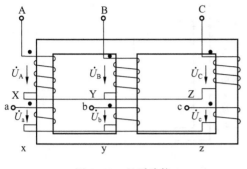

图 2-32 星形连接

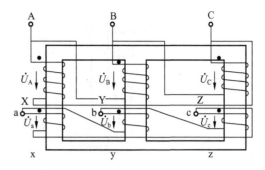

图 2-33 三角形连接

国产电力变压器常用 Yyn、Yd 和 YNd 三种连接，前面的大写字母表示高压绕组的连接法，后面的小写字母表示低压绕组的连接法，N（或 n）表示有中点引出的情况。

变压器并联运行时，为了正确使用三相变压器，必须知道高、低压绕组线电压之间的相位关系。

（一）高、低压绕组相电压的相位关系

三相变压器高压绕组的首端通常用大写的 A、B、C（或 U_1、V_1、W_1）表示，尾端用大写的 X、Y、Z（或 U_2、V_2、W_2）表示，低压绕组的首端用小写的 a、b、c（或 u_1、v_1、w_1）表示，尾端用 x、y、z（或 u_2、v_2、w_2）表示。现取三相中的 A 相来分析。

同一相的高压和低压绕组绕在同一心柱上，被同一磁通 ϕ 所交链。当磁通 ϕ 交变时，在同一瞬间，高压绕组的某一端点相对于另一端点的电位为正时，低压绕组必有一端点其电位也是相对为正，这两个对应的端点就称为同名端，同名端在对应的端点旁用"·"标注，同名端取决于绕组的绕制方向，如高、低压绕组的绕向相同，则两个绕组的上端（或下端）就是同名端；若绕向相反，则高压绕组的上端与低压绕组的下端为同名端，如图 2-34a 和图 2-34b 所示。

为了确定高、低压相电压的相位关系，高压和低压绕组相电压相量的正方向统一规定为从绕组的首端指向尾端。高压和低压绕组的相电压既可能是同相位，也可能是反相位，取决于绕组的同名端是否同在首端或尾端。若高压和低压绕组的首端为同名端，则相电压 $\dot{U}_A$ 和 $\dot{U}_a$ 应为同相，如图 2-34a 和图 2-34b 所示；若高压和低压绕组的首端为非同名端，则 $\dot{U}_A$ 和 $\dot{U}_a$ 为反相，如图 2-34c 和图 2-34d 所示。

（二）高、低压绕组线电压的连接组别号

1. 判别方法

三相绕组采用不同的连接时，高压侧的线电压与低压侧对应的线电压之间（例如 $\dot{U}_{ab}$ 与 $\dot{U}_{AB}$）可以形成不同的相位。为了表明高、低压线电压之间的相位关系，通常采用"时钟表示法"表示。时钟表示法分两种：重心法和同一起点法。

（1）重心法。重心法是指把高、低压绕组两个线电压三角形的重心 O 重合，把高压侧线电压三角形的一条中线（例如 OA）作为时钟的长针，指向钟面的 12，再把低压侧线电压三角形中对应的中线（例如 oa）作为短针，它所指的钟点就是该连接组的组号。例如 Yd11 表示高压绕组为星形连接，低压绕组为三角形连接，高压侧线电压滞后于低压侧

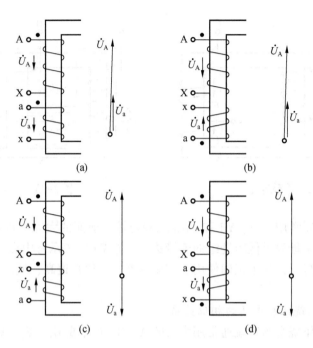

图 2-34 高、低压绕组的同名端和相电压的相位关系

对应的线电压 30°。这样从 0 到 11 共计 12 个组号，每个组号相差 30°。

$$连接组别号 = \frac{\dot{U}_{oa} 滞后 \dot{U}_{OA} 的相角}{30°} \qquad (2-73)$$

（2）同一起点法。同一起点法是指把高、低压绕组两个相对应线电压之间的夹角，以高压绕组的线电压作为时钟的长针，指向钟面的 12，将它与对应低压侧线电压作为短针之间的顺时针夹角，除以 30°，就是该连接组的组号。举例同上。

$$连接组别号 = \frac{\dot{U}_{ab} 滞后 \dot{U}_{AB} 的相角}{30°} \qquad (2-74)$$

连接组别号可以根据高、低压绕组的同名端和绕组的连接方法来确定。下面以 Yy0 和 Yd11 这两种连接组为例，说明其连接方法。

2. 判别连接组别号

1）Yy0 连接组

图 2-35a 表示 Yy0 连接组的绕组连接图，此时高、低压绕组绕向相同，故 A 和 a 为同名端；同理 B 和 b、C 和 c 亦是同名端。

（1）重心法。由于 A 和 a、B 和 b、C 和 c 均为同名端，即 $\dot{U}_a$ 与 $\dot{U}_A$ 同相，$\dot{U}_b$ 与 $\dot{U}_B$ 同相，$\dot{U}_c$ 与 $\dot{U}_C$ 同相，如图 2-35b 所示。相应的，高、低压侧对应的线电压亦为同相位，即 $\dot{U}_{ab}$ 与 $\dot{U}_{AB}$ 同相，$\dot{U}_{bc}$ 与 $\dot{U}_{BC}$ 同相，$\dot{U}_{ca}$ 与 $\dot{U}_{CA}$ 同相。若使高压和低压侧两个线电压三角形的重心 O 重合，并使高压侧三角形的中线 OA 指向钟面的 12，则低压侧对应的中线 oa 也将指向 12，从时间上看为 O 点，故该连接组的组号为 0，记为 Yy0。

（2）同一起点法。由于 A 和 a、B 和 b、C 和 c 均为同名端，即 $\dot{U}_a$ 与 $\dot{U}_A$ 同相，$\dot{U}_b$ 与

$\dot{U}_B$ 同相，$\dot{U}_c$ 与 $\dot{U}_C$ 同相，如图 2-35c 所示。以 A 为起点，由于 A 和 a 为同名端，所以绘制 A 与 a 为同一起点，同样绘制出 b 相、c 相，将它们的星形连接点 x、y、z 连在一起，与实际相结合，比较接近实际，然后将高压侧其中一相 $\dot{U}_{AB}$ 作为时钟的指针，指向 12 点，从时间上看为 O 点，然后将低压侧与其对应的一相 $\dot{U}_{ab}$ 作为时钟的短指针，以高压侧的指针为起点，顺时针旋转到低压侧短针之间的夹角为零。从图 2-33c 中可以看出该连接组的组号为 0，记为 Yy0。

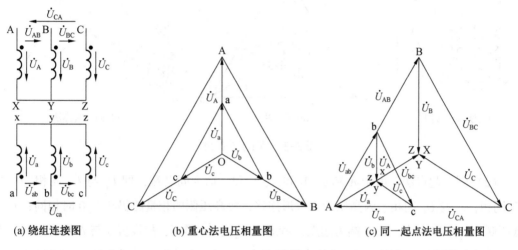

(a) 绕组连接图　　　(b) 重心法电压相量图　　　(c) 同一起点法电压相量图

图 2-35　Yy0 连接组

在上述情况下，若把低压边的非同名端标为首端 a、b、c，再把尾端 x、y、z 连接在一起，首端 a、b、c 引出，则高、低压对应的相电压相量将成为反相位（即相差 180°），对应的高、低压线电压相量也成为反相位，于是连接组的组号将变成 Yy6。

在上述情况下，若把低压边的同名端往后顺时针移一相，其他不变，则高、低压对应的相电压相量将移 120°，该连接组的组号将变成 Yy4。如果同名端不同，则连接组的组号将变成 Yy10。如果把低压边的同名端往后逆时针移一相，其他不变，则高、低压对应的相电压相量将移 120°，该连接组的组号将变成 Yy8。如果同名端不同，则连接组的组号将变成 Yy2。

2）Yd11 连接组

图 2-36a 是 Yd11 连接组的绕组连接图。此时高压绕组为星形连接，低压绕组按 a→y，b→z，c→x 的顺序依次连接成三角形。

（1）重心法。由于 A 和 a、B 和 b、C 和 c 均为同名端，即 $\dot{U}_a$ 与 $\dot{U}_A$ 同相，$\dot{U}_b$ 与 $\dot{U}_B$ 同相，$\dot{U}_c$ 与 $\dot{U}_C$ 同相。因高压侧为星形连接，故高压侧的相量图仍和 Yy0 时相同；对于低压侧为三角形连接。考虑到 $\dot{U}_a$ 与 $\dot{U}_A$ 同相，$\dot{U}_b$ 与 $\dot{U}_B$ 同相，$\dot{U}_c$ 与 $\dot{U}_C$ 同相，且 a 与 y 相联，b 与 z 相联，c 与 x 相联，故绘制低压侧可得图 2-36b 所示电压相量图。再把高、低压相量图画在一起，并使两个线电压三角形的重心 O 重合，且高压侧三角形的中线 OA 指向钟面的 12，则低压侧的对应中线 oa 将指向 11，如图 2-36c 所示。此时连接组的组号为 11，用 Yd11 表示。

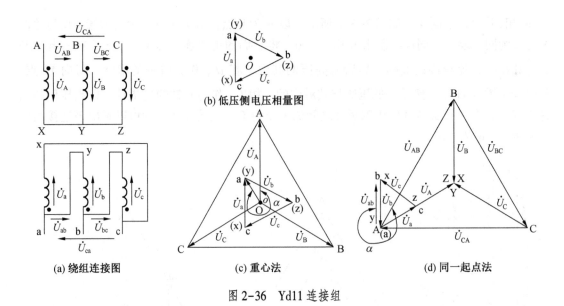

图 2-36　Yd11 连接组

（2）同一起点法。由于 A 和 a、B 和 b、C 和 c 均为同名端，即 $\dot{U}_a$ 与 $\dot{U}_A$ 同相，$\dot{U}_b$ 与 $\dot{U}_B$ 同相，$\dot{U}_c$ 与 $\dot{U}_C$ 同相。因高压侧为星形连接，故高压侧的相量图仍和 Yy0 时相同；对于低压侧为三角形连接，以 A 端为起点，考虑到 $\dot{U}_a$ 与 $\dot{U}_A$ 同相，故设置 a 与 A 重合绘制，然后按连接顺序绘制 b 相和 c 相，再将高压侧其中一相 $\dot{U}_{AB}$ 作为时钟的长指针，指向 12 点，从时间上看为 0 点，然后将低压侧与其对应的一相 $\dot{U}_{ab}$（$\dot{U}_{ab} = -\dot{U}_b$）作为时钟的短指针，顺时针旋转，长指针与短指针之间的夹角为 330°，故该变压器连接的组号为 11，记为 Yd11。

作为校核，从图 2-36d 可见，高压侧是 Y 接法，线电压 $\dot{U}_{AB} = \dot{U}_A - \dot{U}_B$；低压侧是△接法，线电压 $\dot{U}_{ab} = -\dot{U}_b$；因 $\dot{U}_{AB}$ 滞后于 $\dot{U}_{ab}$ 30°，故连接组的组号为 Yd11。

因此，对于上述 Yy 和 Yd 连接组，如果高压侧的三相标号 A、B、C 保持不变，把低压侧的三相标号 a、b、c 顺序改标为 c、a、b，则低压侧的各线电压相量将分别转过 120°，相当于短针转过 4 个钟点；若改标为 b、c、a，则相当于短针转过 8 个钟点。因而对 Yy 连接而言，可得 0、4、8、6、1、2 等六个偶数组号；对 Yd 连接而言，可得 11、3、7、5、9、1 等六个奇数组号；总共可得 12 个组号。

（三）各种连接组的应用场合

变压器连接组的种类很多，为了制造和并联运行时的方便，我国规定 Yyn0、Yd11、YNd11、YNy0 和 Yy0 等五种作为标准连接组。五种标准连接组中，以前三种最为常用。Yyn0 连接组的二次侧可引出中线，成为三相四线制，用于配电变压器时可兼供动力和照明负载。Yd11 连接组用于二次侧电压超过 400 V 的线路中，此时变压器有一侧接成三角形，对运行有利。YNd11 连接组主要用于高压输电线路中，使电力系统的高压侧可以接地。

【例 2-4】　某变压器的绕组接线图如图 2-37 所示，试确定连接组别。

解：电压相量图如图 2-38 所示。

从图 2-38 中可以看出该变压器的连接组别为 Y，d5。

【例 2-5】　某变压器的绕组接线图如图 2-39 所示，试确定连接组别。

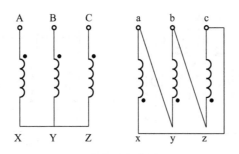

图 2-37　变压器的绕组接线图（1）

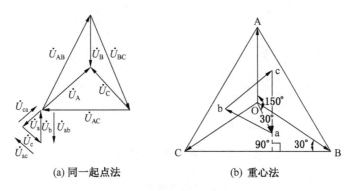

(a) 同一起点法　　　　(b) 重心法

图 2-38　电压相量图

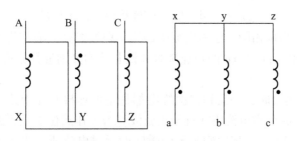

图 2-39　变压器的绕组接线图（2）

解： 图 2-40a 所示为电压相量标注。

（1）同一起点法。以 AB 指向钟点 12，按照 A→Y→B→Z→C→X 顺序绘制高压侧电压相量图，然后绘制低压侧，因 A 与 a 同名端为起点，绘制 $\dot{U}_a$、$\dot{U}_b$、$\dot{U}_c$，将 x、y、z 联在一起，顺时针旋转，旋转到 ab 为止之间夹角除以 30°，就是它的连接组别号，即 Dy1，如图 2-40b 所示。

（2）重心法。以 OA 指向钟点 12，顺时针旋转，旋转到 Oa（即 oa）为止之间夹角除以 30°，就是它的连接组别号，即 Dy1，如图 2-40c 所示。

三、绕组接法和磁路结构对二次电压波形的影响

在本章第二节中已经说明，铁芯磁路达到饱和时，为使主磁通成为正弦波，激磁电流将变成尖顶波。此时激磁电流中除含有基波分量 i_{m1} 外，还含有一定的三次谐波 i_{m3}，如图 2-14c 所示。在三相变压器中，各相激磁电流中的三次谐波可表示为

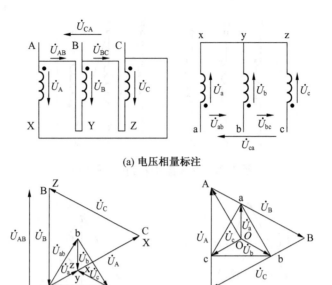

(a) 电压相量标注

(b) 同一起点法　　　　　　　(c) 重心法

图 2-40　相量图确定连接组别号

$$
\left.
\begin{aligned}
i_{m3A} &= I_{m3}\sin3\omega t \\
i_{m3B} &= I_{m3}\sin3(\omega t - 120°) = I_{m3}\sin3\omega t \\
i_{m3C} &= I_{m3}\sin3(\omega t - 240°) = I_{m3}\sin3\omega t
\end{aligned}
\right\}
\qquad(2-75)
$$

可见它们大小相等、相位相同。激磁电流中的三次谐波能否流通，将直接影响主磁通和相电动势的波形。下面对 Yy 和 Yd 两种连接组和铁芯结构分别进行分析。

1. Yy 连接组

变压器绕组 Yy 连接时，一次和二次绕组都是星形连接且无中线，激磁电流中的三次谐波分量无法流通，故激磁电流将接近于正弦波。若工作点位于主磁路的膝点以上，通过铁芯的磁化曲线 $\phi = f(i_m)$，依次确定不同瞬间的激磁电流所产生的主磁通值，即可得到主磁通随时间的变化曲线 $\phi = \phi(t)$，如图 2-41 所示（图 2-41 中示出了 $\omega t = 45°$、$90°$ 和 $135°$ 三个瞬间的主磁通）。不难看出，此时主磁通将成为平顶波，即除基波分量 ϕ_1 外，还将出现三次谐波分量 ϕ_3 以及一些奇次高次谐波分量，后者因数量不大可忽略。

对于三相变压器组，由于磁路是独立的，三次谐波磁通 ϕ_3 可以在各自的铁芯磁路内形成闭合磁路，而铁芯的磁阻很小，故此时 ϕ_3 较大；ϕ_3 将在绕组中感应出三次谐波电动势 e_3，严重时 e_3 的幅值可达基波 e_1 幅值的 50% 以上，结果使相电动势 e_ϕ 的波形成为尖顶波，如图 2-42 所示。虽然在三相电动势 e_L 中三次谐波电动势互相抵消，使线电动势仍为正弦波，但是 e_ϕ 峰值的提高将危害到各相绕组的绝缘。

对于三相心式变压器，由于磁路为三相星形磁路，故同大小、同相位的各相三次谐波磁通不能沿铁芯磁路闭合，而只能通过油和油箱等形成闭合磁路，如图 2-43 中虚线所示。由于这条磁路的磁阻较大，限制了三次谐波磁通，使绕组内的三次谐波电动势变得很小，此时相电动势 e_ϕ 可认为接近于正弦形。另外，三次谐波磁通经过油箱壁等钢制构件时，将在其中引起涡流杂散损耗。

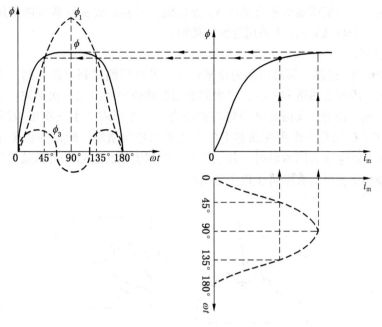

图 2-41 主磁路饱和时，正弦激磁电流产生的主磁通波形

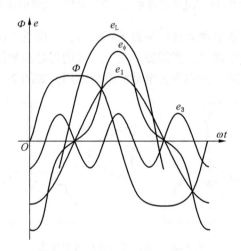

图 2-42 三相变压器组连接成 Yy 连接组时感应电动势的波形

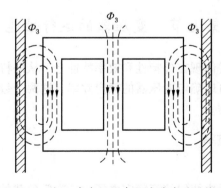

图 2-43 三相心式变压器中三次谐波磁通的路径

由此可见，三相变压器组不宜采用 Yy 连接组。三相心式变压器可以采用 Yy 连接组，但其容量不大于 1600 kV·A 才采用这种连接组。

2. Yd 连接组

变压器绕组 Yd 连接，其高压侧为星形连接。若高压侧接到电源，则一次侧三次谐波电流不能流通，因而主磁通和一次、二次侧的相电动势中将出现三次谐波；但因二次侧为三角形连接，故三相的三次谐波电动势将在闭合的三角形内产生三次谐波环流，如图 2-44 所示。由于主磁通是由作用在铁芯上的合成磁动势所激励，所以一次侧正弦激磁电流和二次侧三次谐波电流共同激励时，其效果与一次侧尖顶波激磁电流的效果完全相同，故此时主磁通和相电动势的波形将接近于正弦形。

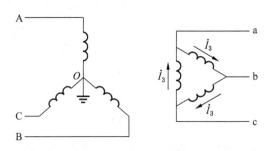

图 2-44　Yd 连接组中三角形内部的三次谐波环流

上述分析表明，为使相电动势波形接近于正弦形，一次或二次侧中最好有一侧为三角形连接。在大容量高压变压器中，当需要一次、二次侧都是星形连接时，可另加一个接成三角形的小容量的第三绕组，兼供改善电动势波形之用，如图 2-45 所示。

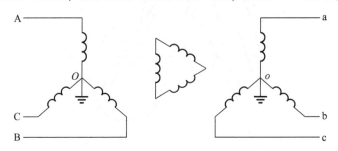

图 2-45　具有第三绕组的变压器

第七节　变压器的运行性能

变压器的运行性能主要体现在外特性和效率特性上。从外特性可以确定变压器的额定电压调整率，从效率特性可以确定变压器的额定效率，这两个数据是标志变压器性能的主要指标。下面分别加以说明。

一、外特性和电压调整率

1. 外特性

外特性是指变压器的一次绕组接至额定电压、二次侧负载的功率因数保持一定时，二次绕组的端电压与负载电流之间的关系，即 $U_1 = U_{1N\phi}$，$\cos\varphi_2 = $ 常值，$U_2 = f(I_2)$。外特性是一条反映变压器二次侧供电质量的特性。

图 2-46 表示负载的功率因数分别为 0.8（滞后）、1 和 0.8（超前）时，用标幺值表示时一台变压器的外特性 $U_2^* = f(I_2^*)$。当负载为纯电阻负载（$\cos\varphi = 1$）或感性负载（$\cos\varphi = 0.8$ 滞后）时，随着负载电流 I_2^* 的增大，二次端电压 U_2^* 将逐步下降；当负载为电容性负载（$\cos\varphi = 0.8$ 超前）时，随着负载的增大，二次端电压 U_2^* 可以逐步上升。负载时二次电压变化的大小，可以用电压调整率来衡量。

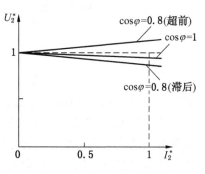

图 2-46 变压器的外特性

2. 电压调整率

当变压器一次侧接到额定电压、二次侧开路时，二次侧的空载电压 U_{20} 就是它的额定电压 U_{2N}。负载以后，由于负载电流在变压器内部产生漏阻抗压降，使二次侧端电压发生变化。当一次侧电压保持为额定、负载功率因数为常值，从空载到负载时二次侧电压变化的百分值，称为电压调整率，用 Δu 表示，

$$\Delta u = \frac{U_{20} - U_2}{U_{2N}} \times 100\% = \frac{U_{1N} - U_2'}{U_{1N}} \times 100\% \qquad (2-76)$$

电压调整率可以用 T 形等效电路算出。不计激磁电流影响时，可以用简化等效电路和相应的相量图求出。图 2-47a 为变压器的简化等效电路，设负载为感性，功率因数角为 φ_2，$\dot{I}_2'$ 为负载电流的归算值，$\dot{U}_1$ 为一次端电压，$\dot{U}_1$、$\dot{I}_2'$ 和 $\dot{U}_2'$ 的正方向规定为图 2-47 所示，不难写出

$$\dot{U}_1 = \dot{U}_2' + \dot{I}_2'(R_k + jX_k) \qquad (2-77)$$

与式（2-77）相应的相量图如图 2-47b 所示。在 $\dot{U}_2'$ 的延长线上作线段 $\overline{AB}$ 及其垂线 $\overline{CB}$，如图中虚线所示，当漏阻抗压降较小时，$\dot{U}_1$ 与 $\dot{U}_2'$ 间的夹角 θ 很小，此时 $\dot{U}_1$ 与 $\dot{U}_2'$ 算术差将近似等于

$$U_1 - U_2' \approx \overline{AB} = a + b \qquad (2-78)$$

其中

$$\left.\begin{array}{l} a = I_2'R_k\cos\varphi_2 \\ b = I_2'X_k\sin\varphi_2 \end{array}\right\} \qquad (2-79)$$

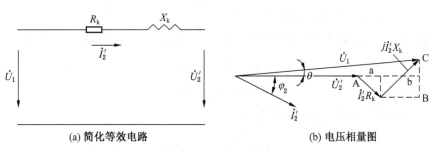

(a) 简化等效电路   (b) 电压相量图

图 2-47 变压器的简化等效电路及其相量图

由于 $U_1 = U_{1N\phi}$，故

$$\Delta u = \frac{U_{1N} - U_2'}{U_{1N}} \times 100\% \approx \frac{I_2' R_k \cos\varphi_2 + I_2' X_k \sin\varphi_2}{U_{1N}} \times 100\% \quad (2-80)$$

令

$$\beta = \frac{I_1}{I_{1N}} = \frac{I_2}{I_{2N}} = I_1^* = I_2^* = I^*$$

$$\Delta u = \beta (R_k^* \cos\varphi_2 + X_k^* \sin\varphi_2) \times 100\% \quad (2-81)$$

式中　I^*——负载电流的标幺值；不计激磁电流时，$I_1^* = I_2^* = I^*$。

式（2-81）说明，电压调整率随着负载电流的增加而正比增大，此外还与负载的性质和漏阻抗值有关。当负载为感性时，φ_2 为正值，故电压调整率恒为正值，即负载时的二次电压恒比空载时低；当负载为容性时，φ_2 为负值，电压调整率可能为负值，即负载时的二次电压可高于空载电压。

当负载为额定负载（$I^* = 1$）、功率因数为指定值（通常为 0.8 滞后）时的电压调整率，称为额定电压调整率，用 Δu_N 表示。额定电压调整率是变压器的主要性能指标之一，通常 Δu_N 约为 5%，所以一般电力变压器的高压绕组均有 $\pm 2 \times 2.5\%$ 的抽头，以便进行电压调节。

二、效率和效率特性

1. 损耗和效率

变压器运行时将产生损耗，变压器的损耗分为铜耗 p_{Cu} 和铁耗 p_{Fe} 两类，每一类又包括基本损耗和杂散损耗。

基本铜耗是指电流流过绕组时所产生的直流电阻损耗。杂散铜耗主要指漏磁场引起电流集肤效应，使绕组的有效电阻增大而增加的铜耗，以及漏磁场在结构部件中引起的涡流损耗等。铜耗与负载电流的平方成正比，因而也称为可变损耗。铜耗与绕组的温度有关，一般用 75 ℃时的电阻值来计算。

基本铁耗是变压器铁芯中的磁滞和涡流损耗。杂散铁耗包括叠片之间的局部涡流损耗和主磁通在结构部件中引起的涡流损耗等。铁耗可近似认为与 B_m^2 或 U_1^2 成正比。由于变压器的一次电压保持不变（$U_1 = U_{1N\phi}$），故铁耗可视为不变损耗。

变压器的总损耗 $\sum p$ 为

$$\sum p = p_{Fe} + p_{Cu} = p_{Fe} + m I_2^2 R_k'' \quad (2-82)$$

式中　m——相数；

R_k''——归算到二次侧的短路电阻，Ω。

变压器的输入有功功率 P_1 减去内部的总损耗 $\sum p$ 以后，可得输出功率 P_2，即

$$P_1 = P_2 + \sum p \quad (2-83)$$

$$P_2 = m U_2 I_2 \cos\varphi_2 \quad (2-84)$$

输出功率与输入功率之比即为效率 η，

$$\eta = \frac{P_2}{P_1} = \frac{P_2}{P_2 + \sum p} \quad (2-85)$$

略去二次绕组的电压变化对效率的影响时，上式可改写为

$$\eta = \frac{mU_{20}I_2\cos\varphi_2}{mU_{20}I_2\cos\varphi_2 + p_{Fe} + mI_2^2R_k''} \tag{2-86}$$

2. 效率特性

式（2-86）表示，效率 η 是负载电流 I_2 的函数，当 $U_1 = U_{1N\phi}$，$\cos\phi =$ 常值时，效率与负载电流的关系 $\eta = f(I_2)$ 就称为效率特性，如图 2-48 所示。效率特性是一个关于力能指标的特性。额定负载时变压器的效率称为额定效率。用 η_N 表示。额定效率是变压器的另一个主要性能指标，通常电力变压器的额定效率 $\eta_N \approx 95\% \sim 99\%$。

从效率特性可见，当负载达到某一数值时，效率将达到其最大值 η_{max}。把式（2-86）对负载电流 I_2 求导数，并使 $\frac{d\eta}{dI_2} = 0$，可得

$$mI_2^2R_k'' = p_{Fe} \tag{2-87}$$

式（2-87）说明，当铜耗恰好等于铁耗时，变压器的效率将达到最大，如图 2-48 所示。考虑到额定电压下变压器的空载损耗近似等于铁耗，$p_0 \approx p_{Fe}$；短路试验时的短路损耗近似等于铜耗。

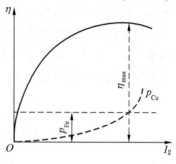

图 2-48 变压器的效率特性

$$p_k \approx mI_2^2R_k'' = (I_2^*)^2p_{kN} \tag{2-88}$$

式中 p_{kN}——额定电流时的短路损耗。

达到最大效率时有

$$(I_2^*)^2p_{kN} = P_0 \tag{2-89}$$

此时负载电流的标幺值 I_2^* 为

$$I_2^* = \sqrt{\frac{p_0}{p_{kN}}} \tag{2-90}$$

用直接负载法测量 p_1 和 p_2 再算出效率，耗能太大，且较难得到准确的结果，因此工程上常用间接法来计算效率，即由空载试验测出铁耗，由短路试验测出铜耗，再算出效率，此效率称为最大效率，

$$\eta = 1 - \frac{\sum p}{P_1} = 1 - \frac{p_0 + I_2^{*2}p_{kN}}{S_NI_2^*\cos\varphi_2 + p_0 + I_2^{*2}p_{kN}} \tag{2-91}$$

【例 2-6】 已知【例 2-2】中这台 50 kV·A 的变压器，求此变压器带上额定负载且 $\cos\varphi_2 = 0.8$（滞后）时，①额定电压调整率和额定效率；②产生最高效率时的负载电流及最高效率。

解：①额定电压调整率和额定效率

$$\Delta u = I^*(R_k^*\cos\varphi_2 + X_k^*\sin\varphi_2) \times 100\%$$

$$= (0.0121 \times 0.8 + 0.018 \times 0.6) \times 100\% = 2.048\%$$

$$\eta = 1 - \frac{p_0 + p_{kN}}{S_N\cos\varphi_2 + p_0 + p_{kN}}$$

$$= 1 - \frac{245 + 615}{50000 \times 0.8 + 245 + 615} = 97.9\%$$

②最大效率和达到最大效率时的负载电流

$$I^* = \sqrt{\frac{245}{615}} = 0.6312$$

$$\eta_{max} = \left(1 - \frac{2p_0}{I^* S_N \cos\varphi + 2p_0}\right) \times 100\%$$

$$= \left(1 - \frac{2 \times 245}{0.6312 \times 50000 \times 0.8 + 2 \times 245}\right) \times 100\% \approx 98.096\%$$

第八节 变压器的并联运行

在发电站和变电所中，常常采用多台变压器并联运行的方式。变压器的并联运行是指，一次绕组和二次绕组分别并联到一次侧和二次侧的公共母线上时的运行，如图 2-49 所示。将几台变压器并联运行，能提高供电的可靠性。如果某一台变压器发生故障，可以将它从电网中切除检修而不中断供电；可减少备用容量；也可随着用电量的增加而加装新的变压器。当然，并联变压器台数太多也不经济，因为一台大容量变压器的造价要比总容量相同的几台小容量变压器造价低、占地面积小，同时也可以提高运行效率。

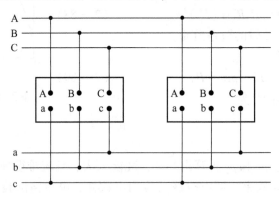

图 2-49 两台变压器的并联运行

一、变压器的理想并联运行

变压器并联运行的理想条件是：空载时并联的各变压器一次侧间无环流，负载时各变压器所负担的负载电流按容量成比例分配，同时各变压器所分担的电流应为同相。

要达到上述理想条件，并联运行的各变压器需满足下列条件：①各变压器的额定电压和电压比应当相等；②各变压器的连接组号必须相同；③各变压器的输出电流同相位；④各变压器的短路阻抗（或短路电压）标幺值要相等，阻抗角要相同。

在上述 4 个条件中，条件②必须严格满足，条件①、③、④允许有一定误差，下面分别讨论。

二、并联运行时变压器的负载分配

为简单计算，以两台变压器的并联运行为例来说明。设两台变压器的连接组号相同但电压比不相等，第一台为 k_I，第二台为 k_{II}，且 $k_I < k_{II}$，其中下标 I 和 II 分别表示变

压器 Ⅰ 和 Ⅱ。在三相对称运行时，可取两台变压器中对应的任一相来分析。为便于计算，采用归算到二次侧的简化等效电路，如图 2-50 所示。图中 $Z''_{kⅠ}$ 和 $Z''_{kⅡ}$ 分别表示归算到二次侧两台变压器的漏阻抗。由于 $k_Ⅰ \neq k_Ⅱ$，所以图中设置有电压比为 $k_Ⅰ$ 和 $k_Ⅱ$ 的两台理想变压器。

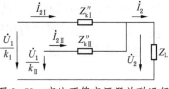

图 2-50 变比不等变压器并联运行

设两台变压器的二次电流 $\dot{I}_{2Ⅰ}$、$\dot{I}_{2Ⅱ}$ 和负载电流 $\dot{I}_2$ 以及电压 $\dot{U}_2$ 的正方向如图 2-50 所示，则归算到二次侧时，两台变压器的电压方程和负载电流应为

$$\left.\begin{array}{c} \dfrac{\dot{U}_1}{k_Ⅰ} = \dot{U}_2 + \dot{I}_{2Ⅰ} Z''_{kⅠ} \\[3mm] \dfrac{\dot{U}_1}{k_Ⅱ} = \dot{U}_2 + \dot{I}_{2Ⅱ} Z''_{kⅡ} \\[3mm] \dot{I}_2 = \dot{I}_{2Ⅰ} + \dot{I}_{2Ⅱ} \end{array}\right\} \qquad (2-92)$$

把式 (2-92) 中第一行的两个式子相减，再把第二行的式子代入，经过整理，可得两台变压器的二次电流 $\dot{I}_{2Ⅰ}$ 和 $\dot{I}_{2Ⅱ}$ 分别为

$$\left.\begin{array}{c} \dot{I}_{2Ⅰ} = \dot{I}_2 \dfrac{Z''_{kⅡ}}{Z''_{kⅠ} + Z''_{kⅡ}} + \dfrac{\dot{U}_1 \left(\dfrac{1}{k_Ⅰ} - \dfrac{1}{k_Ⅱ}\right)}{Z''_{kⅠ} + Z''_{kⅡ}} = \dot{I}_{LⅠ} + \dot{I}_c \\[6mm] \dot{I}_{2Ⅱ} = \dot{I}_2 \dfrac{Z''_{kⅠ}}{Z''_{kⅠ} + Z''_{kⅡ}} - \dfrac{\dot{U}_1 \left(\dfrac{1}{k_Ⅰ} - \dfrac{1}{k_Ⅱ}\right)}{Z''_{kⅠ} + Z''_{kⅡ}} = \dot{I}_{LⅡ} - \dot{I}_c \end{array}\right\} \qquad (2-93)$$

由式 (2-93) 可见，每台变压器内的电流均包含两个分量：第一个分量为每台变压器所分担的负载电流 $\dot{I}_{LⅠ}$ 和 $\dot{I}_{LⅡ}$，第二个分量为由两台变压器的电压比不同所引起的二次侧环流 $\dot{I}_c$。下面分别进行分析。

1. 变比问题

由式 (2-93) 可见，由电压比不同所引起的二次侧环流 $\dot{I}_c$ 为

$$\dot{I}_c = \dfrac{\dot{U}_1 \left(\dfrac{1}{k_Ⅰ} - \dfrac{1}{k_Ⅱ}\right)}{Z''_{kⅠ} + Z''_{kⅡ}} \qquad (2-94)$$

环流在两台变压器内部流动（一次侧和二次侧都有），其值与两台变压器因电压比不等而在二次侧所引起的开路电压差 $\dot{U}_1 \left(\dfrac{1}{k_Ⅰ} - \dfrac{1}{k_Ⅱ}\right)$ 成正比，与两台变压器的漏阻抗之和 $Z''_{kⅠ} + Z''_{kⅡ}$ 成反比；环流与负载的大小无关，只有电压比 $k_Ⅰ \neq k_Ⅱ$，即使在空载时，两台变压器内部也会出现环流。由于变压器的漏阻抗很小，即使电压比相差很小，也会引起较大的环流。因此，在制造变压器时，应对电压比的误差严加控制。

因此，对并联运行的变压器，其变比只能允许有极小的偏差。通常，规定并联运行的变压器，其变比之差不得超过 $0.5\% \sim 1\%$，否则所产生的循环电流将是不允许的。

【例 2-7】 有一台 100 kV·A，6000/230 V 三相变压器和一台 100 kV·A，6000/

220 V的变压器并联运行，两台变压器的连接组别相同，Y/Y接法，短路阻抗电压 $u_{kⅠ}$ = $u_{kⅡ}$ =5.5%，短路阻抗角相同为 α。求并联运行时的循环电流。

解： ①额定电流

$$I_{Ⅰ2Nl} = I_{Ⅰ2N\phi} = \frac{S_{ⅠNⅠ}}{\sqrt{3}\,U_{2ⅠN}} = \frac{100000}{230\sqrt{3}} = 251\ A$$

$$I_{Ⅱ2Nl} = I_{Ⅱ2N\phi} = \frac{S_{ⅡN}}{\sqrt{3}\,U_{2ⅡN}} = \frac{100000}{220\sqrt{3}} = 262\ A$$

②短路阻抗

$$Z_k = \frac{u_k\%}{100} \times \frac{U_{N\phi}}{I_{N\phi}}$$

$$Z_{kⅠ} = \frac{u_k\%}{100} \times \frac{U_{Ⅰ2N\phi}}{I_{Ⅰ2N\phi}} = \frac{5.5}{100} \times \frac{230/\sqrt{3}}{251} = 0.0291\ \Omega$$

$$Z_{kⅡ} = \frac{u_k\%}{100} \times \frac{U_{Ⅱ2N\phi}}{I_{Ⅱ2N\phi}} = \frac{5.5}{100} \times \frac{220/\sqrt{3}}{262} = 0.0267\ \Omega$$

③循环电流

$$\dot{I}_c = \frac{\dot{U}_1\left(\dfrac{1}{k_Ⅰ} - \dfrac{1}{k_Ⅱ}\right)}{Z_{kⅠ} \angle \alpha_Ⅰ + Z_{kⅡ} \angle \alpha_Ⅱ}$$

$$|\dot{I}_c| = \frac{|\dot{U}_1|\left(\dfrac{1}{k_Ⅰ} - \dfrac{1}{k_Ⅱ}\right)}{|Z_{kⅠ}| + |Z_{kⅡ}|} = \frac{\dfrac{6000}{\sqrt{3}}\left(\dfrac{1}{6000/230} - \dfrac{1}{6000/220}\right)}{0.0291 + 0.0267} = 105\ A$$

由此可见，两台并联运行的变压器电压相差 $\dfrac{(230-220)}{220} \times 100\% = 4.54\%$，而循环电流却占额定电流的 $\dfrac{105}{251} \times 100\% = 41.8\%$，因此有这样大的循环电流显然是不允许的。

2. 连接组问题

对于三相变压器，若电压比相等但连接组号不同，则两台变压器二次侧的开路电压差 $\Delta\dot{U}_{20}$ 应为

$$\Delta\dot{U}_{20} = \dot{U}_{20(Ⅰ)} - \dot{U}_{20(Ⅱ)} = \dot{U}_{20} - \dot{U}_{20} \angle \theta \qquad (2-95)$$

式中，θ 为第二台变压器的组号与第一台不同所形成的相角（组号差1，相角就相差30°）。此时二次侧的环流 $\dot{I}_c$ 为

$$\dot{I}_c = \frac{\Delta\dot{U}_{20}}{Z''_{kⅠ} + Z''_{kⅡ}} = \frac{\dot{U}_{20}(1 - \angle\theta)}{Z''_{kⅠ} + Z''_{kⅡ}} \qquad (2-96)$$

若组号差1，二次空载电压差的值将达到 $|U_{20}(1 - \angle30°)| = 0.518U_{20}$，此时环流极大，可将变压器烧毁。

从上面的分析可见，为达到理想并联运行的第一个要求，并联变压器的电压比应当相等。对于三相变压器，还要求连接组的组号必须相同。

3. 输出电流同相位问题

希望各台要并联的变压器的电流同相位，只有如此，才能使整个并联组得到最大输出电流，各台变压器的装机容量得到充分应用。相量图如图 2-51 所示。

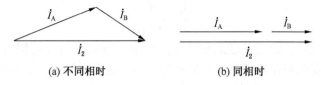

(a) 不同相时　　　　　　　(b) 同相时

图 2-51　两台变压器并联运行时输出电流间的相量关系

4. 阻抗问题

若并联的两台变压器的电压比相等，连接组的组号也相同，则两台变压器中的环流为零，只剩下负载分量。从式 (2-93) 可知，此时两台变压器所负担的负载电流 $\dot{I}_{LI}$ 和 $\dot{I}_{LII}$ 分别为

$$\dot{I}_{LI} = \dot{I}_2 \frac{Z''_{kII}}{Z''_{kI} + Z''_{kII}} \tag{2-97}$$

$$\dot{I}_{LII} = \dot{I}_2 \frac{Z''_{kI}}{Z''_{kI} + Z''_{kII}} \tag{2-98}$$

由此可得

$$\frac{\dot{I}_{LI}}{\dot{I}_{LII}} = \frac{Z''_{kII}}{Z''_{kI}} \tag{2-99}$$

式 (2-99) 说明，在并联变压器之间，负载电流按其漏阻抗成反比分配。一般来讲，由于两台变压器的额定电流并不相等，所以应使 $\dot{I}_{LI}$ 和 $\dot{I}_{LII}$ 按各台变压器额定电流的大小成比例地分配，即使得 $\dfrac{\dot{I}_{LI}}{\dot{I}_{NI}} = \dfrac{\dot{I}_{LII}}{\dot{I}_{NII}}$，也就是使 $\dot{I}^*_{LI} = \dot{I}^*_{LII}$，这样才是合理的。

把式 (2-99) 的左、右两边均乘以 $\dfrac{I_{NII}}{I_{NI}}$，并考虑到两台变压器具有同样的额定电压，即可得到用标幺值表示时负载电流的分配为

$$\frac{\dot{I}^*_{LI}}{\dot{I}^*_{LII}} = \frac{Z^*_{kII}}{Z^*_{kI}} \tag{2-100}$$

$$\frac{S^*_{LI}}{S^*_{LII}} = \frac{Z^*_{kII}}{Z^*_{kI}} \tag{2-101}$$

式 (2-100) 中电流和阻抗的标幺值，均以各自变压器自身的额定值作为基值。式 (2-100) 说明，并联变压器所分担的负载电流的标幺值，与漏阻抗的标幺值成反比。为达到理想的负载分配，各台变压器应具有相同的漏阻抗标幺值，即 $Z^*_{kI} = Z^*_{kII}$；要使 $\dot{I}_{LI}$ 和 $\dot{I}_{LII}$ 同相，则 Z_{kI} 和 Z_{kII} 应具有相同的阻抗角。

(1) 若考虑到两台并联的变压器具有同样的额定电压时，则

$$\frac{S_{\text{LI}}}{S_{\text{LII}}} = \frac{S_{\text{IN}}}{S_{\text{IIN}}} \qquad\qquad (2-102)$$

（2）若考虑到两台并联的变压器具有不等的额定电压（$U_{\text{I}} < U_{\text{II}}$）时，则

$$\frac{S_{\text{LI}}}{S_{\text{IN}}} > \frac{S_{\text{LII}}}{S_{\text{IIN}}} \qquad\qquad (2-103)$$

式（2-103）说明：如果并联组所承担的负载增加时，变压器阻抗电压小的先满载。因此，并联运行的变压器在容量上还不能相差太多，通常容量比一般不得超过 3∶1。

实际并联运行时，变压器的连接组号必须相同，电压比偏差要严格控制（小于±0.5%），漏阻抗的标幺值不应相差太大（不大于 10%），阻抗角则允许有一定差别。

《电力变压器运行规程》（DL/T 572—2021）规定：在任何一台变压器不超过负荷的情况下，变比不同和短路阻抗标幺值不等的变压器可以并联运行。又规定：阻抗标幺值不等的变压器并联运行时，应适当提高短路阻抗标幺值大的变压器的二次电压，以使并联运行的变压器的容量均能充分利用。

【例 2-8】 有两台额定电压相同的变压器并联运行，其额定容量分别为 $S_{\text{NI}} = 5000\,\text{kV}\cdot\text{A}$，$S_{\text{NII}} = 6300\,\text{kV}\cdot\text{A}$，短路阻抗为 $|Z^*_{\text{kI}}| = 0.07$，$|Z^*_{\text{kII}}| = 0.075$，不计阻抗角的差别，试计算：

①两台变压器的电压比相差 0.5% 时的空载电流；

②若一台变压器为 Yy0 连接，另一台为 Yd11 连接，问并联时的空载电流；

③若连接组号和电压比均相同，试计算并联组的最大容量（不计漏阻抗角的差别）。

解： ①设以第一台变压器的额定容量 S_{N} 作为基值。当电压比相差不大时，从式（2-94）可以导出，以第一台变压器的额定电流作为基值时，环流的标幺值 i^*_{c} 为

$$I^*_{\text{c}} = \frac{I_{\text{c}}}{I_{\text{2N I}}} = \frac{U_1\left(\dfrac{1}{k_{\text{I}}} - \dfrac{1}{k_{\text{II}}}\right)k_{\text{I}}}{U_{\text{1N}\varphi}\left(Z^*_{\text{kI}} + \dfrac{S_{\text{NI}}}{S_{\text{NII}}}Z^*_{\text{kII}}\right)} = \frac{U^*_1 \Delta k^*}{Z^*_{\text{kI}} + \dfrac{S_{\text{NI}}}{S_{\text{NII}}}Z^*_{\text{kII}}}$$

式中，Δk^* 为电压比的相对误差，$\Delta k^* = \dfrac{k_{\text{II}} - k_{\text{I}}}{k_{\text{II}}}$；$\dfrac{S_{\text{NI}}}{S_{\text{NIk}}}Z^*_{\text{kII}}$ 为换算到基值容量 S_{NI} 时，第二台变压器漏阻抗的标幺值。由题意可知，$\Delta k^* \approx 0.05$，故环流的标幺值 I^*_{c} 为

$$I^*_{\text{c}} \approx \frac{0.05}{0.07 + \dfrac{5000}{6300} \times 0.075} = 0.0386$$

即环流为第一台变压器额定电流的 3.86%。

②当组号 Yy0 和 Yd11 的三相变压器并联时，二次空载电压的有效值相等但相位相差30°，空载电压差 $|\Delta \dot{U}_{20}|$ 的标幺值等于 0.518。于是环流的标幺值 i^*_{c} 为

$$i^*_{\text{c}} \approx \frac{\Delta \dot{U}_{20}}{\left|Z^*_{\text{kI}} + \dfrac{S_{\text{NI}}}{S_{\text{NII}}}Z^*_{\text{kII}}\right|} = \frac{0.518}{0.07 + \dfrac{5000}{6300} \times 0.075} = 4$$

即空载环流达到第一台变压器额定电流的 4 倍，故不同组号的变压器绝对不允许并联。

③若连接组号和电压比均相同，则两台变压器所担负的负载电流标幺值 i^*_{I} 和 i^*_{II} 之比为

$$\frac{I_{\mathrm{I}}^*}{I_{\mathrm{II}}^*} = \left| \frac{Z_{k\mathrm{II}}^*}{Z_{k\mathrm{I}}^*} \right| = \frac{0.075}{0.070} = 1.071$$

由于第一台变压器的漏阻抗标幺值较小，故先达到满载。当 $I_{\mathrm{I}}^* = 1$ 时

$$I_{\mathrm{II}}^* = \frac{1}{1.071} = 0.934$$

不计阻抗角的差别时，两台变压器所组成的并联组的最大容量 $S_{\max}$ 为

$$S_{\max} = 5000 + 0.934 \times 6300 = 10884 \text{ kV} \cdot \text{A}$$

第九节　三绕组变压器、自耦变压器和仪用互感器

电力系统中，除大量采用三相双绕组变压器外，还常采用三相三绕组变压器和自耦变压器。这些变压器的基本原理和双绕组变压器有许多共同之处，但在结构上和某些性能方面又有各自的特点，因此本节将讨论它们的工作原理和特点。除了一般用途的电力变压器外，还有许多特殊用途的变压器，如在发电厂和变电站中广泛使用的仪用互感器，本节主要讨论电压互感器和电流互感器。

一、三绕组变压器

1. 结构和用途

三绕组变压器有高压、中压和低压三个绕组，它大多用于二次侧需要两种不同电压的电力系统。对于比较重要的负载，为安全可靠和经济地供电，可以由两条不同电压等级的线路通过三绕组变压器供电。

三相三绕组变压器的第三绕组常常接成三角形连接，供电给附近较低压的配电线路，有时仅仅接有同步补偿机或静电电容器，以改善电网的功率因数。

三相三绕组变压器的铁芯一般为心式结构，每个铁芯柱上套装有 3 个绕组，如图 2-52 所示。对于降压变压器，绕组排放顺序是最外层为高压绕组、最里层为低压绕组，中间为中压绕组；升压变压器绕组排放顺序是最外层为高压绕组，最里层为中压绕组，中间为低压绕组。三个绕组的容量可以相等，也可以不等；其中最大的容量规定为三绕组变压器的额定容量，二、三次侧一般不能同时满载运行。三相三绕组变压器的标准连接组有 YNyn0d11 和 YNyn0y0 两种。

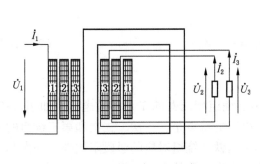

图 2-52　三绕组变压器示意图

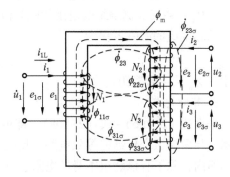

图 2-53　三绕组变压器的磁通示意图

2. 基本方程

三绕组变压器的磁通也可分为主磁通和漏磁通两部分。主磁通经铁芯磁路而闭合，它与一次、二次和第三绕组同时交链。漏磁通是指过一个或两个绕组的磁通，前者称为自漏磁通，后者称为互漏磁通。自漏磁通和互漏磁通主要通过空气和油而闭合。图 2-53 为三种磁通的示意图，其中 ϕ_m 为主磁通，$\phi_{11\sigma}$、$\phi_{22\sigma}$ 和 $\phi_{33\sigma}$ 为自漏磁；$\phi_{12\sigma}$、$\phi_{23\sigma}$、$\phi_{31\sigma}$ 为互漏磁通。

三绕组变压器的主磁通由三个绕组的磁动势共同激励所产生，按照图 2-53 所示正方向，并将二次绕组和第三绕组归算到一次绕组，可得三绕组变压器的磁动势方程为

$$\dot{I}_1 + \dot{I}_2' + \dot{I}_3' = \dot{I}_m \tag{2-104}$$

式中　$\dot{I}_m$——激磁电流；

$\dot{I}_2'$——二次绕组电流的归算值；

$\dot{I}_3'$——第三绕组电流的归算值。

$$\left.\begin{array}{c} \dot{I}_2' = \dot{I}_2'/k_{12} \\ \dot{I}_3' = \dot{I}_3'/k_{13} \end{array}\right\} \tag{2-105}$$

$$\left.\begin{array}{c} k_{12} = N_1/N_2 \\ k_{13} = N_1/N_3 \\ k_{23} = N_2/N_3 \end{array}\right\} \tag{2-106}$$

设与一次、二次和第三绕组的自漏磁通相对应的自漏阻抗分别为 $X_{11\sigma}$、$X_{22\sigma}'$、$X_{33\sigma}'$，式中加 "'" 的量为归算值；一次和二次绕组、二次和第三绕组、第三和一次绕组间的互漏抗分别为 $X_{12\sigma}'$、$X_{23\sigma}'$、$X_{31\sigma}'$，且 $X_{12\sigma}' = X_{21\sigma}'$，$X_{23\sigma}' = X_{32\sigma}'$，$X_{31\sigma}' = X_{13\sigma}'$；$\dot{E}_1$、$\dot{E}_2'$、$\dot{E}_3'$ 为主磁通在各个绕组内所感应的电动势；则三绕组的电压方程应为

$$\left.\begin{array}{l} \dot{U}_1 = \dot{I}_1(R_1 + jX_{11\sigma}) + j\dot{I}_2'X_{12\sigma}' + j\dot{I}_3'X_{12\sigma}' - \dot{E}_1 \\ \dot{U}_2' = \dot{I}_2'(R_2' + jX_{22\sigma}') + j\dot{I}_1X_{21\sigma}' + j\dot{I}_3'X_{23\sigma}' - \dot{E}_2' \\ \dot{U}_3' = \dot{I}_3'(R_3' + jX_{33\sigma}') + j\dot{I}_1X_{31\sigma}' + j\dot{I}_2'X_{32\sigma}' - \dot{E}_3' \end{array}\right\} \tag{2-107}$$

式中　R_1——一次侧绕组的电阻，Ω；

R_2'——二次侧绕组的电阻的归算值，Ω；

R_3'——三次侧绕组的电阻的归算值，Ω。

铁芯绕组的激磁方程为

$$\dot{E}_1 = \dot{E}_2' = \dot{E}_3' = -\dot{I}_m Z_m \tag{2-108}$$

式中　Z_m——激磁阻抗。

3. 等效电路

根据式 (2-106)~式 (2-108)，即可画出三绕组变压器的 T 形等效电路，如图 2-54 所示。与两绕组变压器的等效电路相比较，此电路的特点是，一次、二次和第三绕组的三个回路内，除了有该绕组本身的电阻、自漏抗和与铁芯绕组对应的激磁阻抗外，一次和二次回路、二次和三次回路、三次和一次回路之间还有互漏抗 $X_{12\sigma}'$、$X_{23\sigma}'$、$X_{31\sigma}'$。

T 形等效电路中因有互漏抗和激磁阻抗存在，比较复杂。考虑到一般变压器中激磁电

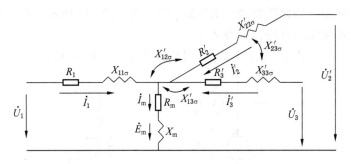

图 2-54　三绕组变压器的 T 形等效电路

流很小，如果将它略去不计（即把图 2-54 中的激磁电路断开），再用三个无互感电抗的等效星形电抗 X_1、X_2'、X_3' 代替具有自漏抗和互漏抗的星形电抗，就可以得到三绕组变压器的简化等效电路，如图 2-55 所示。图中 X_1 称为一次绕组的等效漏抗，X_2' 和 X_3' 分别称为二次和第三绕组等效漏抗的归算值。

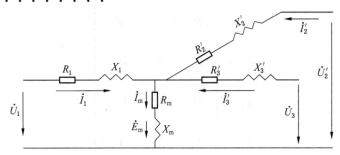

图 2-55　三绕组变压器的简化等效电路

对于图 2-55 中的左、右两组星形电抗，根据等效原则，从 1、2，2、3 和 3、1 任何两个端点看去，电抗均应相等，故有

$$\left.\begin{array}{l} X_1 + X_2' = X_{11\sigma} + X_{22\sigma}' - 2X_{12\sigma}' \\ X_2' + X_3' = X_{22\sigma}' + X_{33\sigma}' - 2X_{23\sigma}' \\ X_1 + X_3' = X_{11\sigma} + X_{33\sigma}' - 2X_{31\sigma}' \end{array}\right\} \tag{2-109}$$

由此可得

$$\left.\begin{array}{l} X_1 = X_{11\sigma} + X_{23\sigma}' - X_{12\sigma}' - X_{13\sigma}' \\ X_2' = X_{13\sigma}' + X_{22\sigma}' - X_{21\sigma}' - X_{23\sigma}' \\ X_3' = X_{33\sigma}' + X_{12\sigma}' - X_{31\sigma}' - X_{32\sigma}' \end{array}\right\} \tag{2-110}$$

注意，等效漏抗 X_1、X_2' 和 X_3' 是一些计算量，其值与绕组的布置情况有关；在某些情况下，其中一个可能为负值，表示相当于一个容抗。把三个绕组的电阻和等效漏抗各自串联，可得三个绕组的等效漏阻抗 Z_1、Z_2' 和 Z_3'。

$$\left.\begin{array}{l} Z_1 = R_1 + jX_1 \\ Z_2' = R_2' + jX_2' \\ Z_3' = R_3' + jX' \end{array}\right\} \tag{2-111}$$

等效漏阻抗 Z_1、Z_2' 和 Z_3' 可用短路试验来测定。由于三绕组变压器中每两个绕组相当于一个两绕组变压器，因此需要做三次短路试验。如图 2-56 所示，在一次侧加压，二次侧绕组短路，三次侧绕组开路，可得 Z_{k12}。

$$Z_{k12} = R_{k12} + jX_{k12} = (R_1 + R'_2) + j(X_1 + X'_2) \qquad (2-112)$$

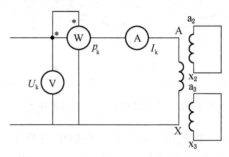

图 2-56　三绕组变压器短路试验原理图

同理，可求得 Z_{k13}、Z_{k23}。利用三次短路试验就可求得

$$\left. \begin{aligned} R_1 &= \frac{1}{2}(R_{k12} + R_{k13} - R'_{23}) \\ R_2 &= \frac{1}{2}(R_{k12} + R'_{k23} - R_{13}) \\ R_3 &= \frac{1}{2}(R_{k13} + R'_{k23} - R_{12}) \end{aligned} \right\} \qquad (2-113)$$

$$\left. \begin{aligned} X_1 &= \frac{1}{2}(X_{k12} + X_{k13} - X'_{23}) \\ X'_2 &= \frac{1}{2}(X_{k12} + X'_{k23} - X_{13}) \\ X'_3 &= \frac{1}{2}(X_{k13} + X'_{k23} - X_{12}) \end{aligned} \right\} \qquad (2-114)$$

知道三绕组变压器的参数，确立等效电路后，就可对三绕组变压器的各种运行问题进行分析，例如电压调整率、效率、短路电流、并联运行时各绕组间的负载分配等。

二、自耦变压器

普通双绕组变压器的一、二次绕组之间互相绝缘，它们之间只有磁的耦合，没有电的联系；而自耦变压器一、二次绕组有电的联系，其中二次绕组是一次绕组的一部分。所以自耦变压器可以看作是普通两绕组变压器的一种特殊连接，其特点是一次和二次绕组间不仅有磁的耦合，而且还有电的直接联系，如图 2-57 所示。

1. 变比

基于图 2-57c，变压器空载运行时，若省略漏阻抗压降，则有

$$U_2 = U_{a'X} = \left(\frac{U_1}{N_{AX}}\right) N_{bc} = \frac{U_1}{k} \qquad (2-115)$$

$$k = \frac{N_{AX}}{N_{a'X}} \qquad (2-116)$$

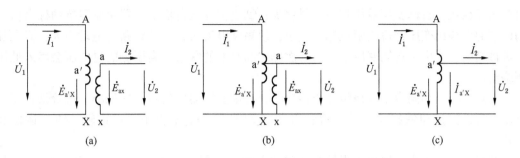

图 2-57 两绕组变压器到自耦变压器的演变过程

2. 磁动势平衡

自耦变压器的二次侧接上负载后便有电流流过，根据磁动势平衡关系，可得磁动势平衡方程式为

$$\dot{I}_1 N_{Aa'} + (\dot{I}_1 - \dot{I}_2) N_{a'X} = \dot{I}_0 N_{Aa'} \tag{2-117}$$

若不计空载电流 $\dot{I}_0$ 时，则有

$$\dot{I}_1 N_{Aa'} + \dot{I}_{a'X} N_{a'X} = 0 \tag{2-118}$$

$$\dot{I}_1 N_{Aa'} = \dot{I}_{Xa'} N_{a'X} \tag{2-119}$$

上式说明一个绕组本身的两端就存在着磁动势平衡，且 $\dot{I}_1$ 与 $\dot{I}_{Xa'}$ 同相。

3. 容量关系

自耦变压器的容量和双绕组变压器的容量计算方法相同，自耦变压器的容量为

$$S_{aN} = U_{Aa'} I_{1N} + U_{2N} I_{1N} = U_{2N} I_{2N}$$

$$= S_N + \frac{S_N}{k_a} = S_N + \frac{S_N}{k-1} = \frac{S_N}{1 - \dfrac{1}{k}} \tag{2-120}$$

$$k_a = \frac{N_{Aa'}}{N_{a'X}} \tag{2-121}$$

$$k = k_a + 1 \tag{2-122}$$

从式（2-120）可见，自耦变压器的视在功率由两部分组成：一部分功率 S_N 与普通两绕组变压器一样，由电磁感应关系传送到二次，称为感应功率；另一部分功率 $S_N/(k-1)$ 则是通过直接传导作用，由一次传送到二次，称为传导功率，传送这部分功率时无须耗费有效材料。所以自耦变压器具有重量轻、价格低、效率高的优点。电压比 Z_k^* 越接近于 1，传导功率所占的比例越大，经济效果就越显著。

自耦变压器的缺点是，一次和二次侧没有电的隔离。另外，短路阻抗的标幺值 Z_k^* 将是 Z_k^* 改接前的 $(1 - 1/k)$，即 $k = 110/220 = 0.5$，因此发生短路时短路电流很大。

自耦变压器常用于一次和二次电压比较接近的场合，例如用以连接两个电压相近的电力系统。在工厂和实验室里，自耦变压器常常用作调压器和启动补偿器。

4. 自耦变压器的特点及优缺点

自耦变压器有如下特点：①自耦变压器的计算容量小于额定容量，与相同容量的双绕

组变压器相比，自耦变压器体积小、材料少；②由于降压自耦变压器短路阻抗的标幺值比构成它的双绕组变压器短路阻抗标幺值小，故短路电流大，突然短路时电动力大，必须加强机械结构；③由于自耦变压器一、二次侧之间有电的联系，高压侧的过电压会串入低压侧绕组。

优点：①与相同容量双绕组变压器比较，自耦变压器用料省、体积小、造价低；②由于用料省，铜损和铁损小、效率高；③由于用料省，则体积小、重量轻，便于运输和安装。

缺点：①自耦变压器短路阻抗标幺值比普通变压器小，短路电流大，万一发生短路，对设备的冲击大，因此需采取相应的限制和保护措施；②由于自耦变压器一、二次侧有电的直接联系，当高压侧过电压时，会引起低压侧过电压；此继电保护及过电压保护较复杂，高、低压侧都要装避雷器，且变压器中性点必须可靠接地。

应用场所：①用于变比小于2的电力系统；②在实验室中用作调压器；③用于某些场合异步电动机的降压启动。

【例2-9】 将一台5 kV·A、220/110 V的单相变压器接成220/330 V的升压自耦变压器，试计算改接后一次和二次的额定电流、额定电压及变压器的容量。

解： 由于110 V绕组为自耦变压器的串联绕组，作为普通两绕组变压器时，它是一次绕组，于是

$$k = \frac{110}{220} = 0.5$$

$$I_{1N} = \frac{5000}{110} = 45.4 \text{ A}$$

$$I_{2N} = \frac{5000}{220} = 22.7 \text{ A}$$

接成升压自耦变压器时（图2-58），有

$$U_1 = 220 \text{ V}、U_2 = 330 \text{ V}、I_1 = 68.1 \text{ A}、I_2 = 45.4 \text{ A}$$

额定容量为

$$S_{aN} = 220 \times 68.1 = 330 \times 45.4 = 15000 \text{ V} \cdot \text{A}（即 15 \text{ kV} \cdot \text{A}）$$

其中传导功率为

$$\frac{S_N}{k} = \frac{5}{0.5} \text{ kV} \cdot \text{A} = 10 \text{ kV} \cdot \text{A}$$

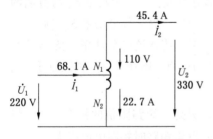

图2-58 升压自耦变压器

三、仪用互感器

互感器是一种用于测量的小容量变压器，容量从几伏安到几百伏安，其有电流互感器和电压互感器两种。它的主要作用有：①与测量仪表配合，测量电力线路的电压、电流和电能；②与继电保护装置、自动控制装置配合，对电力系统和设备过电压、过电流、过负载和单相接地等进行保护；③将测量仪表、继电保护装置和自动控制装置等二次装置与线路高电压隔离开，以保证运行人员和二次装置的安全；④各线路中的电压和电流变换成统一的标准值，以利于测量仪表、

继电保护装置和自动控制装置的标准化。

采用互感器测量的目的一是确保工作人员和仪表的安全，将测量回路与高压电网隔离；二是可以用小量程电流表测量大电流，用低量程电压表测量高电压。通常电流互感器二次侧额定电流设计为 5 A 或 1 A，电压互感器额定电压设计为 100 V 或 $100\sqrt{3}$ V。

1. 电流互感器

图 2-59 是电流互感器的接线图，它的一次绕组串联在被测线路中，二次绕组接上电流表。电流互感器的一次绕组匝数很少，有时只有一匝，二次绕组匝数很多。由于电流表的阻抗很小，所以电流互感器工作时，相当于变压器的短路运行，如果忽略激磁电流，就有 $I_1/I_2 = N_2/N_1$。于是选择适当的一次、二次匝数比，就可以把大电流转换为小电流来测量。通常，二次绕组的额定电流设计为 5 A 或 1 A。按照电流比误差的大小，电流互感器的精度可分成 0.2、0.5、1、3 和 10 五级。

使用电流互感器时，二次侧不允许开路。如果二次侧开路，一次侧的线路电流将全部变成激磁电流，使铁芯内的磁密急剧增加，二次侧将出现危险的过电压。因此，电流互感器的二次侧通常设置一个并联的短路开关，以便应对二次侧电流表和其他仪表更换或退出时的需要。此外，为确保安全，二次侧必须可靠接地。

2. 电压互感器

图 2-60 是电压互感器的接线图，它的一次绕组接到被测的高压线路，二次绕组接到电压表。电压互感器的一次绕组匝数很多，二次绕组匝数很少。由于电压表的阻抗很大，所以电压互感器工作时，相当于一台降压变压器空载运行，如果忽略漏阻抗压降，就有 $U_1/U_2 = N_1/N_2$。于是选择适当的一次、二次匝数比，就可以把高电压转换为低电压来测量。通常二次侧的额定电压设计为 100 V。根据电压比误差的大小，电压互感器的精度可分成 0.5、1 和 3 三级。

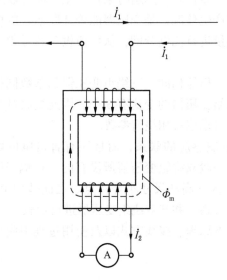

图 2-59　电流互感器的接线图

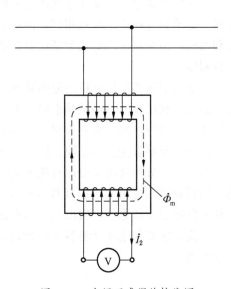

图 2-60　电压互感器的接线图

使用电压互感器时，二次侧不能短路，否则将产生很大的短路电流。另外，为安全起见，互感器的二次绕组连同铁芯一起必须可靠接地。同时，需要注意以下几点：

（1）电压互感器在运行时，二次侧绝对不允许短路。因为电压互感器绕组本身的阻抗很小，如果发生短路，短路电流会很大，会烧坏互感器。为此，二次侧电路中应串接熔断器作短路保护。

（2）电压互感器的铁芯和二次绕组的一端必须可靠接地，以防止高压绕组绝缘损坏时，铁芯和二次绕组带上高电压而造成事故。

（3）电压互感器二次侧的负载不宜接得太多，以免影响测量准确度。

除了双线圈的电压互感器外，在三相系统中还广泛应用三线圈的电压互感器。三线圈电压互感器有两个二次线圈：一个叫基本线圈，用来接各种测量仪表和电压继电器等；另一个叫辅助线圈，用它接成开口的三角形，引出两个端头，该端头可接电压继电器用来组成零序电压保护。

小　结

变压器的基本结构主要包括铁芯和绕组，利用它们之间的电磁感应原理进行工作。基于变压器工作原理中的方向规定，列出变压器的基本方程；结合磁动势平衡和能量传递保持不变，推导出该变压器的 T 形等效电路和相量图，结合空载试验和短路试验，测取变压器的激磁阻抗和短路阻抗。在此基础上，通过重心法和同一起点法判定三相变压器连接组别号。

变压器的电压调整率和效率是衡量变压器运行性能的重要指标。电压调整率的大小表明了变压器运行时副边电压的稳定性，直接影响供电质量；而效率的高低则直接影响变压器运行的经济性，其取决于负载的大小和性质以及变压器各参数。因此，在设计时要正确选择变压器的各参数，不仅要考虑制造成本和经济性，还要考虑对运行性能的影响。

变压器并联运行主要介绍变压器并联运行的理想条件和实际运行条件。变压器并联运行时，变比相等和连接组别相同是保证空载时不致产生环流，是变压器能否并联运行的前提和基础；短路阻抗相等是保证负载按变压器的容量进行比例分配，从而使设备容量得以充分利用。

三绕组变压器运行分析的原则基本上与双绕组变压器相同。三绕组变压器的参数同样可以通过空载试验与短路试验求得。但应注意三绕组变压器的变比有 3 个，因此短路试验也需要分别进行 3 次，联立方程组，根据星三角变换求取每相绕组参数。

自耦变压器首先介绍了原、副边之间不仅有电磁感应的联系，而且还有直接电的联系，因而一部分传导功率可以直接传给负载，这是一般双绕组变压器所没有的。自耦变压器比同容量的双绕组变压器具有材料少、损耗低、效率高和尺寸小等特点。在此基础上，介绍了自耦变压器原、副边电流、功率之间的相互关系，并与双绕组变压器进行比较。

电流互感器与电压互感器主要介绍了它们的基本原理、接线方式以及使用过程中应注意的事项。

思考与练习

2-1　试从物理意义上分析，若减少变压器一次侧绕组匝数，保持二次侧绕组匝数不变，则二次侧绕组的电压将如何变化？

2-2 什么叫变压器的主磁通？什么叫变压器的漏磁通？它们之间有哪些主要区别，并指出空载和负载时主磁通的大小取决于哪些因素？

2-3 变压器在制造时，一次侧绕组匝数较原设计时少，试分析对变压器铁芯饱和程度、激磁电流、激磁电抗、铁损、变比等有何影响。

2-4 变压器的额定电压为 220/110 V，若不慎将低压侧误接到 220 V 电源上，试问激磁电流将会发生什么变化？变压器将会出现什么现象？

2-5 如将铭牌为 60 Hz 的变压器接到 50 Hz 的电网上运行，试分析对主磁通、激磁电流、铁损、漏抗及电压变化率有何影响？

2-6 说明磁动势平衡的概念及其在分析变压器中的作用。

2-7 绘出变压器"T"形、近似和简化等效电路，说明各参数的意义，并说明各等效电路的使用场合。

2-8 为什么可以把变压器的空载损耗近似看成是铁耗，而把短路损耗看成是铜耗？变压器实际负载时实际的铁耗和铜耗与空载损耗和短路损耗有无区别？为什么？

2-9 空载试验时希望在哪侧进行？将电源加在低压侧或高压侧所测得的空载功率、空载电流、空载电流百分数及激磁阻抗是否相等？如试验时，电源电压达不到额定电压，问能否将空载功率和空载电流换算到对应额定电压时的值，为什么？

2-10 短路试验时希望在哪侧进行？将电源加在低压侧或高压侧所测得的短路功率、短路电流、短路电压百分数及短路阻抗是否相等？

2-11 三相变压器的组别有何意义，如何用时钟法来表示？

2-12 有三台单相变压器，一、二次侧额定电压均为 220/380 V，现将它们连接成 Yd11 三相变压器组（单相变压器的低压绕组连接成星形，高压绕组接成三角形），若对一次侧分别外施 380 V 和 220 V 的三相电压，试问两种情况下空载电流 I_0、励磁电抗 X_m 和漏抗 $X_{1\sigma}$ 与单相变压器比较有什么不同？

2-13 什么叫标幺值？计算时有何优点？用标幺值表示时空载电流、短路阻抗一般取值范围是多少？

2-14 什么叫电压调整率？它与哪些因素有关？能否变成负值，为什么？

2-15 变压器的额定效率 η 与最大效率 η_{max} 是否相同，什么情况下才能达到最大？

2-16 变压器并联运行的理想条件是什么？试分析当某一条件不满足时的变压器运行情况。

2-17 有一台 SSP-125000/220 三相电力变压器，YNd 连接，$U_{1N}/U_{2N} = 220/10.5$ kV，求：①变压器额定电压和额定电流；②变压器原、副边线圈的额定电流和额定电流。

2-18 有一台单相变压器，$S_N = 20000$ kV·A，$U_{1N}/U_{2N} = 220/11$ kV，$f_N = 50$ Hz，线圈为铜线。试验数据如下：

试验名称	电压/kV	电流/A	功率/W	备注
空载试验	11	45.4	47	低压侧
短路试验	9.24	157.5	129	高压测

试求（试验时温度为 15 ℃）：①折算到高压侧的 T 形等效电路各参数的欧姆值及标幺值（假定 $r_1 = r_2' = \dfrac{r_k}{2}$、$x_1 = x_2' = \dfrac{x_k}{2}$）；②短路电压及各分量的百分值和标幺值；③在额定负载，$\cos\varphi_2 = 1$、$\cos\varphi_2 = 0.8(\phi_2 > 0)$ 和 $\cos\varphi_2 = 0.8(\phi_2 < 0)$ 时的电压变化率和二次端电压，并对结果进行讨论；④在额定负载，$\cos\varphi_2 = 0.8(\varphi_2 > 0)$ 时的效率；⑤当 $\cos\varphi_2 = 0.8(\varphi_2 > 0)$ 时的最大效率。

2-19 三相变压器有哪些标准组别，并用时钟法判别图 2-61 所示变压器的绕组。

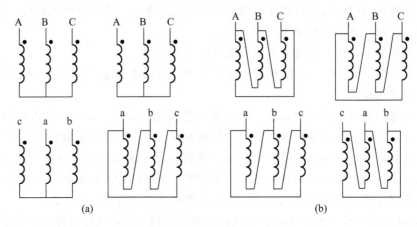

图 2-61　变压器的绕组

2-20 一台三相变压器，$S_N = 5600\ \mathrm{kV \cdot A}$，$U_{1N}/U_{2N} = 10/6.3\ \mathrm{kV}$，Yd11 连接，变压器空载与短路试验数据如下：

试验名称	线电压/V	线电流/A	三相功率/W	备注
空载	6300	7.4	6800	低压侧
短路	550	324	18000	高压侧

求：①计算变压器参数、实际值及标幺值；②利用 T 形等效电路，求满载 $\cos\varphi_2 = 0.8$ 滞后时的副边电压及原边电流；③求满载 $\cos\varphi_2 = 0.8$ 滞后时的电压变化率及效率。

2-21 某工厂由于生产发展，用电量由 $500\ \mathrm{kV \cdot A}$ 增加到 $800\ \mathrm{kV \cdot A}$。原有一台变压器 $S_N = 560\ \mathrm{kV \cdot A}$，$U_{1N}/U_{2N} = 6000/400\ \mathrm{V}$，Y，yn0 连接，$u_k = 4.5\%$。现有三台变压器可供选用，它们的数据是：

变压器 1：$320\ \mathrm{kV \cdot A}$，6300/400 V，$u_k = 4\%$，Y，yn0 连接；

变压器 2：$240\ \mathrm{kV \cdot A}$，6300/400 V，$u_k = 4.5\%$，Y，yn4 连接；

变压器 3：$320\ \mathrm{kV \cdot A}$，6300/400 V，$u_k = 4\%$，Y，yn0 连接。

①用计算说明，在不使变压器过载的情况下，选用哪一台投入并联比较适合？②如果负载增加，需选两台变比相等的变压器与原变压器并联运行，试问最大总负载容量是多少？哪台变压器最先达到满载？

2-22 两台变压器并联运行，均为 Y，d11 连接标号，$U_{1N}/U_{2N} = 35/10.5\ \mathrm{kV}$，第一台

1250 kV·A，$u_{k1} = 6.5\%$，第二台 2000 kV·A，$u_{k2} = 6\%$，试求：①总输出为 3250 kV·A 时，每台变压器的负载是多少？②在两台变压器均不过载的情况下，并联组的最大输出为多少？此时并联组的利用率达到多少？

2-23 一台 5 kV·A、480 V/120 V 的普通两绕组变压器，改接成 600 V/480 V 的降压自耦变压器，试求改接后一次和两次的额定电流和变压器的容量是多少？

第三章 直流电机

直流电机是将机械能和直流电能相互转换的旋转机械，它有直流电动机和直流发电机之分。直流电动机是将直流电能转换为机械能的旋转机械，它具有良好的启动性能和调速性能。直流发电机是将机械能转换为直流电能的旋转机械，它的供电质量较好，常将其作为励磁电源和某些工业中的直流电源。与交流电机相比，直流电机的结构较复杂，成本较高，可靠性稍差，使它的应用受到了一定限制。近年来，与电力电子装置结合而具有直流电机性能的电机不断涌现，使直流电机有被取代的趋势。尽管如此，直流电机仍有一定的理论意义和实用价值。

本章先介绍直流电机的工作原理和基本结构，然后说明电枢绕组和气隙磁场，再导出电枢的电动势和电磁转矩公式。在此基础上，导出直流电机的基本方程，并分析直流发电机和电动机的稳态运行性能，最后简要介绍换向问题。

第一节 直流电机的基本结构、工作原理及额定值

直流电机是电机的主要类型之一。一台直流电机既可以作为发电机使用，也可以作为电动机使用。用作直流发电机可以得到直流电源；而作为直流电动机，可以拖动负载转动。

一、直流电机的基本结构

直流电机由定子和转子两部分组成，在定子和转子之间有一个储存磁能的气隙。直流电机的定子由主磁极、机座、端盖和电刷装置等部件组成；转子是由电枢铁芯、电枢绕组和换向器等部件组成，如图 3-1 所示。

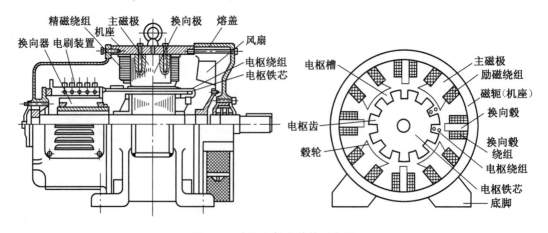

图 3-1 直流电机的结构示意图

1. 主磁极

主磁极的作用是建立主磁场。绝大多数直流电机的主磁极不是用永久磁铁制成，而是由励磁绕组通以直流电流来建立磁场。主磁极由主磁极铁芯和套装在铁芯上的励磁绕组构成，如图 3-2 所示。主磁极铁芯靠近转子一端的扩大的部分称为极靴，它的作用是使气隙磁阻减小，改善主磁极磁场分布，并使励磁绕组容易固定。为了减少转子转动时由于齿槽移动引起的铁耗，主磁极铁芯采用 1~1.5 mm 的低碳钢板冲压成一定形状叠装固定而成。主磁极上装有励磁绕组，整个主磁极用螺杆固定在机座上。主磁极的个数一定是偶数，励磁绕组的连接必须使得相邻主磁极的极性按 N、S 交替出现。

2. 机座

机座有两个作用，一是作为主磁极的一部分，二是作为电机的结构框架。机座中作为磁通通路的部分称为磁轭。机座一般用厚钢板弯成筒形后焊成，或者用铸钢件（小型机座用铸铁件）制成。机座的两端装有端盖。

3. 端盖

机座的两端装有端盖和轴承，用以支撑转子。端盖装在机座两端并通过端盖中的轴承支撑转子，将定子、转子连为一体。同时端盖对电机内部还起防护作用。

4. 电枢铁芯

电枢铁芯既是主磁路的组成部分，又是电枢绕组的支撑部分；电枢绕组就嵌放在电枢铁芯的槽内。为减少电枢铁芯内的涡流损耗，铁芯一般用厚 0.5 mm 且冲有齿、槽的型号为 DR530 或 DR510 的硅钢片叠压夹紧而成，如图 3-3 所示。小型电机的电枢铁芯冲片直接压装在轴上，大型电机的电枢铁芯冲片先压装在转子支架上，然后再将支架固定在轴上。为改善通风，冲片可沿轴向分成几段，以构成径向通风道。

5. 电枢绕组

电枢绕组是由一定数目的电枢线圈按一定的规律连接组成，它是直流电机的电路部分，也是感应电动势，产生电磁转矩进行机电能量转换的部分。线圈用圆形或矩形截面的绝缘导线绕成，分上下两层嵌放在电枢铁芯槽内，上下层以及线圈与电枢铁芯之间都要妥善地绝缘，并用槽楔压紧，如图 3-4 所示。大型电机电枢绕组的端部通常紧扎在绕组支架上。

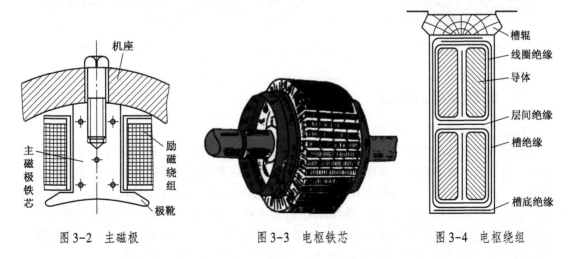

图 3-2 主磁极　　　　　图 3-3 电枢铁芯　　　　　图 3-4 电枢绕组

6. 换向器

在直流发电机中，换向器起整流作用；在直流电动机中，换向器起逆变作用，因此换向器是直流电机的关键部件之一。换向器由许多具有鸽尾形的换向片排成一个圆筒，其间用云母片绝缘，两端再用两个 V 形环夹紧而构成，如图 3-5 所示。每个电枢线圈首端和尾端的引线，分别焊入相应换向片的升高片内。小型电机常用塑料换向器，这种换向器用换向片排成圆筒，再用塑料通过热压制成。

7. 电刷装置

电刷装置是电枢电路的引出（或引入）装置，它由电刷、刷握、刷杆和连线等部分组成，如图 3-6 所示。电刷是石墨或金属石墨组成的导电块，放在刷握内用弹簧以一定的压力安放在换向器表面，旋转时与换向器表面形成滑动接触。刷握用螺钉夹紧在刷杆上。每一刷杆上的一排电刷组成一个电刷组，同极性的各刷杆用连线连在一起，再引到出线盒。刷杆装在可移动的刷杆座上，以便调整电刷的位置。

8. 换向极

换向极是安装在两相邻主磁极之间的一个小磁极，它的作用是改善直流电机的换向情况，使电机运行时不产生有害的火花。换向极结构和主磁极类似，是由换向极铁芯和套在铁芯上的换向极绕组构成，并用螺杆固定在机座上，如图 3-7 所示。换向极的个数一般与主磁极的极数相等，在功率很小的直流电机中，也有不装换向极的。换向极绕组在使用中是和电枢绕组相串联的，要流过较大的电流，因此和主磁极的串励绕组一样，导线有较大的截面。

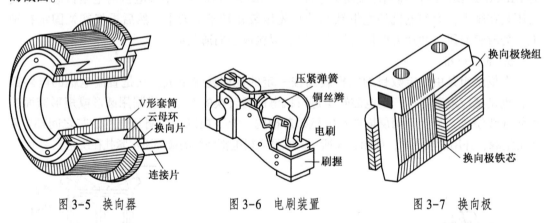

图 3-5 换向器　　　　图 3-6 电刷装置　　　　图 3-7 换向极

二、直流电机的工作原理

1. 直流发电机的工作原理

直流发电机的工作原理如图 3-8 所示，静止不动的主磁极 N、S 之间有一个可以旋转的圆柱形铁芯，铁芯表面上放置一个线圈 *abcd*，线圈的两端分别接在两个相互绝缘的圆弧形铜片（换向片）上。许多换向片构成的整体称为换向器，它固定在转轴上，且与转轴绝缘。铁芯、线圈及换向器所组成的转动部分称为电枢。为了把转动部分的电枢和静止的外电路接通，把两个在空间不动的电刷 A 和 B 压在换向器上，1、2 为铜片，使电刷与换向器之间的接触为滑动接触。当电枢旋转时，线圈产生的电动势可以从电刷引出。

当电枢被原动机驱动后，线圈边切割主磁极磁场产生电动势，在图 3-8a 所示瞬间，电动势的方向为 $b \to a$、$d \to c$。对外电路来说，电刷 A 为正电位极性，电刷 B 为负电位极性，接上负载后，电流由电刷 A 流出，由电刷 B 流进。当线圈转过半周时，线圈边 ab 处于 S 极下，cd 处于 N 极下，线圈边电动势的方向为 $a \to b$、$c \to d$，如图 3-8b 所示，线圈电动势的方向改变。由于换向器随同电枢一起旋转，使得电刷 A 总是接触 N 极下的线圈边，而电刷 B 总是接触 S 极下的线圈边。即电刷 A 总是正电位极性，电刷 B 总是负电位极性，因而外电路的电动势方向是不变的。

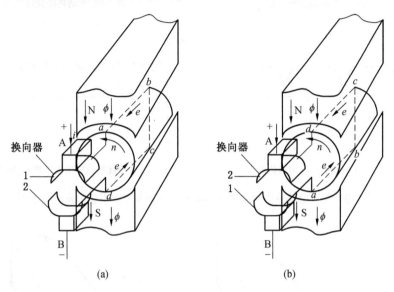

图 3-8　直流发电机工作原理图

由上述分析知：依靠电刷与换向器之间的滑动接触，线圈交变的磁场如图 3-9a 所示，线圈中的交变电动势如图 3-9b 所示，变为电刷之间方向不变的电动势。这个电动势的方向虽然不变，但大小在不断变化，如图 3-9c 所示。为了得到方向和大小都不变的恒定电动势，直流电机的电枢铁芯表面的槽中均匀地放置了几十个甚至上百个线圈，把这些空间位置不同的线圈所产生的电动势叠加起来，就可以得到方向不变、大小也基本不变的恒稳的直流电动势。图 3-9b 所示的是 12 个均匀放置在电枢铁芯槽中的线圈换向后的电动势波形。线圈数愈多，换向后电动势的波形愈平稳，如图 3-9d 所示。

2. 直流电动机的工作原理

直流电动机的构造与直流发电机一样，但在使用时需把电刷与直流电源相连接，如图 3-10 所示。在直流电源作用下，电流由电刷 A 流进电枢线圈，由电刷 B 流出。流过电流的线圈边在主磁极磁场中受到电磁力作用所产生的电磁转矩使电枢沿反时针方向旋转，从而驱动机械做功。当线圈旋转使线圈边 ab 从 N 极下转入 S 极下（线圈边 cd 从 S 极下转入 N 极下）时，依靠换向器的作用，线圈边 ab 和 cd 中的电流方向发生改变，即载流线圈边中的电流随着磁极极性改变而改变其方向，从而使电磁转矩的方向保持不变，故能使电枢沿着一个方向不断地旋转。

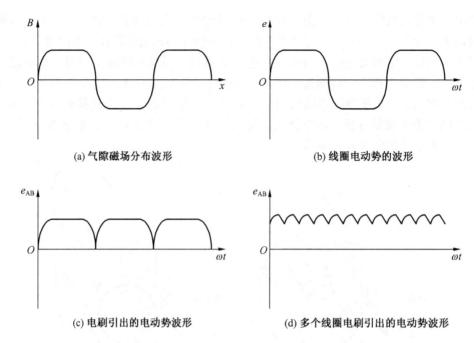

(a) 气隙磁场分布波形

(b) 线圈电动势的波形

(c) 电刷引出的电动势波形

(d) 多个线圈电刷引出的电动势波形

图 3-9 气隙磁场分布波形和线圈电动势波形及电刷引出的电动势波形

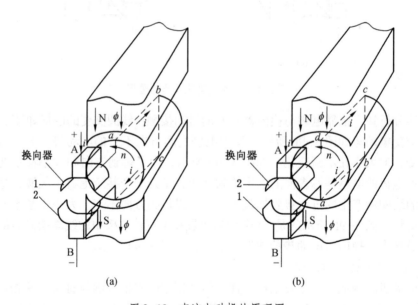

(a)   (b)

图 3-10 直流电动机的原理图

三、直流电机的励磁方式

直流电机的主磁场,是内主磁极励磁绕组小的励磁磁动势建立的。根据励磁绕组获得励磁电流的方式不同,直流电机可以分为他励和自励两类。自励又包括并励、串励和复励。

1. 他励式

他励电机主磁极的励磁绕组和电枢电路是各自分开的。励磁绕组由另一个独立的直流电源供电，不受电机端电压的影响，如图 3-11 所示。励磁功率为电机额定功率的 1% ~ 3%。

2. 自励式

在自励式发电机中，利用电机自身发出的电流来励磁；在自励式电动机中，励磁绕组和电枢绕组由同一电源供电。自励式直流电机又可分为并励、串励和复励三种。励磁绕组与电枢绕组并联后加同一电压，称为并励直流电机，如图 3-12 所示；励磁绕组与电枢绕组串联，称为串联直流电机，如图 3-13 所示；具有复励方式的直流电机，主极铁芯上装有两套励磁绕组，一个与电枢并联，一个与电枢绕组串联，如图 3-14 所示。

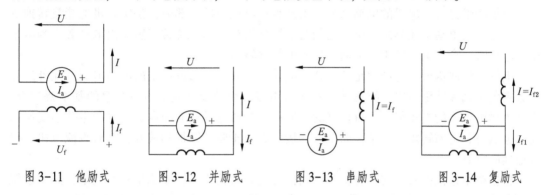

图 3-11 他励式   图 3-12 并励式   图 3-13 串励式   图 3-14 复励式

四、直流电机的额定值

每台直流电机绕组的机座都有一个铭牌，上面标注一些额定数据，若电机运行时，各数据符合额定值，这样的运行情况称为额定工况。在额定工况下运行，可保证电机可靠运行，并具有优良的性能。根据国标，直流电机的额定数据有以下几个。

1. 额定功率 P_N

额定功率是指电机在额定状态下运行时，电机的输出功率，单位为 kW。电动机的额定功率是指轴上输出的机械功率；发电机的额定功率是指出线端输出的电功率。

电动机　　　　　　　　$P_N = U_N I_N \eta_N$　　　　　　　　　　　　　　(3-1)

发电机　　　　　　　　$P_N = U_N I_N$　　　　　　　　　　　　　　　(3-2)

2. 额定电压 U_N

额定电压是指额定状态下电枢出线端的电压，单位为 V。

3. 额定电流 I_N

额定电流是指在额定电压下运行，输出功率为额定功率时电机的电流，单位为 A。

4. 额定转速 n_N

额定转速是指额定状态下运行时转子的转速，单位为 r/min。

5. 额定励磁电压 U_{fN}

额定励磁电压是指额定状态下运行时，他励式电机励磁绕组所加的电压，单位为 V。

6. 额定效率 η_N

额定效率是指电机额定运行状态下，输出功率与输入功率之比。

【例3-1】 已知一台直流发电机的部分额定数据为：$P_N = 180$ kW、$U_N = 230$ V、$\eta_N = 90\%$。求额定输入功率 P_1 和额定电流 I_N。

解：
$$P_1 = \frac{P_N}{\eta_N} = \frac{180}{0.9} = 200 \text{ kW}$$

$$I_N = \frac{P_N}{U_N} = \frac{180 \times 1000}{230} = 782.61 \text{A}$$

第二节　直流电机的电枢绕组

电枢绕组是直流电机的电路部分，也是直流电机的核心部分，是实现机电能量转换的枢纽。无论是电动机还是发电机，它们的电枢绕组在磁场中旋转，感应出电动势。当电枢中有电流时，产生电磁转矩，从而实现机电能量转换。

电枢绕组的构成应能产生足够的感应电动势，并允许通过一定的电枢电流，此外还要节省有色金属和绝缘材料，结构简单和运行可靠。因此设计制造电枢绕组的基本要求有：①产生尽可能大的电动势，并有良好的波形；②能通过足够大的电流，以产生并承受所需要的电磁力和电磁转矩；③结构简单，连接可靠；④便于维护和检修；⑤对直流电机，应保证换向良好。

根据绕组连接方式不同，直流电机电枢绕组分为叠绕组、波绕组和蛙绕组，其中叠绕组可分为单叠和复叠绕组，如图3-15所示；波绕组可分单波和复波绕组，如图3-16所示；蛙绕组是叠绕和波绕混合的绕组，如图3-17所示。

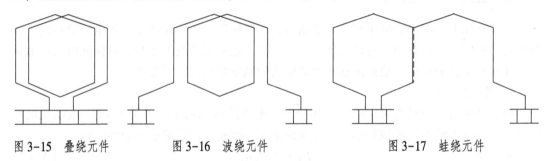

图3-15　叠绕元件　　　　图3-16　波绕元件　　　　　　　图3-17　蛙绕元件

一、直流电枢绕组的构成

电枢绕组由结构形状相同的绕组元件构成。所谓元件是指两端分别与两片换向片连接的单匝或多匝线圈。一个元件由两条导体边和端接线组成，如图3-18所示。元件边置于槽内称为有效边，端接线置于铁芯外，不切割磁场，仅起连接线作用称为端部。该端部连接两条有效边，一条有效边放在上层（称为元件上层边），另一条有效边放在下层（称为元件上层边）构成双层绕组，元件首尾按一定规律接到不同的换向器片上，最后使整个绕组通过换向片连接成一个闭合回路。

（一）槽和虚槽

为了改善电机的性能，用较多的元件组成电枢绕组。本应该每个元件放在一个槽中，但由于工艺的原因，电枢铁芯不可能开太多的槽，采取在每个槽子的上下层各放 u 个元件

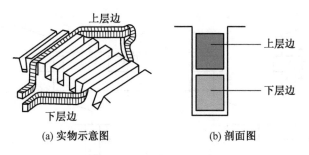

(a) 实物示意图　　　　(b) 剖面图

图 3-18　绕组在槽内的放置

边，如图 3-19 和图 3-20 所示。这一个槽为实槽，它所包含的 u 个元件每一个为一个"虚槽"。如果电枢的实槽数为 Q，则虚槽数为 $Q_u = uQ$，整个绕组的元件数 $S = Q_u = uQ$。如果电枢上、下层只有一个元件边，则整个线圈的元件边 S 就等于实槽数 Q。

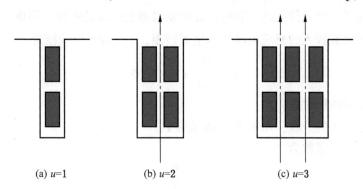

(a) $u=1$　　　　(b) $u=2$　　　　(c) $u=3$

图 3-19　实槽和虚槽

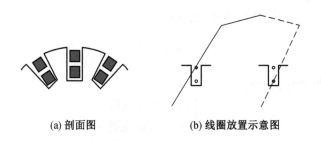

(a) 剖面图　　　　(b) 线圈放置示意图

图 3-20　$u = 1$ 元件示意图

由于每个元件总有两个边，每一换向片上总接有两个元件边，故一台直流电机的元件数 S 等于换向片数 K，也等于虚槽数。

$$S = Q_u = uQ \tag{3-3}$$

每个元件可以是单匝，但大部分是多匝，一般本书中讲述时为画图方便，总是假定元件是单匝。

（二）直流电枢绕组的节距

节距是指被连接的两个元件边或换向片之间的距离。绕组元件的连接规律，通过下列 4 个节距来控制，如图 3-21 所示。

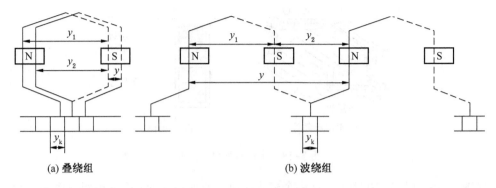

(a) 叠绕组   (b) 波绕组

图 3-21 绕组的节距

1. 第一节距 y_1

第一节距是指一个元件的两条有效边在电枢表面上所跨的距离，用虚槽数表示，它是一个整数。为了得到较大的感应电动势和电磁转矩，y_1 一般等于或接近一个极距。

$$y_1 = \frac{Q_u}{2p} \pm \varepsilon = 整数 \tag{3-4}$$

式中　p ——电机的极对数；

　　　ε ——小于 1 的分数，用来把 y_1 凑成整数。

每一极距内的虚槽数为

$$\tau = \frac{Q_u}{2p} \tag{3-5}$$

式中　τ ——电机的极距。

极距也可用电枢表面圆弧长度表示，即

$$\tau = \frac{\pi D_a}{2p} \tag{3-6}$$

式中　D_a ——电枢外径，mm。

$$y_1 \begin{cases} = \tau & 整距绕组 \\ < \tau & 短距绕组 \\ > \tau & 长距绕组 \end{cases} \tag{3-7}$$

常采用短距绕组，有利于换向。对于叠绕组尚能节省部分端部用铜。

2. 第二节距 y_2

相串联的两个元件中，第一个元件的下层边与第二个元件的上层边在电枢表面上所跨的距离，称为第二节距，用 y_2 表示。

3. 合成节距 y

相串联的两个元件对应边在电枢表面所跨的距离，称为合成节距，其用 y 表示，也用虚槽数计算。不同类型绕组的差别，主要表现在合成节距上。所谓叠绕组指各极下元件依次连接，后一个元件总是叠在前一个元件上；波绕组指把相隔约为一对极下的同极性磁场下的相应元件串联起来，像波浪一样向前延伸。

$$y = \begin{cases} y_1 - y_2 & \text{（叠绕组）} \\ y_1 + y_2 & \text{（波绕组）} \end{cases} \qquad (3-8)$$

4. 换向器节距 y_k

一个元件的两个出线端所连接的两个换向片之间所跨的距离，称为换向器节距，用 y_k 表示，其大小用换向片数计算。

$$y_k = y \qquad (3-9)$$

图 3-21 标出了绕组的各个节距。

二、单叠绕组

电枢绕组中任何两个串联元件都是后一个叠在前一个上面的，称为叠绕组。若

$$y = y_k = \pm 1 \qquad (3-10)$$

此式称为单叠绕组。其中正号为右行、负号为左行，因左行元件接到换向片的连接线需交叉用铜较多，很少采用。故大多数采用右行。

单叠绕组的连接规律是，所有的相邻元件依次串联，连接方法是后一个元件的首端与前一个元件尾端联在一起并接到一个换向片上，最后一个元件的尾与第一个元件的首端连在一起，构成一个闭合回路。

【例 3-2】 绘制某一电机的单叠绕组展开图，电机的结构参数为 $2p = 4$、$S = K = Q_u = 16$、$u = 1$。

解： ①确定节距。

合成节距 y 和换向器节距 y_k 为

$$y = y_k = 1$$

第一节距 y_1

$$y_1 = \frac{Q_u}{2p} \pm \varepsilon = \frac{16}{4} = 4 \ (\text{取 } \varepsilon = 0)$$

第二节距 y_2

$$y_2 = y_1 - y = 3$$

②绘制绕组展开图。

由已确定的各节距，可绘出绕组展开图，如图 3-22 所示。它是假设把电枢从某一齿中心沿轴向切开并展开成一带状平面。此时，约定上元件边用实线段表示，下元件边用虚线段表示；磁极（磁极宽度为 0.6~0.7 倍宽度）在绕组上方均匀安放，N 极指向纸面，S 极穿出纸面；左上方箭头为电枢旋转方向，元件边上箭头为由右手定则确定的感应电动势方向。由此可得电刷电位正负，如图 3-22 所示。

相邻两主极间的中心线称为电枢上的几何中性线。基本特征是电机空载时此处的径向磁场为零，故位于几何中性线上的元件边中的感应电动势为零，如图 3-22 中槽 1、5、9、13 中的元件边即为这种状况。

对于端接对称的绕组，元件的轴线应画为与所接的两片换向片的中心线重合，如图 3-22 中元件 1 接换向片 1、2，而元件 1 的轴线为槽 3 的中心线，故换向片 1、2 的分隔线与槽 3 的中心线重合。另外，换向器的大小应画得与电枢表面的槽距一致，而换向片的编

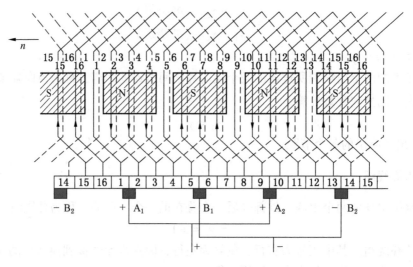

图 3-22　单叠绕组展开图

号、元件编号（即槽编号）则都要求相同。最后，由连接表提供的元件之间的连接关系即可完成绕组展开图的绘制。

③确定电刷位置。

单叠绕组的电路图如图 3-23 所示。图中把每个元件用一个线圈表示，并用箭头表示元件中的电动势方向。全部元件串联构成一个闭合回路，其中 1、5、9、13 四个元件中的电动势在图示瞬间为零。这四个元件把回路分成四段，每段再串联三个电动势方向相同的元件。由于对称关系，这四段电路中的电动势大小是相等的，方向两两相反，因此整个闭合回路内的电动势恰好相互抵消，合成为零，放电枢绕组内不会产生"环流"。

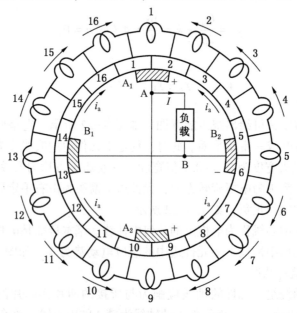

图 3-23　单叠绕组的电路图

如果在电动势为零的元件 1、5、9、13 所连接的换向片间的中心线上依次放置电刷 A_1、B_1、A_2、B_2，并且空间位置固定，则不管电枢和换向器转到什么位置，电刷 A_1、A_2 的电位恒为正，电刷 B_1、B_2 的电位恒为负。正、负电刷是电枢绕组支路的并联点，二者之间的电动势有最大值。设想电刷偏离图 3-23 所示位置，并且偏移量为一片换向片，则每段电路所串联的四个元件中，只有两个电动势同方向，另外一个电动势为零，一个被短接，正、负电刷间的电动势显然减小了。同时，由于被电刷短路的元件中的电动势不为零，势必会产生短路电流，并引起不良后果，如恶化换向、增加损耗、严重时损坏元件等。因此，电刷放置的一般原则是确保空载时通过正、负电刷引出的电动势最大，或者说，被电刷短路的元件中的电动势为零。

由于元件结构上的对称性，因此无论是整距、短距或长距元件，只要元件轴线与主极轴线重合，元件中的电动势便为零。而元件所接两片换向片间的中心线称为此时换向器上的几何中性线。电刷应固定放置在换向器上的几何中性线上。对于端接对称的元件，元件轴线、主极轴线和换向器上的几何中性线三线合一，故电刷也就放置在主极轴线下的换向片上。若端接不对称，则电刷应移过与换向器轴线偏离主极轴线相同的角度，即电刷与换向器上的几何中性线总是保持重合。

对应于一个主极、换向器上便有一条几何中性线，因而可放一把电刷。电机有 $2p$ 个主极，故换向器圆周上应放置 $2p$ 组电刷。本题 $2p=4$，即电刷组数为 4。实际电机中，一个主极下的元件数和换向片数很多，电刷宽度通常为换向片宽的 1.53 倍，但画图时习惯上只画成一个换向片宽度。

④绕组并联支路。

从图 3-22 可知，经 B 到 A，有四条支路并联，可以绘制如图 3-24 所示的单叠绕组支路连接图。从图中可以看出，从电刷外面看绕组时是由四条支路并联组成。1、5、9、13 号元件被电刷短路，同极下元件电流方向一致。

综上所述，单叠绕组的特点如下：①单叠绕组的并联支路数（$2a_=$）应等于电机的极数 $2p$；②当元件几何形状对称时，电刷应放在主机中心线上，此时正、负电刷间感应电动势最大，被电刷所短路元件感应电动势为零；③电刷数等于极数；④电刷间引出的电动势为每一支路电动势，正、负电刷间引出的电流为各支路电流之和。

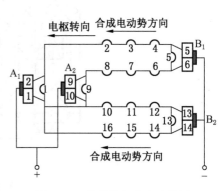

图 3-24　单叠绕组支路连接图

三、单波绕组

所谓波绕组是指相邻两串联元件对应边的距离约为两个极距，从而形成如图 3-21b 所示的波浪形构型，称为波绕组。若将所有同根下的元件串联后回到原来出发的那个换向片的相邻换向片上，则该绕组称为单波绕组。单波绕组的连接规律是：从某一换向片出发把相隔约为两个极距的同极性磁场中对应位置所有元件串联起来。这种绕组连接的特点是元件两出线端所连换向片相隔较远，相串联的两元件也相隔较远，形状如波浪一样向前延伸。

$$y = y_k = \frac{K \pm 1}{p} \qquad (3-11)$$

【例 3-3】 某一电机 $2p = 4$、$S = K = Q = Q_u$、$u = 1$，绘制单波绕组展开图。

解： ①确定节距。

合成节距 y 和换向片节距 y_k 为

$$y = y_c = \frac{15-1}{2} = 7$$

第一节距 y_1

$$y_1 = \frac{Q_u}{2p} \pm \varepsilon = \frac{15}{4} - \frac{3}{4} = 3$$

第二节距 y_2

$$y_2 = y_1 - y = 7 - 3 = 4$$

②绘制绕组展开图。

绕组展开图如图 3-25 所示，其绘图方法与单叠绕组类同。由于波绕组的端接通常也是对称的，这意味着与每一元件所接的两片换向片自然会对称地位于该元件轴线的两边，即两换向片的中心线与元件轴线重合。因此，电刷势必也就放置在主磁极轴线下的换向片上。

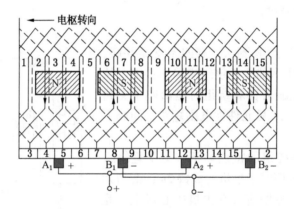

图 3-25 单波绕组展开图

③绕组并联支路。

按照各元件的连接顺序，可以画出如图 3-26 所示的并联支路电路图。从图中可以看出，由于单波绕组是由同一极性下的所有元件串联组成，所以无论电机是多少极，单波绕组只有两条支路。

$$2a_= = 2 \qquad (3-12)$$

但电刷组数一般仍为磁极数。

综上所述，单波绕组有以下特点：①同一极性下各元件串联所组成，无论电机是多少极，单波绕组只有两条并联支路，即支路对数 $a_= = 1$；②几何形状对称时电刷应放在主磁极中心线上；③电刷数也应等于极数，可减小每组电刷上的电流，改善换向。

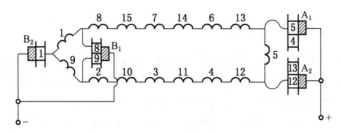

图 3-26　单波绕组并联支路电路图

四、各种绕组的应用范围

除单叠和单波外，还有复叠、复波、混合绕组。各种绕组的差别主要在于它们的并联支路数上，支路数越多，相应的每条支路所串联的元件数越少，原则上电流大、电压低的直流电机采用叠绕组；若电流小，电压高或转速较低的电机采用波绕组；复式绕组主要用于中大容量电机。

第三节　直流电机的磁场

为了弄清稳态运行时直流电机内部的电磁过程，必须了解空载和负载时电机内部的磁场，本节介绍直流电机的磁场。

一、空载时直流电机的气隙磁场

直流电机的空载是指电枢电流等于零，或者很小，因而可以忽略不计的情况。由于电枢电流为零，所以空载时直流电机内的磁场是由励磁绕组的磁动势单独激磁产生的，如图 3-27 所示。

空载时主磁极的磁通分为主磁通 Φ 和漏磁通 Φ_σ。主磁通通过气隙，并形成气隙磁场（称为主磁场）。在主极极靴 b_p 范围内，气隙较小，故极靴下沿电枢周围各点的主磁极较强；在极靴范围之外，气隙较大，主磁场显著减弱，到两极之间的几何中性线处，磁场等于零。不计电枢表面齿、槽的影响时，直流电机的空载气隙磁场 B_δ 的分布如图 3-28 所示，图中 τ 为极距。漏磁通 Φ_σ 不通过气隙，如图 3-27 所示。

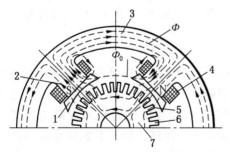

1—极靴；2—极身；3—定子磁轭；4—励磁线圈；
5—气隙；6—电枢齿；7—电枢磁轭

图 3-27　空载时直流电机内的磁场

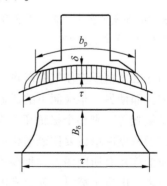

图 3-28　空载时直流电机的气隙磁场

二、负载时直流电机的气隙磁场

直流电机带上负载后，电枢绕组有电流通过，此时产生的磁场称为电枢磁场，而电枢磁场对主磁场的影响就称为电枢反应。为了分析方便，设电机为两极，电枢表面为光滑，电枢绕组为整距，构成元件的导体均匀分布在电枢表面。

直流电机负载运行时，电刷放在几何中性线上，在一个磁极下电枢导体的电流都是一个方向，相邻不同极性的磁极下，电枢导体电流方向相反。在电枢电流产生的电枢反应磁动势的作用下，电机的电枢反应磁场如图3-29所示。

电枢是旋转的，但是电枢导体中电流分布情况不变，因此电枢磁动势的方向是不变的，相对静止。电枢磁场的轴线与电刷轴线重合，与励磁磁动势所产生的主磁场（图3-30）互相垂直。

当直流电机负载运行时，电机内的磁动势由励磁磁动势与电枢磁动势两部分合成，电机内的磁场也由主磁极磁场和电枢磁场合成。下面分析合成磁场的情况。如不考虑磁路的饱和，可将两者叠加起来，则得到如图3-31所示的负载时的合成磁场。从图中可以看出，合成磁场对主磁极轴线已不再对称了，使得物理中性线（通过磁密为零的点并与电枢表面垂直的直线）由原来与几何中性线相重合的位置移动了一个角度。由此可见，电枢反应的结果使得主极磁场的分布发生畸变。

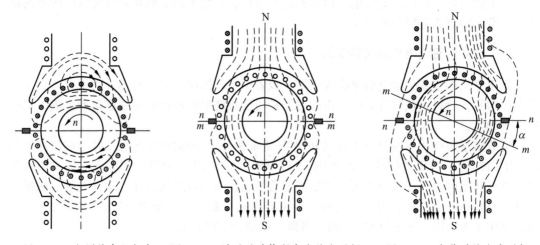

图3-29　电刷放在几何中　　图3-30　励磁磁动势所产生的主磁场　　图3-31　负载时的合成磁场
性线上时的电枢磁场

为什么电枢反应使气隙磁场发生畸变呢？这是因为电枢反应将使一半极面下的磁通密度增加，而使另一半极面下的磁通密度减少。当磁路不饱和时，整个极面下磁通的增加量与减少量相等，则整个极面下总的磁通保持不变。但由于磁路的饱和现象是存在的，因此，磁通密度的增量要比磁通密度的减少量略少一些，这样，每极下的磁通量将会由于电枢反应的作用有所削弱。这种现象称为电枢反应的去磁作用。

总之，电机负载时，就会有电枢反应，电枢反应作用如下：①使气隙磁场分布发生畸变；②使物理中性线位移（空载时，电机的物理中性线与几何中性线重合。在负载时，对电动机而言，物理中性线逆转向离开几何中性线 β 角度。若在发电机状态，则为顺转向移过 β 角度）；③在磁路饱和的情况下，呈一定的去磁作用。

第四节　直流电机的感应电动势和电磁转矩

一、电枢绕组的感应电动势

直流电机无论作为发电机还是作为电动机运行，电枢绕组中都感应电动势，该感应电动势指一条支路的电动势（即电刷间的电动势），简称电枢电动势。

计算方法是首先推出每根导体的电动势，则一条支路中各串联导体的电动势的代数和即为电枢电动势。

气隙磁密分布与元件中电势方向如图 3-32 所示，设电枢导体有效长度为 l，导体切割气隙磁场的速度为 v，则每根导体的感应电势为

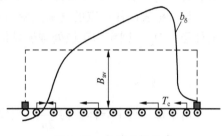

$$e_c = b_\delta l v \qquad (3-13)$$

式中　b_δ——导体所在处的气隙磁密密度，Wb。

图 3-32　气隙磁场分布

设电枢总导体数为 Z_a，支路数为 $2a_=$，因此每条支路串联导体数为 $Z_a/2a_=$，则支路电动势应为

$$E_a = \sum_1^{\frac{Z}{2a_=}} b_\delta l v = l v \sum_1^{\frac{Z}{2a_=}} b_\delta(x_i) \qquad (3-14)$$

式中，各导体所处位置的 $b_\delta(x_i)$ 互不相同。为简单计算引入气隙平均磁密 B_{av}，它等于电枢表面各点气隙磁密的平均值。

$$B_{av} = \frac{1}{\frac{Z_a}{2a_=}} \sum_1^{\frac{Z}{2a_=}} b_\delta(x_i) \qquad (3-15)$$

将上式代入式（3-14）整理得

$$E_a = l v \frac{Z_a}{2a} B_{av} \qquad (3-16)$$

考虑到线速度 v

$$v = \omega R = \frac{2\pi n}{60} R = \frac{2\pi R}{60} n = 2p\,\tau\frac{n}{60} \quad (2\pi R = 2p\,\tau) \qquad (3-17)$$

式中　R——电枢半径，m；

ω——角速度，rad/s；

n——转速，r/min；

p——极对数；

τ——极距，m。

将式（3-17）代入式（3-16），得

$$E_a = l2p\tau\frac{n}{60}\frac{Z_a}{2a_=}B_{av} = \frac{pZ_a}{60a_=}n(B_{av}l\tau) = \frac{pZ_a}{60a}n\phi = C_e n\phi \qquad (3-18)$$

式中，$C_e = \dfrac{pZ_a}{(60a_=)}$；$\phi = B_{av}lv$；$\phi$ 为每极的总磁通量，单位为 Wb。

式（3-18）对发电机和电动机都适用。此式表示，电动势 E_a 与每极的气隙磁通量 ϕ 和转速 n 成正比，只要有 ϕ 和 n，电机内就有电动势 E_a。

二、直流电机的电磁转矩

当电枢绕组内电流通过时，载流导体与气隙磁场相互作用产生电磁转矩。

电磁转矩的计算方法为：首先算出一个导体的电磁转矩，再计算一个极下所有导体的电磁转矩，最后乘以 $2p$ 就得到整个电枢产生的电磁转矩。

设电枢表面任一点的气隙磁密为 b_δ，该处导体中流过的电流为 i_a，有效长度为 l，电枢外径为 D_a，则作用于该处载流导体上的电磁转矩为

$$T_c = b_x l i_a \frac{D_a}{2} \qquad (3-19)$$

由于每一极下导体数为 $\dfrac{Z_a}{2p}$，则作用于一极下导体的转矩为

$$T_p = \sum_1^{\frac{z_a}{2p}} b_\delta l i_a \frac{D_a}{2} = l i_a \frac{D_a}{2}\sum_1^{\frac{z_a}{2p}} b_x(x_i) \qquad (3-20)$$

$$B_{av} = \frac{1}{\frac{Z_a}{2p}}\sum_1^{\frac{z}{2p}} b_\delta(x_i) \qquad (3-21)$$

$$T_p = \frac{Z_a}{2p}B_{av}l i_a \frac{D_a}{2} \qquad (3-22)$$

作用于整个电枢上的电磁转矩为

$$T_e = 2p \times T_p = Z_a B_{av}l i_a \frac{D_a}{2} \qquad (3-23)$$

考虑到 $\pi D_a = 2p\tau$，$\phi = B_{av}L\tau$，支路电流 $i_a = \dfrac{I_a}{2a_=}$，其中 I_a 为电枢电流，可得

$$T_e = Z_a\left(\frac{\phi}{l\tau}l\right)\left(\frac{I_a}{2a_=}\right)\frac{1}{2}\left(\frac{2p\tau}{\pi}\right) = \frac{pZ_a}{2\pi a_=}\phi I_a = C_T\phi I_a \qquad (3-24)$$

式（3-24）中，$C_T = \dfrac{pZ_a}{2\pi a_=}$。

$$C_T = \frac{60}{2\pi}C_e = 9.55 C_e \qquad (3-25)$$

式（3-25）对发电机和电动机都适用。此式表示，电磁转矩 T_e 与每极的气隙磁通量 ϕ 和转速 I_a 成正比，只要有 ϕ 和 I_a，电机内就有电磁转矩 T_e。

第五节 直 流 发 电 机

一、直流发电机的基本方程

在导出电动势和电磁转矩公式的基础上，利用基尔霍夫定律和牛顿定律，即可导出稳态运行时直流发电机的电压方程、转矩方程和功率方程。

（一）电压方程

若电机为发电机，在电枢电动势 E_a 的作用下，发电机向负载（或电网）供电，故感应电动势 E_a 大于端电压 U，且电枢电流 I_a 与 E_a 为同一方向。采用发电机惯例，即以输出电流作为电枢电流的正方向，如图 3-33 所示。

1. 他励发电机

他励发电机等效电路，如图 3-33a 所示。

电枢电流：
$$I = I_a \tag{3-26}$$

励磁回路：
$$U_f = I_f R_f \tag{3-27}$$

电枢回路：
$$E_a = U + I_a R_a + 2\Delta U_S \approx U + I_a R_a \tag{3-28}$$

式中　R_a——电枢绕组电阻，Ω；

$2\Delta U_S$——正、负一对电刷上的接触电压降，对石墨电刷 $2\Delta U_S = 2\ V$，对金属石墨电刷 $2\Delta U_S \approx 0.6\ V$；

R_f——励磁绕组电阻，Ω；

I_f——励磁电流，A；

I_a——电枢电流，A；

I——负载电流，A；

U——端电压，V；

U_f——励磁电压，V。

注：发电机 $E_a > U$ 且输出电流作为电枢电流的正方向。

2. 并励发电机

并励发电机等效电路，如图 3-33b 所示。

$$U_f = U \tag{3-29}$$

电枢电流：
$$I_a = I + I_f \tag{3-30}$$

励磁回路和电枢回路的电压方程仍与他励磁相同。

3. 串励发电机

串励发电机等效电路，如图 3-33c 所示。

电枢电流：
$$I = I_a = I_f \tag{3-31}$$

励磁回路和电枢回路的电压方程仍与他励磁相同。

4. 复励发电机

复励发电机等效电路，如图 3-33d 所示。

电枢电流：
$$I_a = I + I_{f1} \tag{3-32}$$

励磁回路和电枢回路的电压方程仍与他励磁相同。

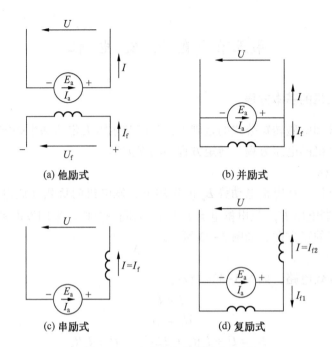

(a) 他励式   (b) 并励式

(c) 串励式   (d) 复励式

图 3-33 直流发电机等效电路图

（二）转矩方程

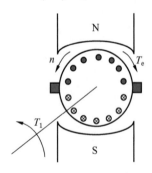

原动机以 T_1 的转矩拖动转子沿逆时针方向旋转，则 E_a、I_a、T_e 的方向如图 3-34 所示，T_e 的方向与 T_1 相反，为制动性质的转矩，T_e 为拖动转矩。则

$$T_1 = T_e + T_0 \qquad (3-33)$$

式中 T_0——空载转矩，N·m。

其物理意义为：当电机作为发电机运行时，拖动转矩 T_1 与发电机内部产生的制动性质转矩 T_e 和电机本身的机械阻力转矩 T_0 相平衡。

图 3-34 发电机的电磁转矩和拖动转矩

（三）电磁功率及功率方程

1. 电磁功率

直流电机的电磁功率为电枢绕组感应电动势 E_a 与电枢电流 I_a 的乘积，即

$$P_e = E_a I_a \qquad (3-34)$$

将电动势公式代入式（3-34），并考虑到转子的机械角速度

$$\Omega = \frac{2\pi n}{60} \qquad (3-35)$$

$$E_a I_a = T_e \Omega = P_e \qquad (3-36)$$

对于发电机，$T_e \Omega$ 是原动机为克服电磁转矩而输入电机的机械功率，$E_a I_a$ 为电枢发出的电功率，两者相等。

2. 功率方程

直流发电机带负载运行时，输入的机械功率 P_1 等于输出的电功率 P_2 与各种损耗之和，

如图 3-35 所示。直流发电机的功率平衡方程式为

$$P_1 = T_1 \Omega = (T_e + T_0) \Omega = T_e \Omega + T_0 \Omega = P_e + p_0 = P_e + p_{Fe} + p_\Omega + p_\Delta \quad (3-37)$$

$$P_e = E_a I_a = (U + I_a R_a) I_a + 2\Delta u_s I_a = U I_a + I_a^2 R_a + 2\Delta u_s I_a$$

$$= U(I + I_f) + I_a^2 R_a + 2\Delta u_s I_a = UI + UI_f + I_a^2 R_a + 2\Delta u_s I_a$$

$$= P_2 + p_{Cuf} + p_{Cua} + p_b \quad (3-38)$$

$$P_2 = UI \quad (3-39)$$

$$P_1 = P_e + p_{Fe} + p_\Omega + p_\Delta$$

$$= P_2 + p_{Cua} + p_{Fe} + p_\Omega + p_b + p_\Delta \quad （自励直流发电机） \quad (3-40)$$

$$P_1 = P_e + p_{Fe} + p_\Omega + p_\Delta$$

$$= P_2 + p_{Cua} + p_{Cuf} + p_{Fe} + p_\Omega + p_b + p_\Delta \quad （他励直流发电机） \quad (3-41)$$

$$P_{Cuf} = U_f I_f = I_f R_f I_f = I_f^2 R_f \quad (3-42)$$

发电机的效率为

$$\eta = \frac{P_2}{P_1} = \frac{P_1 - \sum p}{P_1} = 1 - \frac{\sum p}{P_1} \quad (3-43)$$

当负载变化时，电机的总损耗在变化，故效率是随负载的变化而变化的。效率随输出功率变化的曲线如图 3-36 所示，它是效率曲线的典型情况，各种电机基本相同。

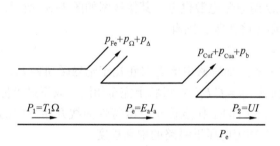

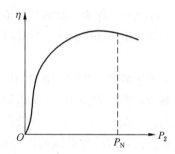

图 3-35　直流发电机的功率流程图　　　图 3-36　直流发电机的效率曲线

【例 3-4】　一台四极并励直流发电机的额定数据为：$P_N = 6\ kW$、$U_N = 230\ V$、$n_N = 1450\ r/min$、电枢绕组电阻 $R_a = 0.92\ \Omega$，励磁绕组电阻 $R_f = 177\ \Omega$、$2\Delta U_s = 2\ V$，空载损耗 $p_0 = 355\ W$。试求额定负载下的电磁功率、电磁转矩及效率。

解：①电枢电流

额定电流
$$I_N = \frac{P_N}{U_N} = \frac{6000}{230} = 26.1\ A$$

励磁电流
$$I_f = \frac{U_f}{R_f} = \frac{230}{177} = 1.3\ A$$

额定负载时电枢电流
$$I_a = I_N + I_f = 26.1 + 1.3 = 27.4\ A$$

②额定运行时的电枢电动势
$$E = U_N + I_a R_a + 2\Delta U_s = 230 + 27.4 \times 0.92 + 2 = 257.2\ V$$

③额定运行时的电磁功率

$$P_e = E_a I_a = 257.2 \times 27.4 = 7047.3 \text{ W}$$

④额定运行时的电磁转矩

$$T_e = \frac{P_e}{\Omega} = \frac{7047.3 \times 30}{1450\pi} = 46.4 \text{ N} \cdot \text{m}$$

⑤额定运行时的效率

$$\eta = \frac{P_2}{P_1} \times 100\% = \frac{P_N}{P_e + p_0} \times 100\% = \frac{6000}{7047.3 + 355} \times 100\% = 81.06\%$$

二、直流发电机的运行特征

直流发电机运行时，通常可测得的物理量有端电压 U、负载电流 I、励磁电流 I_f 和转速 n 等。一般情况下，若无特殊说明，认为发电机由原动机拖动的转速是恒定的，并且为额定值 n_N。在此基础上，另外三个物理量只要保持一个不变，可以得出剩下两个物理量之间的关系曲线，用以表征发电机的性能，称为特性曲线。

（一）他励发电机的运行特性

1. 空载特性

当转速 n 为常数、负载电流 I 为零时，电机的开路电压 U_0 随励磁电流 I_f 变化的关系，即 $U_0 = f(I_f)$，称为空载特性。它是励磁绕组单独电源供电，其接线图如图 3-37 所示。

当负载电流 $I = 0$ 时，电枢回路的电阻压降为零，则有

$$U_0 = E_a = C_e \phi n \tag{3-44}$$

由于 n 等于常数，所以空载电压 U_0 正比于 ϕ，而励磁电流 I_f 又正比于励磁磁动势 F_f，因此空载特性曲线 $U_0 = f(I_f)$ 与电机的磁化曲线 $\phi = f(F_f)$ 在形状上完全相同，只不过坐标换个比例，如图 3-38 所示。一般电机额定电压时的工作点位于空载特性曲线开始弯曲的膝点附近。由空载特性曲线可以判断出电机在额定电压下磁路的饱和程度。

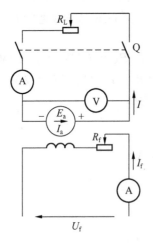

图 3-37 他励发电机的负载运行

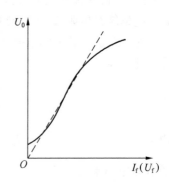

图 3-38 空载特性曲线

说明：经励磁后，再将励磁切断时，磁路中会留有剩磁，即使 $I_f = 0$，电枢仍会出现

由剩磁磁通所感应的剩磁电压。

2. 外特性

外特性是当 $n = n_N =$ 常数，$I_f = I_{fN}$ 不变，改变负载大小时，端电压 U 随负载电流 I 变化而变化的关系，即 $U = f(I)$ 曲线，称为外特性。

他励直流发电机的外特性曲线如图 3-39 所示。它是一条略微下垂的曲线，即端电压 U 随负载电流 I 的增加而下降，原因是电枢回路电阻上的压降和电枢反应的去磁效应都随电流增加而增加。发电机端电压随负载电流加大而变化的程度用电压调整率来衡量，定义为额定负载（$I = I_N$、$U = U_N$）过渡到空载（$I = I_0$、$U = U_0$）时的电压变化率，即

$$\Delta U = \frac{U_0 - U_N}{U_N} \times 100\% \tag{3-45}$$

他励直流发电机的电压调整率一般为 5% ~ 10%。

3. 调节特性

调节特性是指 $n =$ 常数、$U = U_N$、$I_f = f(I)$ 的关系曲线，如图 3-40 所示。调节特性随负载电流增大而上翘，原因是要保持端电压不变，励磁电流必须随负载电流的增加而增加，以补偿电枢反应的去磁作用，并且由于铁磁材料的饱和影响，励磁电流增加的速率还要高于负载电流。

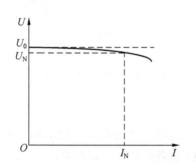

图 3-39　他励直流发电机的外特性曲线

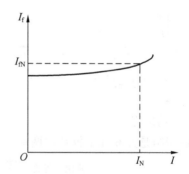

图 3-40　调节特性曲线

4. 效率特性

效率特性是指 $n = n_N$、$U = U_N$、$\eta = f(P_2)$ 的关系曲线。为了求取效率，必须确定负载运行时电机内的损耗。直流电机的损耗包括机械损耗 p_Ω、电枢的基本铁耗 p_{Fe}，基本铜耗 p_{Cua}。电刷的接触压降损耗 p_s，励磁绕组的铜耗 p_{Cuf} 和杂散损耗 p_Δ。由于发电机在 $n = n_N$、$U = U_N$ 下运行，机械损耗 p_Ω 和铁耗 p_{Fe} 仅与转速和电枢铁芯内的磁通有关，而与负载电流的大小无关，所以属于不变损耗；其他的随着负载的变化而变化，所以属于可变损耗。由于他励直流发电机励磁单独电源供电，所以求效率时不考虑励磁损耗。

总之，损耗确定之后，发电机效率 η 和效率特性 $\eta = f(P_2)$ 即可求出

$$\eta = \frac{P_2}{P_1} = \frac{P_2}{P_2 + \sum p} = \frac{P_1 - \sum p}{P_1} = 1 - \frac{\sum p}{P_1} = 1 - \frac{P_{Fe} + P_\Omega + P_\Delta + p_{Cua} + p_s}{P_2 + P_{Fe} + P_\Omega + P_\Delta + p_{Cua} + p_s}$$

$$\tag{3-46}$$

因负载变化时 I_f 要作相应调整以保证 $U = U_N$，所以 $P_{Cuf} = U_f I_f$ 也属可变损耗，效率曲线如图 3-41 所示，可见发电机在某负载时效率最大。

令 $\dfrac{d\eta}{dI_a} = 0$ 解出最大效率，即当不变损耗等于可变损耗时发生最大效率。一般在 $0.75P_N$ 左右发生最大效率。

注意：小型直流发电机 $\eta = 70\% \sim 90\%$；中大型直流发电机 $\eta = 91\% \sim 96\%$。

（二）并励发电机的自励和运行特性

1. 并励发电机的自励

并励发电机的励磁绕组与电枢并联，如图 3-42 所示。并励和复励都是一种自励发电机，即不需要外部电源供给励磁电流，这种自励发电机首先是在空载时建立电压即所谓"自励"，然后再加负载。下面以并励为例研究其自励过程。

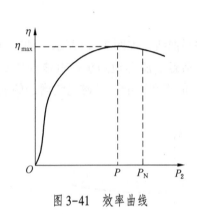

图 3-41　效率曲线

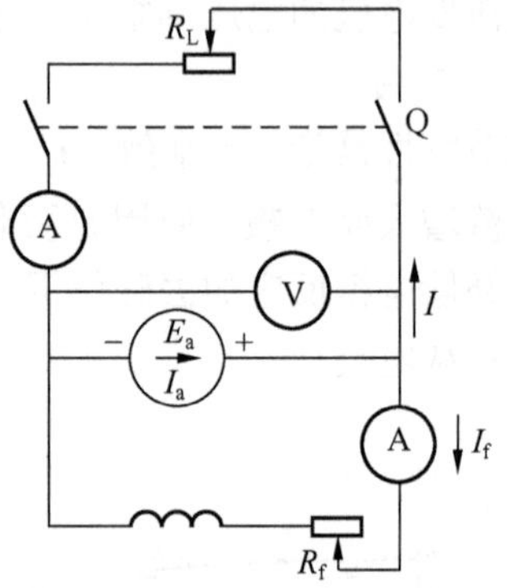

图 3-42　并励直流发电机的接线图

1）自励过程

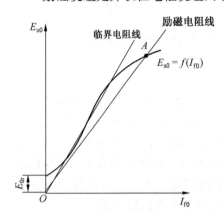

图 3-43　并励直流发电机自励时的稳态空载电压

励磁绕组是并联在电枢绕组两端，励磁电流是由发电机本身提供。发电机由原动机拖动，由于发电机磁路里总有一定的剩磁，当电枢旋转时，发电机电枢端点将有一个不大的剩磁电压 E_{0r}，E_{0r} 同时加在励磁绕组两端，便有一个不大的励磁电流通过，从而产生一个不大的励磁磁场。如励磁绕组接法适当，可使励磁磁场的方向与电机剩磁方向相同，从而使电机的磁通和由它产生的端电压 $U_0 = E = C_e \phi n$ 增加。在此大一点的电压作用下，励磁电流又进一步加大，最终稳定在空载特性曲线和励磁电阻线的交点 A，A 点所对应的电压即为空载稳定电压运行点，如图 3-43 所示。若调节励磁回路电阻，可调节空载电压稳定点。加大 R_f，则励磁电阻线斜率加大，交点 A 向原点移动。端点电压降低，当励磁电阻线与空载特性曲线相切时，没有固定交点，空载电压不稳定，当励磁电阻线的斜率大于空载特性曲线斜率，交点为剩磁电压，则发电机不能自励。

2）自励条件

从上述发电机的自励过程可以看出，要使发电机能够自励，必须满足三个条件：

（1）电机必须有剩磁。如电机失磁，可用其他直流电源激励一次，以获得剩磁。

（2）励磁绕组并到电枢绕组的极性必须正确，否则电枢电动势不但不会增大反而会下降，如有这种现象，可将励磁绕组对调。

（3）励磁回路电阻应小于临界电阻，即 $R_f \leqslant R_{cr}$；否则与空载特性曲线无交点，不能建立电压。

2. 并励发电机的运行特性

研究并励发电机外特性，调整特性和效率特性。调整特性和效率特性与他励十分相近，不再赘述，此处仅说明并励发电机外特性。

并励发电机的外特性是指 $n = n_N$，励磁回路电阻 R_f = 常值时，发电机的端电压 U 与负载电流 I 之间的关系 $U = f(I)$，如图 3-44 所示。从图中可以看出，并励发电机端电压比他励发电机下降很快，原因是他励发电机在负载电流增加时，使端电压下降的原因只是电枢回路电阻下降和电枢反应的去磁作用，而并励发电机还要加上因端电压下降而导致励磁电流减小的因素。因此，并励发电机的电压调整率可达 20% 左右。

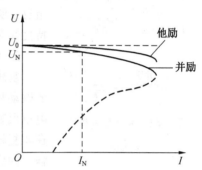

图 3-44 并励发电机的外特性

另外，并励发电机稳态短路时，端电压等于零，于是励磁电流也等于零，电枢的短路电流仅由剩磁电动势所引起，所以稳态短路电流不大。与他励外特性比较，并励的外特性有三个特点：①同一负载电流下，端电压较低；②外特性有"拐弯"现象；③稳定短路电流小，所以并励外特性比他励低。电压调整率一般在 20% 左右。

【例 3-5】 一台四极 82 kW、230 V、970 r/min 的并励发电机，电枢电阻 $R_{a(75\,℃)}$ = 0.0259 Ω，励磁绕组总电阻 $R_{f(75\,℃)}$ = 22.8 Ω，额定负载时并励回路中串入 3.5 Ω 的调节电阻，电枢压降为 2 V，铁耗和机械损耗共 2.5 kW，杂散损耗为额定功率的 0.5%。试求额定负载时发电机的输入功率、电磁功率和效率。

解：①电枢电流

$$I_f = \frac{U_N}{R_f + R'} = \frac{230}{22.8 + 3.5} = 8.745 \text{ A}$$

$$I_N = \frac{P_N}{U_N} = \frac{82000}{230} = 356.522 \text{ A}$$

$$I_a = I_f + I_N = 8.745 + 356.522 = 365.2667 \text{ A}$$

②电枢电动势

$$E_a = U_N + I_a R_a + 2\Delta U_s = 230 + 365.2667 \times 0.0259 + 2 = 241.46 \text{ V}$$

③电磁功率

$$P_e = E_a I_a = 241.46 \times 365.2667 = 88197.446 \text{ W} \approx 88.19 \text{ kW}$$

④输入功率

$$P_1 = P_e + p_{Fe} + p_m + p_\Delta = 88.19 + 2.5 + 0.5\% \times 82 = 91.1 \text{ kW}$$

⑤效率

$$\eta = \frac{P_2}{P_1} \times 100\% = \frac{P_N}{P_1} \times 100\% = \frac{82}{91.1} \times 100\% = 90.01\%$$

（三）复励发电机的运行特性

复励发电机既有并励又有串励绕组，其接线图如图3-45所示。并励和串励都套在主磁极上，并励绕组与电枢并联，励磁电流较小，但匝数较多；串励绕组和电枢串联，一般只有几匝，通过的电流为电枢电流。

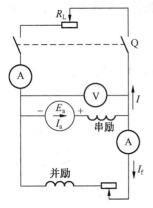

图3-45 复励发电机的
接线图

1. 空载特性

空载时负载电流为零，串励绕组不起作用，主磁场由并励绕组磁动势建立，因而复励发电机的空载特性与并励发电机的空载特性完全一样。

2. 外特性

复励直流发电机负载运行时，负载电流流过串励绕组所产生的磁动势，对外特性的形状有很大影响。随着负载电流的增加，电枢反映的去磁作用和电枢电阻电压降有使端电压下降的作用。在积复励情况下，随着负载电流的增加，串励绕组的励磁作用加强，因而有使端电压升高的作用。如果额定负载时，串励绕组磁场能够完全补偿电枢反映的去磁作用和电枢电阻压降的影响，使发电机的端电压等于其电压额定值，即 $U = U_N$，这种称为平复励，如图3-46中曲线1所示。在额定负载时，串励绕组磁场能够完全补偿电枢反映的去磁作用和电枢电阻压降的影响而有剩余，使发电机的端电压大于其电压额定值，即 $U > U_N$，这种称为过复励，如图3-46中曲线2所示；否则，发电机的端电压小于其电压额定值，即 $U < U_N$，这种称为欠复励，如图3-46中曲线3所示。

积复励发电机用途很多，特别是平复励发电机作为直流电源最合适。而过复励发电机电压的升高，可用以补偿供电线路上的电阻电压降。

并励绕组磁动势和串励绕组磁动势方向相反的差复励发电机，其外特性曲线如图3-46中的曲线4所示。这时的并励绕组磁动势相当于一个强大的电枢反应去磁作用，使发电机的端电压 U 随负载电流 I 的增加而急剧下降。差复励发电机仅在特殊情况下应用，即当负载电流增加时需要电压急剧下降的场所。

积复励发电机的调整特性与串励绕组磁动势的强弱有关。由图3-46可知，平复励发电机额定负载时的电压等于额定电压，而在负载较小时高于额定电压，负载较大时低于额定电压，因此要在任何负载下都保持 $U = U_N$ 不变，则必须在负载较小时相应地减小励磁电流，而在过负载时相应地增大励磁电流。过复励发电机在任何负载下的端电压都大于额定电压，所以负载变化时应相应减小励磁电流才能保证负载端的电压为额定值。对于欠复励发电机，则在大部分情况下要相应增大励磁电流才能保持端电压为额定电压。复励发电机的调整特性如图3-47所示。

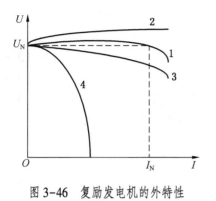

图 3-46　复励发电机的外特性　　　　　　图 3-47　复励发电机的调整特性

第六节　直流电动机

一、直流电动机的基本方程

导出电动势和电磁转矩公式的基础上，利用基尔霍夫定律和牛顿定律，即可导出稳态运行时直流电动机的电压和电流方程、转矩方程和功率方程。

（一）电压和电流方程

若电机为电动机，在电枢电动势 E_a 的作用下，由电网向负载供电，故感应电动势 E_a 必定小于端电压 U（电网电压），且电枢电流 I_a 与 E_a 方向相反，如图 3-48 所示。

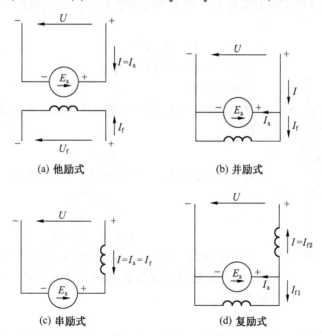

图 3-48　直流电动机等效电路图

1. 他励电动机

他励电动机等效电路，如图 3-48a 所示。

电枢电流：

$$I = I_a \tag{3-47}$$

励磁回路：

$$U_f = I_f R_f \tag{3-48}$$

电枢回路：

$$U = E_a + I_a R_a + 2\Delta U_s \approx U + I_a R_a \tag{3-49}$$

注：电动机 $E_a < U$ 且输出电流作为电枢电流的正方向。

2. 并励电动机

并励电动机等效电路，如图 3-48b 所示。

$$U_f = U \tag{3-50}$$

电枢电流：

$$I = I_a + I_f \tag{3-51}$$

励磁回路和电枢回路的电压方程仍与他励磁相同。

3. 串励电动机

串励电动机等效电路，如图 3-48c 所示。

电枢电流：

$$I = I_a = I_f \tag{3-52}$$

励磁回路和电枢回路的电压方程仍与他励磁相同。

4. 复励发电机

复励电动机等效电路，如图 3-48d 所示。

电枢电流：

$$I_a = I + I_{fl} \tag{3-53}$$

励磁回路和电枢回路的电压方程仍与他励磁相同。

（二）转矩方程

若电动机自身的空载阻力矩为 T_0、轴上输出转矩为 T_2，方向如图 3-49 所示，则电动机的转矩方程为

$$T_e = T_2 + T_0 \tag{3-54}$$

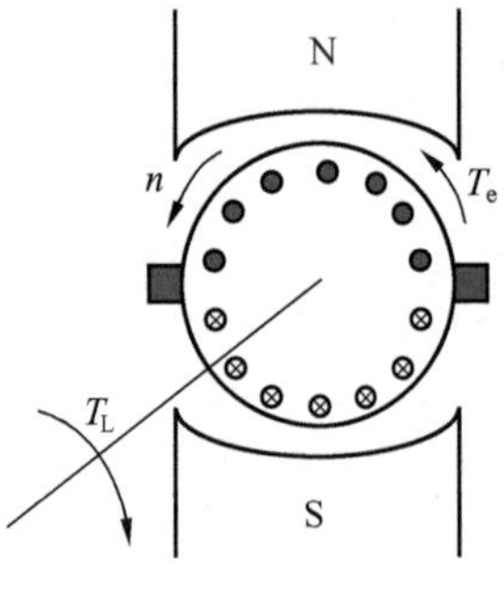

（三）电磁功率及功率方程

1. 电磁功率

直流电机的电磁功率为电枢绕组感应电动势 E_a 与电枢电流 I_a 的乘积，即

$$P_e = E_a I_a \tag{3-55}$$

将电动势公式代入式（3-55），并考虑到转子的机械角速度

$$\Omega = \frac{2\pi n}{60} \tag{3-56}$$

$$E_a I_a = T_e \Omega = P_e \tag{3-57}$$

对于电动机，$E_a I_a$ 为电枢绕组中运动电动势所吸收的电功率，$T_e \Omega$ 为电磁转矩对机械负载所作的机械功率，由于能量守恒，两者相等。

图 3-49 电动机的电磁转矩和负载转矩

2. 功率方程

直流电动机带负载运行时，电网输入的功率 P_1 等于电机输出的电功率 P_2 和内部的各种损耗之和，如图 3-50 所示。直流电动机的功率平衡方程式为

$$P_1 = P_e + p_{Cuf} + p_{Cua} + p_b = UI \tag{3-58}$$

$$P_e = P_2 + p_{Fe} + p_\Omega + p_\Delta \tag{3-59}$$

$$P_1 = P_e + p_{Fe} + p_\Omega + p_\Delta$$
$$= P_2 + p_{Cua} + p_{Cuf} + p_{Fe} + p_\Omega + p_b + p_\Delta \quad （自励直流电动机） \tag{3-60}$$

$$P_1 = P_e + p_{Fe} + p_\Omega + p_\Delta$$
$$= P_2 + p_{Cua} + p_{Fe} + p_\Omega + p_b + p_\Delta \quad （他励直流电动机） \tag{3-61}$$

$$P_{Cuf} = U_f I_f = I_f R_f I_f = I_f^2 R_f \tag{3-62}$$

发电机的效率为

$$\eta = \frac{P_2}{P_1} = \frac{P_1 - \sum p}{P_1} = 1 - \frac{\sum p}{P_1} \tag{3-63}$$

当负载变化时，电机的效率和总损耗均随负载的变化而变化。因此，该电机效率曲线与其他电机效率曲线类同，不再赘述。

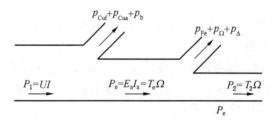

图 3-50　直流电动机的功率流程图

二、直流电动机的运行特性

直流电动机是直流发电机的一种逆运行状态，将电能变为机械能，表征机械能的参数为转矩和转速。

（一）并励电动机的运行特性

1. 机械特性

并励电动机是励磁绕组与电枢绕组并联，接线图如图 3-51 所示。当电动机电压 $U = U_N$、励磁绕组电阻 R_f 不变时，描述电磁转矩 T_e 与转速 n 之间的变化关系曲线 $n = f(T_e)$ 称为电动机的机械特性。

电动机的电磁转矩

$$T_e = C_T \phi I_a \tag{3-64}$$

转速

$$n = \frac{U}{C_e \phi} - \frac{R_a + R_{adj}}{C_e C_T \phi^2} T_e = n_0 - \beta T_e \tag{3-65}$$

其中

$$n_0 = \frac{U}{C_e \phi} \tag{3-66}$$

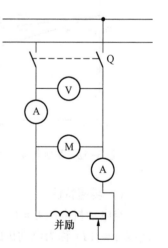

图 3-51　并励电动机的
接线图

$$\beta = \frac{R_a + R_{adj}}{C_e C_T \phi^2} \qquad (3-67)$$

式中　R_{adj}——串入电枢回路的调节电阻，Ω。

式（3-65）说明，并励电动机的机械特性为一条向下倾斜的直线，如图 3-52 所示。即随着电磁转矩的增大，转速要下降，下降的程度与电枢回路中串入的调节电阻 R_{adj} 的大小有关。图中的曲线 1 表示 $R_{adj}=0$ 时的曲线，称为自然机械特性曲线；图中的曲线 2 表示 $R_{adj} \neq 0$ 时的曲线，称为人工机械特性曲线。R_{adj} 值愈大，电机转速 n 随电磁转矩的增大而下降的程度也愈大。

由于 $U=U_N$、$R_f=$ 常数，如不计磁饱和效应（忽略电枢反应影响），则 $\phi=$ 常数，并励电动机的机械特性为一稍微下降的直线，其机械特性具有以下特点：

（1）$T_e=0$ 时，$n=n_0=U_N/C_e\phi$ 称为理想空载转速。

（2）$T_e=T_N$ 时，$n=n_N$。

（3）特性为一斜率为 $R_a/C_e C_T \phi^2$ 的向下倾斜的直线，$R_a \ll C_e C_T \phi^2$ 所以为稍微下降的直线，这种特性称为硬特性。

（4）电枢反应的影响，如考虑磁饱和，交轴电枢反应呈去磁作用，由转速公式可知，主磁通降低，而转速下降，或水平，或上翘。为避免上翘，应采取一些措施，可加串励绕组，其磁动势抵消电枢反应的去磁作用。

2. 工作特性

工作特性即当电动机在 $U=U_N$、$I_f=I_{fN}$ 不变、电枢回路不串电阻的情况下，负载变化时，转速 n、转矩 T、效率 η 随输出功率 P_2 而变化的关系，如图 3-53 所示的特性曲线。下面分别讨论各个特性。

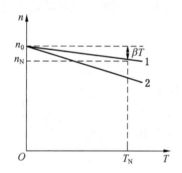

图 3-52　并励电动机的机械特性

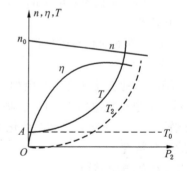

图 3-53　并励电动机的工作特性

1）转速特性

当电动机电压 $U=U_N$、励磁绕组电阻 R_f 不变时，负载电流 I 与转速 n 之间的变化关系曲线 $n=f(I)$ 称为电动机的转速特性。

由 $U=E_a+I_a R_a+2\Delta U_s$，可得转速方程式

$$n = \frac{U - I_a R_a - 2\Delta U_s}{C_e \phi} \qquad (3-68)$$

如不计电枢反应的去磁作用，则 ϕ 为与 I_a 无关的常数，则

$$n = n_0 - \beta'(I - I_f) \tag{3-69}$$

$$\beta' = \frac{R_a}{C_e \phi} \tag{3-70}$$

所以转速特性为一斜率为 β' 的直线，如图3-53所示。

如考虑电枢反应的去磁作用会使 n 趋于上升，为保证电机稳定运行，在电机结构上采取一些措施，使并励电动机具有略微下降的转速特性。

空载转速 n_0 与额定转速 n_N 之差用额定转速的百分数表示，就称为并励电动机的转速调整率 Δn，即

$$\Delta n = \frac{n_0 - n_N}{n_N} \times 100\% \tag{3-71}$$

并励电动机负载变化时，转速变化很小，为 3% ~ 8%，所以它基本上是一种恒速电动机。

注：并励电动机运行时，励磁绕组绝对不允许断开。

2）转矩特性

当电动机电压 $U = U_N$、励磁绕组电阻 R_f 不变时，描述负载电流 I 与电磁转矩 T_e 之间的变化关系 $T_e = f(I)$，称为电动机的转矩特性。

$$T = C_T \phi (I - I_f) - T_0 \tag{3-72}$$

不计饱和时，T 与 I 成正比；计饱和时，I 较大时，电枢反应的去磁作用使曲线偏离直线，如图3-53所示。

3）效率特性

当电动机 $U = U_N$、励磁绕组电阻 R_f = 常数、电枢回路不串电阻时，电枢电流 I_a 与效率 η 之间的变化关系 $\eta = f(P_2)$，称为电动机的效率特性。电动机的效率表达式为

$$\eta = \frac{P_2}{P_1} \times 100\% = \left(1 - \frac{\sum p}{P_1}\right) \times 100\%$$

$$= \left(1 - \frac{p_{Fe} + p_\Omega + p_\Delta + p_{Cua} + p_{Cuf} + p_b}{P_1}\right) \times 100\% \tag{3-73}$$

和发电机效率特性曲线相似，如图3-53所示。

【例3-6】 一台并励直流电动机 $P_N = 7.5\ \text{kW}$，$U_N = 110\ \text{V}$，$I_N = 82\ \text{A}$，$n_N = 1500\ \text{r/min}$，电枢回路总电阻 $R_a = 0.1\ \Omega$，励磁回路电阻 $R_f = 55\ \Omega$，忽略电枢反应作用。求：

（1）电动机电枢电流 $I'_a = 100\ \text{A}$ 时的转速。

（2）若负载转矩不变，将电动机的主磁通减少 10%，求达到稳定时的电枢电流及转速。

解：（1）电动机电枢电流 $I'_a = 100\ \text{A}$ 时的转速

$$I_f = \frac{U_N}{R_f} = \frac{110}{55} = 2\ \text{A}$$

$$I_a = I - I_f = I_N - I_f = 82 - 2 = 80\ \text{A}$$

$\because E = U - I_a R_a - 2\Delta U_s$

$\therefore C_e \Phi = \dfrac{U - I_a R_a - 2\Delta U_s}{n}$

$$C_e\Phi' = \frac{U - I_a'R_a - 2\Delta U_s}{n'}$$

当 $I_a' = 100$ A 时，因为励磁电流不变，$\Phi = \Phi'$，

$$\therefore n' = \frac{U - I_a'R_a - 2\Delta U_s}{U - I_aR_a - 2\Delta U_s}n$$

$$= \frac{110 - 100 \times 0.1 - 2}{110 - 80 \times 0.1 - 2} \times 1500 = 1470 \text{ r/min}$$

（2）若负载转矩不变，将电动机的主磁通减少10%

$$\because T_e = C_T\Phi I_a$$

$$T_e'' = C_T\Phi''I_a''$$

又 $\because T_e'' = T_e$

$$\therefore I_a'' = \frac{\Phi}{\Phi''}I_a = \frac{1}{0.9} \times 80 = 88.9 \text{ A}$$

$$n'' = \frac{U - I_a''R_a - 2\Delta U_s}{U - I_aR_a - 2\Delta U_s} \times \frac{n}{0.9}$$

$$= \frac{110 - 88.9 \times 0.1 - 2}{110 - 80 \times 0.1 - 2} \times \frac{1500}{0.9} = 1651.83 \text{ r/min}$$

（二）串励电动机的运行特性

串励电动机的接线如图3-54所示。串励电动机的特点是电枢电流、励磁电流和线路电流三者相等，即 $I_a = I_f = I$。

1. 机械特性

串励电动机的机械特性是指 $U = U_N$、励磁回路电阻 $R_f =$ 常数时，$n = f(T_e)$。先把电机的磁化曲线近似地用直线表示

$$\phi = K_fI_f \tag{3-74}$$

式中　K_f——比例常数。

$$U = E_a + I_aR_a + I_fR_f = C_e\phi n + I_a(R_a + R_f) = C_enK_fI_a + I_a(R_a + R_f) \tag{3-75}$$

$$T_e = C_T\phi I_a = C_TK_fI_a^2 \tag{3-76}$$

$$n = \frac{1}{C_eK_f}\left(\sqrt{\frac{C_TK_f}{T_e}}U - R_a - R_f\right) \tag{3-77}$$

式（3-77）就是机械特性的表达式。图3-55是串励电动机的机械特性。从图中可以看出，随着转矩的增加，串励电动机的转速迅速下降，这种特性称为软特性。

2. 工作特性

串励电动机的工作特性是指 $U = U_N$ 时，绘制该电动机的特性曲线，如图3-56所示。

1）转速特性

当电动机 $U = U_N$、励磁绕组的电阻 $R_f =$ 常值时，电枢电流 I_a 与转速 n 之间的关系，即 $n = f(I_a)$，称为串励电动机的转速特性。

串励电动机的转速公式

$$n = \frac{U}{C_e\phi} - \frac{R_a + R_f}{C_e\phi}I_a \tag{3-78}$$

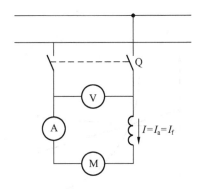

图3-54 串励电动机的接线图

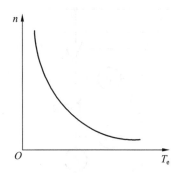

图3-55 串励电动机的机械特性

串励的转速特性与并励截然不同,它随负载增加迅速降低,变化很大,如图3-56所示。

串励电动机不允许空载运行,因为空载时 I 很小,主磁通 ϕ 也很小,使转速极高,容易产生"飞车"现象,十分危险。所以串励电动机的转速调整率定义为

$$\Delta n = \frac{n_{1/4} - n_{\mathrm{N}}}{n_{\mathrm{N}}} \times 100\% \qquad (3-79)$$

式中 $n_{1/4}$——输出功率等于 $0.25P_{\mathrm{N}}$ 时电动机的转速。

2) 转矩特性

当电动机 $U = U_{\mathrm{N}}$、励磁绕组的电阻 $R_{\mathrm{f}} =$ 常值时,电枢电流 I_{a} 与电磁转矩 T_{e} 之间的关系,即 $T_{\mathrm{e}} = f(I_{\mathrm{a}})$,称为串励电动机的转矩特性。

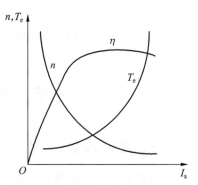

图3-56 串励电动机的工作特性

$$T_{\mathrm{e}} = C_{\mathrm{T}}\phi I_{\mathrm{a}} = C_{\mathrm{T}}K_{\mathrm{f}}I_{\mathrm{f}}I_{\mathrm{a}} = C_{\mathrm{T}}K_{\mathrm{f}}I_{\mathrm{a}}^2 = C_{\mathrm{T}}'I_{\mathrm{a}}^2 \qquad (3-80)$$

式中,$C_{\mathrm{T}}' = C_{\mathrm{T}}K_{\mathrm{f}}$。

串励的转矩特性曲线,如图3-56所示。随着负载的增加,串励磁动势增大,磁路呈现饱和,此时 $\phi \approx$ 常值,于是

$$T_{\mathrm{e}} \approx C_{\mathrm{T}}''I_{\mathrm{a}} \qquad (3-81)$$

式中,$C_{\mathrm{T}}'' = C_{\mathrm{T}}\phi$。

3) 效率特性

串励电动机效率特性与并励电动机相似,如图3-56所示。

(三) 复励电动机的运行特性

复励电动机通常接成积复励,接线图如图3-57所示。它既有并励绕组,又有串励绕组,故其特性介于并励与串励之间。若励磁绕组以并励为主,则其特性接近于并励电动机;但由于有串励磁动势的存在,当负载增大时,电枢反应的去磁作用可以受到抑制,不致使转速上升,如图3-58中的曲线1,从而保证电动机可以稳定运行。若励磁磁动势中串励磁动势起主要作用,则机械特性接近串励电动机,如图3-58中的曲线2,但由于有励磁磁动势,不会使电动机空载时出现"飞车"现象。

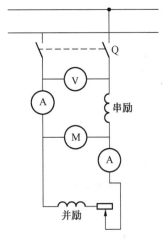

图 3-57　复励电动机的接线图

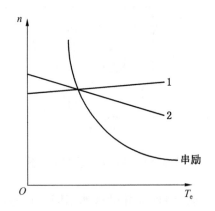

图 3-58　复励电动机的机械特性

第七节　直流电动机的启动、调速和制动

一、直流电动机的启动

直流电机接到电源后，转速从零达到稳定转速的过程称为启动过程，是一动态过程，情况较为复杂，本节仅介绍启动要求和方法。对于直流电动机的启动要求主要有两方面：一方面是启动转矩要足够大，要能够克服启动时的摩擦转矩和负载转矩，否则电动机就转不起来；另一方面是启动电流不要太大，因启动电流太大，会对电源及电机产生有害影响。

除了小容量的直流电动机，一般直流电动机是不允许直接接到额定电压的电源上启动的。这是因为在刚启动的一瞬间，转速为零，因此反电动势为零，则启动电流为

$$I_{st} = \frac{U}{R_a + R_{st}} \tag{3-82}$$

式中　R_{st}——启动电阻，Ω。

而电枢电阻是一个很小的数值，故启动电流很大，将达到额定电流的 $10\sim20$ 倍。这样大的启动电流将产生很大的电动力，损坏电机绕组，同时引起电机换向困难，供电线路上产生很大的压降等很多问题。因此，必须采用一些适当的方法来启动直流电动机。直流电动机的启动方法有电枢回路串电阻启动及降压启动。

1. 电枢回路串电阻启动

为限制启动电流，在启动时将启动电阻串入电枢回路，如图 3-59 所示。待转速上升后，再逐级将启动电阻切除。

串入变阻器时的启动电流见式（3-82），只要 R_{st} 选择适当，能将启动电流限制在允许范围内，随转速 n 的上升可切除一段电阻。采用分段切除电阻，可使电机在启动过程中获得较大加速，且加速均匀，缓和有害冲击。分三级启动的机械特性曲线如图 3-60 所示。

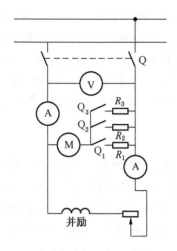

图 3-59 并励电动机电枢回路串电阻启动

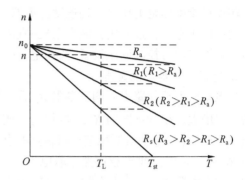

图 3-60 改变电枢回路电阻的机械特性曲线

2. 降压启动

因他励直流电动机可单独调节电枢回路电压,故可采用降低电枢回路电压的方法。启动电流为

$$I_{st} = \frac{U}{R_a} \tag{3-83}$$

可知,降低电枢回路电压可减小启动电流。该方法无外串电阻,故这种方法不会有大量的能量消耗。

串励与复励直流电动机的启动方法与并励直流电动机基本一样,采用串电阻的方法以减小启动电流。但特别值得注意的是,串励电动机绝对不允许在空载下启动,否则电机的转速将达到危险的高速,电机会因此而损坏。

二、直流电动机的调速

电动机常用以驱动生产机械,根据负载需要,常常希望电动机的转速能在一定或宽广的范围内进行调节,且调节方法要简单、经济。直流电动机在这些方面有独特的优点。

从直流电动机的转速公式

$$n = \frac{U - I_a R_a}{C_e \phi} \tag{3-84}$$

可知,调速方法有三种:①改变电枢电压 U;②改变励磁电流 I_f,即改变磁通 ϕ;③电枢回路串入调节电阻 R。

1. 电枢串电阻调速

由于电动机的电枢电压不能超过额定电压,因此电压只能由额定电压往低调。当磁通 ϕ 不变,电枢回路不串电阻,改变电枢电压 U 时,电动机的空载转速变化,而斜率不变,此时转速特性或者称机械特性曲线如图 3-61 所示,各特性曲线对应的电压 $U_1 > U_2 > U_3$。当改变电枢电压时,特性曲线与负载机械特性交于不同的工作点 A_1、A_2、A_3,使电动机的转速随之变化。

改变电枢电压 U 调节转速的方法具有较好的调速性能。由于调电压后，机械特性的"硬度"不变，因此有较好的转速稳定性，调速范围较大，同时便于控制，可以做到无级平滑调速，损耗较小。当调速性能要求较高时，往往采用这种方法。采用这种方法的限制是，转速只能由额定电压对应的速度向低调。此外，采用这种方法时，电枢回路需要一个专门的可调压电源，过去用直流发电机-直流电动机系统实现，由于电力电子技术的发展，目前一般均采用可控硅调压设备-直流电动机系统来实现。

2. 电枢回路串电阻调速

当电动机电枢回路串入调节电阻 R_p 后，其电枢回路的总电阻为 $R_a + R_p$，使得机械特性的斜率增大，串联不同的 R_p，可得到不同斜率的机械特性，和负载机械特性交于不同的点 A_1、A_2、A_3，电动机则稳定运行在这些点，如图 3-62 所示。图中各条曲线对应的调节电阻 $R_3 > R_2 > R_1$，即电枢回路串联电阻越大，机械特性的斜率越大。因此在负载转矩恒定时，增大电阻 R_p，可以降低电动机的转速。

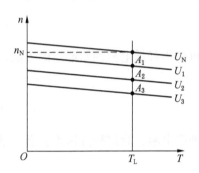

图 3-61　不同电枢电压时的机械特性（他励）

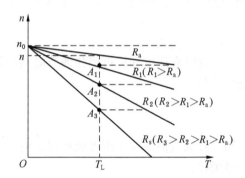

图 3-62　电枢回路串电阻调速（他励或并励）

3. 弱磁调速

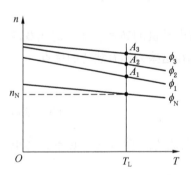

图 3-63　不同励磁的机械特性
（他励或并励）

调节他励（或并励）直流电动机励磁回路串入的调节电阻，改变励磁电流 I_f，即改变磁通 ϕ，为使电机不饱和，因此磁通 ϕ 只能由额定值减小，由于 ϕ 减小，机械特性的空载转速升高、斜率增大，如果负载不是很大，则可使得转速升高，ϕ 减小越多，转速升得越高，不同的 ϕ 可得到不同的机械特性曲线，如图 3-63 所示。图中各条曲线对应的磁通 $\phi_3 > \phi_2 > \phi_1$，各曲线和负载特性的交点 A_1、A_2、A_3 即为不同的运行点。

这种调速方法的特点是由于励磁回路的电流很小，只有额定电流的 1% ~ 3%，不仅能量损失很小，且电阻可以做成连续调节的，便于控制。其限制是转速只能由额定磁通时对应的速度向高调，而电动机最高转速要受到电机本身的机械强度及换向的限制。

【例 3-7】　一台他励电动机，$U_N = 220\ V$，$I_N = 40\ A$，电枢回路总电阻 $R_a = 0.5\ \Omega$，$n_N = 1000\ r/min$，拖动一恒负载运行。如果增加励磁回路电阻，使磁通减少 $\phi' = 0.8\phi_N$，试求：
①磁通刚减少瞬间的电枢电流；②转速稳定后电枢电流和转速。

解：①额定运行时

$$E_a = U_N - I_N R_a = 220 - 40 \times 0.5 = 200 \text{ V}$$

$$C_e \phi_N = \frac{E_a}{n} = \frac{200}{1000} = 0.2$$

②减少瞬间

$$E'_a = 0.8 E_a = 0.8 \times 200 = 160 \text{ V}$$

$$I'_a = \frac{U_N - E'_a}{R_a} = \frac{220 - 160}{0.5} = 120 \text{ A}$$

③稳定后

$$T = C_T \phi I_a$$

$$T'' = C_T \phi' I''_a$$

又因为是恒转矩负载 $T = T''$

所以

$$I''_a = \frac{1}{0.8} I_a = \frac{1}{0.8} \times 40 = 50 \text{ A}$$

$$E''_a = U_N - I''_N R_a = 220 - 50 \times 0.5 = 195 \text{ V}$$

$$n = \frac{E''_a}{C_e \phi''} = \frac{195}{0.2 \times 0.8} = 1219 \text{ r/min}$$

4. 串励电动机的调速

串励电动机可以用电枢电路接入电阻或调节电压办法来调速。串励电动机机械特性

$$n = \frac{1}{C_e K_f} \left[\sqrt{\frac{C_T K_f}{T_e}} U - (R_a + R_{adj}) \right] = E \frac{U}{\sqrt{T_e}} - F \tag{3-85}$$

$$E = \frac{1}{C_e} \sqrt{\frac{C_T}{K_f}} \tag{3-86}$$

$$F = \frac{R_a + R_{adj}}{C_e K_f} \tag{3-87}$$

调节办法同上，图 3-64 所示为通过改变电阻分别为 R_{adj1} 和 R_{adj2}（$R_{adj1} > R_{adj2}$）时，串励电动机的机械特性和负载特性。从图中可以看出，随着可调电阻减少，转速上升。

图 3-65 所示为通过改变电枢电压分别为 U_1 和 U_2（$U_1 > U_2$）时，串励电动机的机械特性和负载特性。从图中可以看出，随着电枢电压提高，转速升高。若在励磁绕组两端并联一电阻，以改变励磁电流来进行调速，则可实现磁场控制。

【例 3-8】 某串励电动机，$P_N = 14.7 \text{ kW}$，$U_N = 220 \text{ V}$，$I_N = 78.5 \text{ A}$，$n_N = 585 \text{ r/min}$，$R_a = 0.26 \ \Omega$（包括电刷接触电阻）。欲在转矩不变的情况下把转速降到 350 r/min，问需串入多大的电阻（假设磁路不饱和）？

解：串励电动机励磁电流等于电枢电流，依题意磁路不饱和，磁通与励磁电流成正比，因此有

$$T_e = C_T \Phi I_a = C_T C_\Phi I_f I_a = C_T C_\Phi I_a^2$$

式中　C_Φ——比例常数。

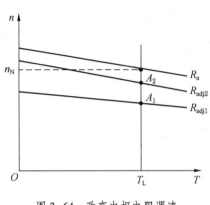

图 3-64　改变电枢电阻调速

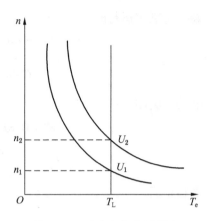

图 3-65　改变电枢电压调速

串电阻调速前后，因总制动转矩不变，即电磁转矩保持不变，因此 $C_T C_\Phi I_a^2 = C_T C_\Phi I_{aN}^2$，故电枢电流保持不变。

$$I_a = I_{aN} = I_N = 78.5 \text{ A}$$

调速前的电动势为

$$E_N = U_N - I_{aN}R_a = U_N - I_N R_a = 220 - 78.5 \times 0.26 = 199.6 \text{ V}$$

需串入的电阻为

$$R_j = \frac{U_N - E}{I_a} - R_a = \frac{220 - 119.4}{78.2} - 0.26 = 1.02 \text{ Ω}$$

三、直流电动机的制动

在电力拖动系统中，经常需要采取一些措施使电动机尽快停转，或者限制势能性负载在某一转速下稳定运转，这就是电动机的制动问题。实现制动既可以采用机械方法，也可以采用电气方法。电气方法制动就是使电机产生与其旋转方向相反的电磁转矩，以达到制动目的。电气制动的特点是产生的制动转矩大，操作控制方便。直流电动机电磁制动的方法有能耗制动、反接制动和回馈制动。

（一）能耗制动

他励直流电动机拖动恒转矩负载运行，能耗制动的接线如图 3-66 所示。当闸刀 Q 合向电源 1，电动机处于正向电动运行状态。当制动时，将闸刀合向电源 2，他励电动机电枢回路与电阻 R_L 构成一个闭合回路，然而该电动机励磁回路由单独电源供电，励磁电源不变，所以励磁电流 I_f 和主磁通 ϕ 均不变。此时电动机的转动部分由于惯性继续旋转，因此感应电动势 E_a 方向不变。电动势 E_a 将作用在电枢绕组和电阻 R_L 上，回路中产生电流 I_a'，与 E_a 方向一致，即与原来电动机运行时的电枢电流 I_a 方向相反，所以电磁转矩 T 与转向相反，是一制动转矩，使得转速迅速下降。这时电机实际处于发电机运行状态，将转动部分的动能转换成电能消耗在电阻 R_L 和电回路的电阻 R_a 上，所以称为能耗制动。

能耗制动操作简便，但低速时制动转矩很小，为加速停车，可加上机械制动闸。

（二）反接制动

1. 电压反接制动

电压反接制动的线路图如图 3-67 所示，双向闸刀合向上方 1 时为正向电动机运行，合向下方 2 为电压反接制动。电压反接制动是将正在正向运行的他励直流电动机的电枢回路电压突然反接，电枢电流 I_a 也将反向，主磁通 ϕ 不变，则电磁转矩 T 反向，产生制动转矩。

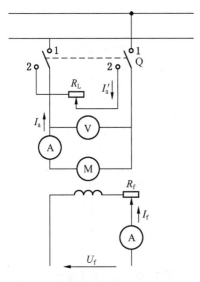

图 3-66　他励电动机能耗制动接线图

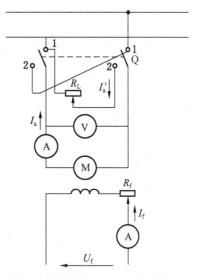

图 3-67　电压反接制动的线路图

电动机正向运行时电压和感应电动势 E_a 的方向相反，电枢电流 $I_a = (U - E_a)/R_a$，而反接后，电压 $U = -U_N$，则电枢电流很大，产生很大的制动转矩，使电机停转；但是电枢电流过大，会使电机绕组发热，甚至可能造成绕组损坏。为了避免电枢电流过大造成绕组损坏，需限制电枢电流，所以反接时必须在电枢回路串入一个足够大的限流电阻 R。

电动机反接制动时，转速公式为

$$n = \frac{-U_N - I_a(R_a + R)}{C_e\phi} \tag{3-88}$$

特性曲线如图 3-68 所示。从图中可以看出，当转速下降为零时，必须及时断开电源，否则机组将反转。

2. 电动势反接制动

他励直流电动机拖动势能性恒转矩负载运行，电枢回路串入电阻，将引起转速下降，串的电阻越大，转速下降越多。如果电阻大到一定程度，将使电动机的机械特性和负载机械特性的交点出现在第四象限，如图 3-69 所示。这时电动机是正向的接线和加电压，转向是反转。

电动势反接制动常用于起重设备低速下放重物的场合。电动机运行如图 3-68 中 A 点，以转速 n_A 提升重物，当电枢回路串入电阻瞬间，转速不能突变，主磁通 ϕ 亦不变，感应电动势 E_a 不变，电枢电流将减小，电磁转矩 T 将减小，电动机从运行点 A 过渡到 B。此后电动机开始减速，E_a 逐渐减小，I_a 和 T 逐渐增大，运行点沿机械特性曲线从 B 点向 C 点变化。在 C 点 $n=0$，感应电动势 $E_a=0$，电磁转矩 T 仍小于负载转矩，故此位能性负载拖动电动机反向旋转。反转后 $n<0$，I_a 方向不变，而感应电动势 E_a 改变方向，变为和电枢电压同方向，使得 I_a 和 T 继续增大，最后在 D 点和负载转矩平衡，以 n_D 的转速稳定运行。在这种运行方式中 电动机的电磁转矩起制动作用，限制了重物下降的速度。改变 R 的大小，即可改变机械特性的交点，使重物稳定在不同的速度下降。

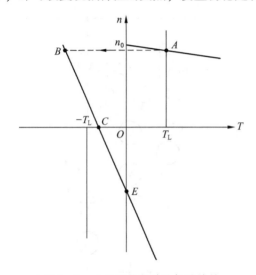

图 3-68 电压反接制动的机械特性

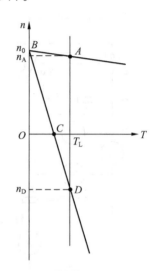

图 3-69 电动势反接制动的机械特性

采用这种制动方法时，感应电动势与外加电压同方向，和前述电压反接制动情况相同，只不过前者是将外加电压反接使 U 和 E_a 同方向，而后者是由于 E_a 反向而形成 U 和 E_a 同方向，故称这种制动为电动势反接制动，有时也称倒拉反转运行。

反接制动的优点是能使机组很快停转；缺点是反接时电枢电流过大，易造成电枢绕组损坏，因此反接时必须在电枢回路中串入一个足够大的限流电阻，使电枢电流在允许范围内。此外，转速下降为零时，必须及时断开电源，否则机组将反转。

（三）回馈制动

1. 正向回馈制动

他励直流电动机拖动负载原加电压为 U_N，稳定运行在 A 点，如果采用降电压调速，电压降为 U_1，其机械特性向下平移，理想空载转速由 n_0 变为 n_{01}，如图 3-70 所示。在电压刚降低瞬间，转速不能突变，电动机的运行点从 A 过渡到 B，主磁通 ϕ 不变，因此感应电动势 E_a 也不变，将有 $E_a>U_1$，则电枢电流 I_a 反向，电磁转矩 T 将变为负值，成为制动转矩，在 T 和 T_L 的作用下，使得电动机转速下降，在制动状态下运行，运行点由 B 点降到 C 点。在 C 点，制动状态结束。此后在负载转矩的作用下，电动机继续减速，进入正向电动运行状态，$n=n_{01}$，$E_a<U_1$，I_a 和 T 均变为正值，最后稳定在 D 点运行。当电动机运行在 $\overline{BC}$ 段的过程中，由于 I_a 和 U_1 反向，电机实际是将系统具有的动能反馈回电网，且电机仍为正向转动，因此称为正向回馈制动。

电力机车在下坡时，直流电动机接成他励，也会出现正向回馈制动。由于重力加速度的作用，使得原正向电动运行的电动机的转速高于理想空载转速 n_0，感应电动势 E_a 增大，

有 $E_a > U$，则电枢电流 I_a 变负，向电网反馈能量，电磁转矩 T 也将变负，成为制动转矩，限制了电动机转速进一步上升。

2. 反向回馈制动

他励直流电动机拖动势能性恒转矩负载运行，如果采用电压反接制动，出现反向回馈制动，机械特性曲线如图 3-71 所示。电压反接后，B 点到 C 点一直到 D 点，电动机转矩和负载转矩的方向相同，均使得电动机反向加速。到达 D 点以后，电动机的转速高于反向的理想空载转速，因此感应电动势 $|E_a| > |U|$，电枢电流将反向，电磁转矩也反向，成为制动转矩，在 E 点电动机转矩和负载转矩平衡，最后稳定在 E 点运行。由于 I_a 和 U 反向，电机将系统具有的动能反馈回电网，电机为反向转动，因此称为反向回馈制动。反向回馈制动常用于高速下放重物时限制电动机转速。

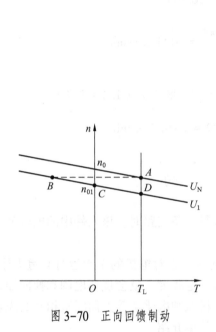

图 3-70 正向回馈制动

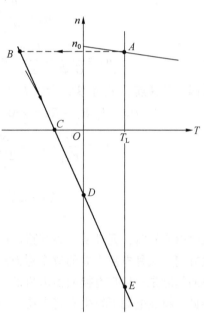

图 3-71 反向回馈制动

【例 3-9】 一台并励直流电动机的额定数据如下：$P_N = 17$ kW，$U_N = 220$ V，$n_N = 3000$ r/min，$I_N = 88.9$ A，电枢回路电阻 $R_a = 0.0896$ Ω，励磁回路电阻 $R_f = 181.5$ Ω，若忽略电枢反应的影响，试求：①电动机的额定输出转矩；②在额定负载时的电磁转矩；③额定负载时的效率；④在理想空载（$I_a = 0$）时的转速；⑤当电枢回路串入电阻 $R = 0.15$ Ω 时，在额定转矩时的转速。

解： ①
$$T_N = \frac{P_N}{\Omega_N} = \frac{17000 \times 60}{2\pi \times 3000} = 54.1 \text{ N} \cdot \text{m}$$

②
$$I_{fN} = \frac{U_N}{R_f} = \frac{220}{181.5} = 1.212 \text{ Ω}$$

$$I_{aN} = I_N - I_{fN} = 88.9 - 1.212 = 87.688 \text{ A}$$

$$E_{aN} = U_N - I_{aN}R_a = 220 - 87.688 \times 0.0896 = 212.14 \text{ V}$$

$$P_{eN} = E_{aN}I_{aN} = 212.14 \times 87.688 = 18602.13 \text{ W}$$

$$T_{eN} = \frac{P_{eN}}{\Omega_N} = \frac{18602.13 \times 60}{2\pi \times n_N} = 59.2 \text{ N} \cdot \text{m}$$

③ $$T_0 = T_{eN} - T_N = 59.2 - 54.1 = 5.1 \text{ N} \cdot \text{m}$$

$$P_0 = T_0\Omega = 5.1 \times \frac{2\pi \times 3000}{60} = 1602.2 \text{ W}$$

$$P_{1N} = P_{eN} + P_{Cua} + P_{Cuf}$$

$$= P_{eN} + I_a^2 R_a + I_f^2 R_f$$

$$= 18602.13 + 87.688^2 \times 0.0896 + 1.212^2 \times 181.5$$

$$= 19557.7 \text{ W}$$

$$\eta_N = \frac{P_N}{P_{1N}} \times 100\% = 86.9\%$$

④ $$n_0 = \frac{U_N}{C_e\Phi} = \frac{U_N n_N}{E_{aN}} = \frac{220 \times 3000}{212.14} = 3111.2 \text{ r/min}$$

⑤因为调速前后 T_e 不变，所以 I_a 不变

$$E_a' = U_N - I_a(R_a + R) = 220 - 87.688 \times (0.0896 + 0.15) = 199 \text{ V}$$

$$n' = \frac{n_N}{E_{aN}} \cdot E_a' = \frac{3000}{212.14} \times 199 = 2814.2 \text{ r/min}$$

第八节　换　　向

当电枢旋转时，元件从一条支路通过电刷进入另一条支路时，该元件中的电流就要改变一次方向，这种电流方向的改变称为换向。

换向问题是一切带有换向器电机的一个专门问题，它对电机的正常运行有重大影响，换向不良，将在电刷下发生有害火花，当火花超过一定程度，就会烧坏电刷和换向器，使电机不能继续运行。换向过程十分复杂，有电磁、机械和电化学等方面因素相互交织在一起，本节仅就换向的电磁现象及改善换向的方法作简单介绍。

一、换向元件的电动势

（一）换向过程

设电刷宽度等于换向片宽度，电刷不动，换向器从右向左运动，如图3-72所示。当电刷与换向片1接触时（图3-72a），元件1属于右边一条支路，电流为 i_a；当电刷与换向片1、2接触时（图3-72b），元件1被短路，电流被分流；当电刷与换向片2接触时（图3-72c），元件1进入左边一条支路，电流为 i_a，但方向相反，从正 i_a 变负 i_a，即发生了 $2i_a$ 的变化。换向过程所经过的时间称为换向周期，用 T_c 表示。换向周期很短，通常只有几毫秒。

如果换向元件中的电动势为零，则元件被电刷短路所形成的回路中不会出现环流。这时换向元件中的电流 i 由电刷与换向片的接触面积决定，其变化曲线 $i = f(t)$ 是一条直线，称为直线换向，如图3-73所示。图中直线换向时，直流电机不会发生火花。这仅是一种

理想情况。在实际中，换向元件不可能没有感应电动势。

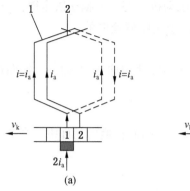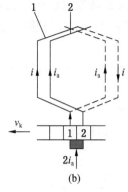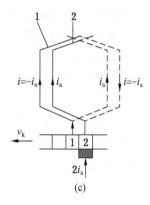

图 3-72　元件 1 电流的换向过程

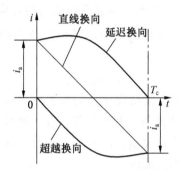

图 3-73　换向元件电流的变化

（二）换向元件中的电动势

1. 电抗电动势 e_r

由于换向元件小的电流在换向过程中随时间而变化，换向元件本身就是一个线圈，线圈必有自感作用；同时电刷的宽度不止一个换向片宽，即同时进行换向的元件不止一个，元件与元件之间又有互感作用。因此换向元件中，在电流变化时，必然出现由自感与互感作用所引起的感应电动势，这个电动势称为电抗电动势。

$$e_r = e_L + e_M = -L_r \frac{\mathrm{d}i}{\mathrm{d}t} \tag{3-89}$$

式中　　e_L——自感电动势，V；

　　　　e_M——互感电动势，V；

　　　　L_r——换向元件的总电感系数，包括自感系数与互感系数。

2. 电枢反应电动势 e_a

虽然换向元件位于几何中性线处，主磁场的磁密等于零，但是电枢磁场的磁密不等于零。因此换向元件必然切割电枢磁场，而在其中产生一种旋转电动势，称为电枢反应电动势 e_a。设换向元件匝数为 N_c，电枢的线速度为 v_a，则

$$e_a = 2N_c B_a l_a v_a \tag{3-90}$$

式中　　B_a——电枢磁通密度，T；

l_a ——线圈长度，m。

负载越重，转速越高，e_a 越大。无论是发电机还是电动机状态，根据楞次定律，e_a 的方向总是与换向前的电流方向相同，即 e_a 与 e_r 方向相同，也是阻碍换向的。

3. 换向电动势 e_k

在几何中性线处，换向元件在换向磁场中感应的电动势，称为换向电动势。换向电动势是帮助换向的。

(三) 电刷下产生火花的电磁原因

在换向元件中存在两个方向相同的电动势 $e_a + e_r + e_k$，因此在换向元件中，会产生附加的换向电流 i_k。

$$i_k = \frac{\sum e}{\sum R} = \frac{e_a + e_r + e_k}{\sum R} \tag{3-91}$$

式中 $\sum R$ ——闭合回路中的总电阻，主要是电刷与两片换向片之间的接触电阻。

换向电流是由附加换向电流分量 i_k 和直线换向电流分量 i_L 组成，即换向元件中的电流为

$$i = i_L + i_k \tag{3-92}$$

由图 3-73 可知，由于 i_k 的存在，使换向元件的电流改变方向的时间比直线换向时为迟，所以称为延迟换向；否则为超越换向。由于 i_k 的存在，导致大量热量释放。当这部分能量足够大时，它将以火花形式从电刷放出，使 i_k 维持连续，这就是电刷下产生火花的电磁原因。此外还有机械及电化学方面的原因。

火花使电刷及换向器表面损坏，严重时将使电机不能正常运行。

二、改善换向的方法

从产生火花的电磁原因出发，减少换向元件的电抗电动势和电枢反应电动势，就可以有效改善换向。目前最有效的办法是装换向极。装换向极的目的是在换向元件所在处建立一个磁动势 F_k，其一部分用来抵消电枢反应磁动势，剩下部分用来在换向元件所在气隙建立磁场 B_k，换向元件切割 B_k 产生感应电动势 e_k，使 e_k 的方向与 e_r 相反，要求做到换向元件中的合成电动势 $\sum e = 0$，成为直线换向，从而消除电磁性火花。为此，对换向极的要求是：①换向极应装在几何中性线处；②换向极的极性应使所产生的方向与电枢反应磁动势的方向相反。由图 3-74 可见，电动机状态时，换向极的极性应与逆向旋转方向下的下一个主磁极的极性相同；而发电机状态时，换向极的极性应与电动机状态时相反。

一般，容量为 1 kW 以上的直流电机都装有换向极。

三、补偿绕组

由于电枢反应使气隙磁场发生畸变，这不仅给换向带来困难，而且极尖下增磁区域内可使磁密达到很大数值，当元件切割该处磁密时会感应出较大电动势，以至于使该处换向片间电位差较大，可能在换向片间产生电位差火花。在换向不利的条件下，电刷间的火花与换向片间的火花连成一片，出现"环火"现象，如图 3-75 所示，可在很短时间内烧坏

电机。

防止上述情况的措施是减少电枢反应磁动势，方法是装设补偿绕组，如图 3-76 所示。

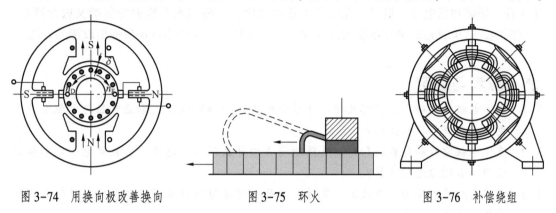

图 3-74　用换向极改善换向　　　图 3-75　环火　　　图 3-76　补偿绕组

在主极极靴上冲出一些均匀分布的槽，槽内嵌放补偿绕组。为了随时补偿电枢反应磁势，补偿绕组应与电枢绕组串联，它产生的磁势方向与电枢反应磁势方向相反，以保证任何负载下随时能抵消电枢磁势。但这种结构复杂，成本高，仅用于大容量工作繁重的直流电机中。

小　　结

直流电机的基本结构主要包括定子、转子和气隙。定子主要由主磁极、机座、端盖和电刷装置等部件组成；转子是由电枢铁芯、电枢绕组和换向器等部件组成，并分别介绍了它们的作用；同时阐述了直流电机的工作原理。在此基础上，介绍了该电机的不同励磁方式。

直流电机空载时的磁场分布取决于磁路的情况。而负载时，电枢绕组中的电枢电流将产生电枢磁势。电枢磁势的存在影响主磁场的分布和大小，这种影响称为电枢反应。交轴电枢磁势的电枢反应将使主磁场发生畸变，当磁路饱和时会产生去磁效应；直轴电枢磁势的电枢反应将对主磁场起去磁作用或增磁作用（与电刷偏离几何中性线的方向有关）。

直流发电机和直流电动机是直流电机的两种运行状态。在两种运行状态下，电枢绕组产生感应电动势 $E_a = C_e\phi n$ 和电磁转矩 $T_e = C_T\phi I_a$。根据直流电机的电动势平衡方程，推导出直流电机的基本方程。利用它们分别进行直流发电机、直流电动机运行分析。直流发电机主要研究空载特性、外特性、调节特性和效率特性；而直流电动机主要研究转速特性和转矩特性，特别强调直流发电机自励要满足三个条件，分别是有剩磁、连接极性正确和励磁回路的总电阻必须小于临界电阻。

直流电动机的启动方法有直接启动和降压启动。直流电动机的转速 $n = \dfrac{U - I_a R_a}{C_e \phi}$，根据转速方程可以得出电机的调速方法主要包括改变电枢电压 U、改变励磁电流 I_f，即改变磁通 ϕ、电枢回路串入调节电阻 R。直流电动机的制动运行是指转矩和转速反方向，转矩对系统起制动作用的各种运行情况，包括能耗制动运行、电压反接制动、电动势反接制动、回馈制动等。

直流电机的换向是直流电机制造和运行中必须充分重视的问题，换向是否良好将直接影响电机的正常使用。直流电机的换向过程是一个比较复杂的过程，影响换向的因素和产生火花的原因包括电磁、机械、化学等方面的原因，这些因素对换向的影响又彼此联系，相互影响。这里只是简单介绍换向过程和存在的现象，对这些不良现象提出改善的方法。

💡 思考与练习

3-1 直流电机的励磁方式有哪几种？每种励磁方式的励磁电流或励磁电压与电枢电流或电枢电压有怎样的关系？

3-2 直流电机空载和负载运行时，气隙磁场各由什么磁动势建立？负载后电枢电动势应该用什么磁通进行计算？

3-3 电枢反应的性质由什么决定？交轴电枢反应对每极磁通量有什么影响？直轴电枢反应的性质由什么决定？

3-4 直流电枢绕组元件内的电动势和电流是直流还是交流？若是交流，那么为什么计算稳态电动势时不考虑元件的电感？

3-5 直流电机电刷放置原则是什么？

3-6 直流电机空载和负载时有哪些损耗？各由什么原因引起？发生在哪里？其大小与什么有关？在什么条件下可以认为是不变的？

3-7 他励直流发电机由空载到额定负载，端电压为什么会下降？并励发电机与他励发电机相比，哪个电压变化率大？

3-8 并励发电机正转能自励，反转能否自励？

3-9 直流电机的感应电动势与哪些因素有关？若一台直流发电机在额定转速下的空载电动势为 230 V（等于额定电压），试问在下列情况下电动势变为多少？①磁通减少 10%；②励磁电流减少 10%；③转速增加 20%；④磁通减少 10%。

3-10 一台他励发电机和一台并励发电机，如果其他条件不变，将转速提高 20%，问哪一台的空载电压提高得更高？为什么？

3-11 一台并励直流电动机原运行于某一 I_a、n、E 和 T_e 值下，设负载转矩 T_2 增大，试分析电机将发生怎样的过渡过程，并将最后稳定的 I_a、n、E 和 T_e 的数值和原值进行比较。

3-12 一台正在运行的并励直流电动机，转速为 1450 r/min，现将它停下来，用改变励磁绕组的极性来改变转向后（其他均未变），当电枢电流的大小与正向相同时，发现转速为 1500 r/min，试问这可能是什么原因引起的？

3-13 试述并励直流电动机的调速方法，并说明各种方法的特点。

3-14 一台 4 kW、220 V，效率 $\eta_N = 84\%$ 的两极直流电动机，电枢绕组为单叠绕组，槽数 $Q=18$，每槽每层元件边数 $u=4$，元件匝数 $N_y = 8$。试求：①电机的额定电流；②电枢绕组数据：虚槽数 Q_u、换向片数 K、绕组元件数 S、总导体数 Z_a 以及绕组各节距。

3-15 一台直流发电机的数据：$2p = 6$，总导体数 $N = 720$，$2a = 6$，运行角速度 $\Omega = 40\pi$ rad/s，每极磁通 $\Phi = 0.0392$ Wb。试求：①发电机的感应电动势；②当转速 $n=$

900 r/min，但磁通不变时的感应电动势；③当磁通 $\Phi = 0.0435$ Wb，$n = 900$ r/min 时的感应电动势。

3-16 一台四极、82 kW、230 V、971 r/min 的他励直流发电机，如果每极的合成磁通等于空载额定转速下具有额定电压时的每极磁通，试求当电机输出额定电流时的电磁转矩。

3-17 一台并励直流电动机，额定数据为：$U_N = 110$ V，$I_N = 28$ A，$n_N = 1500$ r/min，电枢回路总电阻 $R_a = 0.15\ \Omega$，励磁电路总电阻 $R_f = 110\ \Omega$。若将该电动机用原动机拖动作为发电机并入电压为 U_N 电网，并忽略电枢反应影响，试求：①若保持电压电流不变，此发电机转速为多少？②当发电机向电网输出电功率为零时，转速为多少？

3-18 一台并励发电机，$P_N = 6$ kW，$U_N = 230$ V，$n = 1450$ r/min，电枢回路电阻 $R_{a75°} = 0.921\ \Omega$，励磁回路电阻 $R_f = 177\ \Omega$，额定负载时的附加损耗 $P_\Delta = 60$ W，铁耗 $P_{Fe} = 145.5$ W，机械损耗 $P_\Omega = 168.4$ W，求额定负载下的输入功率、电磁功率、电磁转矩及效率。

3-19 他励直流发电机 $P_N = 115$ kW，$U_N = 230$ V，$n_N = 960$ r/min，$2p = 4$，他励绕组电压 $U_{fN} = 220$ V，电枢和换向器绕组电阻之和 $R_{a75°} = 0.0179\ \Omega$，励磁绕组本身电阻 $R_f = 20.4\ \Omega$，励磁绕组每极有640匝，额定负载时电枢反应等效去磁安匝 $F_{aqdN} = 880$ A/极，电机的铁耗和机械损耗分别为 $p_{Fe} = 1.062$ kW，$p_\Omega = 1.444$ kW，附加损耗 $p_\Delta = 1\%\ P_N$，在额定转速 $n_N = 960$ r/min 时的空载特性如下：

I_f/A	0.83	1.63	2.63	3.5	4.25	5.0	6.0	7.0	8.0	8.3
U_0/V	50	100	150	180	200	215	232	241.5	245	247

求：①额定负载时电枢感应电动势和电磁功率；②发电机的额定励磁电流和电压变化率；③发电机的额定效率。

3-20 一台并励直流发电机数据如下：$P_N = 46$ kW，$n_N = 1000$ r/min，$U_N = 230$ V，极对数 $p = 2$，电枢电阻 $R_a = 0.03\ \Omega$，一对电刷压降 $2\Delta U_b = 2$ V，励磁回路电阻 $R_f = 30\ \Omega$，把此发电机当电动机运行，所加电源电压 $U_N = 220$ V，保持电枢电流为发电机额定运行时的电枢电流。试求：①此时电动机转速为多少（假定磁路不饱和）？②发电机额定运行时的电磁转矩为多少？③电动机运行时的电磁转矩为多少？

3-21 一台并励直流电动机的额定数据如下：$P_N = 17$ kW，$U_N = 220$ V，$n = 3000$ r/min，$I_N = 88.9$ A，电枢回路电阻 $R_a = 0.0896\ \Omega$，励磁回路电阻 $R_f = 181.5\ \Omega$，若忽略电枢反应的影响，试求：①电动机的额定输出转矩；②在额定负载时的电磁转矩；③额定负载时的效率；④在理想空载（$I_a = 0$）时的转速；⑤当电枢回路串入电阻 $R = 0.15\ \Omega$ 时，在额定转矩时的转速。

3-22 一台串励直流电动机 $U_N = 220$ V，$n = 1000$ r/min，$I_N = 40$ A，电枢回路电阻为 $0.5\ \Omega$，假定磁路不饱和。试求：①当 $I_a = 20$ A 时，电动机的转速及电磁转矩？②如果电磁转矩保持上述值不变，而电压降低到 110 V，此时电动机转速及电流各为多少？

第四章 交流旋转电机的共同问题

交流电机主要有两大类，即异步电机和同步电机。这两类电机的转子结构、工作原理、励磁方式和性能虽有所不同，但是定子中所发生的电磁过程以及机电能量转换的机理和条件却是相同的，可以采用统一的观点来研究。本章将依次研究交流绕组的构成和三相整数槽绕组的连接规律、正弦磁场下交流绕组的感应电动势、感应电动势中的高次谐波、通有正弦电流时单相绕组和对称三相绕组的磁动势等。这些问题统称为交流电机理论的共同问题。

第一节 交流绕组的构成原则和分类

绕组是电机的主要部件，要分析交流电机的原理和运行问题，必须先对交流绕组的构成和连接规律有一个基本的了解。

一、交流绕组的构成原则

交流绕组的形式虽然各不相同，但它们的构成原则却基本相同。这些原则是：

（1）电动势和磁动势波形要接近正弦波，数量上力求获得较大基波电动势和基波磁动势，为此要求电动势和磁动势中谐波分量尽可能小。

（2）对三相绕组各相的电动势，磁动势必须对称，电阻电抗要平衡。

（3）绕阻铜耗小，用铜量少。

（4）绝缘可靠，机械强度高，散热条件好，制造方便。

二、交流绕组的分类

由于交流电机应用范围非常广泛，不同类型的交流电机对绕组的要求也各不相同，因此交流绕组的种类也非常多。其主要分类方法有：

（1）按槽内层数分，可分为单层和双层绕组。其中，单层绕组又可分为链式、交叉式和同心式绕组；双层绕组又可分为叠绕组和波绕组。

（2）按相数分，可分为单相、两相、三相及多相绕组。

（3）按每极每相槽数，可分为整数槽和分数槽绕组。

（4）按绕法，可分为叠绕组和波绕组。

尽管交流绕组种类很多，但由于三相双层绕组能较好地满足对交流绕组的基本要求，所以现代动力用交流电机一般多采用三相双层绕组。

第二节 三相绕组

一、交流绕组的基本知识

1. 基本术语

(1) 极对数：指电机主磁极的对数，通常用 p 表示。

(2) 电角度：在电机理论中，把一对主磁极所占的空间距离，称为 360° 的空间电角度，用 α 表示。原因是当主磁极和电机槽内导体作相对运动时，每当旋转过一对主磁极的距离 360°（即空间电角度）时，导体内的感应电动势刚好按正弦规律交变一次（即经过了 360° 时间电角度）。值得注意的是，电角度和一般所讲的几何角度是有区别的，在电机理论中，通常将几何角度称为机械角度，用 Ω 表示，一个圆周的机械角度为 360°。显然，

$$\text{电角度} = p \times 360° = p \times \text{机械角度} \tag{4-1}$$

(3) 极距：电机一个主磁极在电枢表面所占的长度，用 τ 表示。

$$\tau = \frac{Q}{2p} = \frac{\pi D_a}{2p} \tag{4-2}$$

式中　Q——槽数；

　　　D_a——电枢外径，m。

(4) 每极每相槽数：在交流电机中，每极每相占有的平均槽数，用 q 表示。

$$q = \frac{Q}{2pm} \tag{4-3}$$

式中　m——相数。

$q = 1$ 的绕组称为集中绕组，$q > 1$ 的绕组称为分布绕组。

(5) 线圈：组成绕组的基本单元是线圈。由一匝或多匝组成，有两个引出端，一个叫首端，一个叫末端。

(6) 槽距角：相邻槽之间的电角度，用 α 表示。

$$\alpha = \frac{p \times 360°}{Q} \tag{4-4}$$

2. 槽电动势星形图和相带划分

当把各槽内导体感应的电动势分别用矢量表示时，这些矢量构成一个辐射星形圈，称为槽电动势星形图。下面用具体例子说明。

【例 4-1】 一台三相四极 36 槽电机，试绘出槽电动势星形图及划分相带。

解：每极每相的槽数

$$q = \frac{Q}{2pm} = \frac{36}{4 \times 3} = 3$$

电角度

$$\alpha = \frac{p \times 360°}{Q} = \frac{2 \times 360°}{36} = 20°$$

(1) 绘槽电动势星形图。

因各槽在空间互差20°电角度，所以各槽中导体感应电动势在时间上互差20°电角度。如1号槽相位角设为0°，则2号槽导体电动势滞后1号槽20°，依此类推，一直到18号槽滞后1号槽360°。经过了一对极，在槽电动势星形图上正好转过一周，如图4-1所示。19号槽与1号槽完全重合，因为它们在磁极下分别处于相对应的位置，所以它们的感应电动势同相位。19号至36号槽经过了下一对极，在电动势星形图上又转过一周，如图4-1所示。一般，对于每极每相整数槽绕组，如电机有 p 对极，则有 p 个重叠的槽电动势星形。

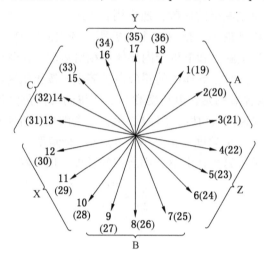

图4-1 槽电动势星形图（60°相带划分）

（2）划分相带。

以A相为例，由于 $q = 3$，故每个极下A相在每极下应占有3个槽，整个定子中A相共有12个槽。通常每极下每相所占有的区域称为相带。为使合成电动势最大，在第一个N极下取1、2、3三个槽作为A相带，在第一个S极下取10、11、12三个槽作为 X 相带，1、2、3三个槽向量间夹角最小，合成电动势最大，而10、11、12三个槽分别与1、2、3三个槽相差一个极距，即相差180°电角度，这两个线圈组（极相组）反接以后合成电动势代数相加，其合成电动势最大。

同理，将19、20、21和28、29、30也划为A相，然后把这些槽里的线圈按一定规律连接起来，即得A相绕组。

同理，为了使三相绕组对称，应将距A相120°处的7、8、9、16、17、18和25、26、27、34、35、36划为B相，而将距A相240°处的13、14、15、22、23、24和31、32、33、4、5、6划为C相，由此得一对称三相绕组。每个相带各占60°电角度，如图4-1所示，称为60°相带绕组。

也可按图4-2所示接线，得到一个对称的120°相带绕组。因120°相带合成电动势较60°相带合成电动势小，所以一般采用60°相带绕组。

二、三相双层绕组

三相双层绕组是指电机每一槽分为上下两层，线圈（元件）的一个边嵌在某槽的上层，另一边安放在相隔一定槽数的另一槽的下层的一种绕组结构。由于其一槽内安放两个

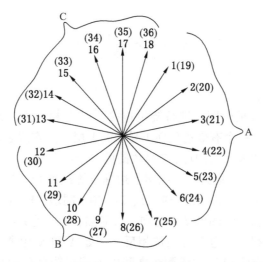

图 4-2　120°相带绕组

线圈边，所以双层绕组的线圈数和槽数正好相等。根据双层绕组线圈形状和连接规律，三相双层绕组可分为叠绕组和波绕组两大类，如图 4-3 所示。

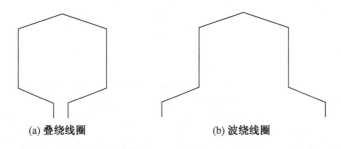

图 4-3　绕组示意图

1. 叠绕组

叠绕组在绕制时，任何两个相邻的线圈都是后一个"紧叠"在另一个上面，故称为叠绕组。双层叠绕组的主要优点如下：①可以灵活地选择线圈节距来改善电动势和磁动势波形；②各线圈节距、形状相同，便于制造；③可以得到较多的并联支路数；④可采用短距线圈以节约端部用铜。

主要缺点在于：①嵌线较困难，特别是一台电机的最后几个线圈；②线圈组间连线较多，极数多时耗铜量较大。

一般 10 kW 以上的中、小型同步电机和异步电机及大型同步电机的定子绕组采用双层叠绕组。下面通过具体例子来说明叠绕组的绕制方法。

【例 4-2】　按照【例 4-1】，绘制叠绕组展开图。

解：（1）合成节距：

$$y = 1$$

（2）极距：

$$\tau = \frac{Q}{2p} = \frac{36}{4} = 9$$

（3）第一节距：

$$y_1 = \frac{Q}{2p} = \frac{36}{2 \times 2} = 9$$

取短距 $y_1 = 8$。

（4）绘制绕组展开图。

根据绕组的槽电动势星形图，进行绕组连接，以 A 相为例，绘制绕组展开图，如图 4-4 所示。将 1 号线圈的一个有效边放在 1 号槽的上层，用实线表示；另外一个有效边放在 9 号槽的下层，用虚线表示。同理，2 号线圈的一个有效边放在 2 号槽上层，另外一个有效边放在 10 号槽下层，以此类推。线圈上边标号为线圈号。从图 4-4 中可以看出，A 相的 4 个线圈组分别为 1-3、10-12、19-21、28-30；同理，B、C 相也有 4 个线圈组。每个线圈组的电动势等于组内线圈电动势之和。很显然，4 个线圈组的电动势大小相等，但同一相的两个相带中的线圈组电动势相位相反，例如 A 和 X 相带中的线圈电动势相位正好相反。因此，A 相线圈组和 X 相线圈组之间的连接只能是反向串联或反向并联，如图 4-5 所示。那么每相的 4 个线圈组可通过串联或并联构成一相绕组，其最大并联支路数为

$$a_{\max} = 2p$$

比单层绕组要多 1 倍，并且其并联支路数可选取

$$a = \frac{2p}{Z} \qquad\qquad (4-5)$$

式中　Z——整数。

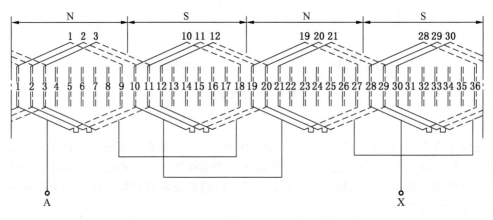

图 4-4　三相双层叠绕组中 A 相绕组的展开图

从图 4-5 中可以看出，箭头代表电动势方向，图（a）电动势最大；图（b）、（c）电流大，因此根据不同场合要求，连接不同连接方式。

叠绕组的优点为短距时能节省端部用铜及得到较多的并联支路；缺点是一台电机的最后几个线圈的嵌线比较困难；另外，极间连线较长，在极数比较多时相当费铜。叠绕组一般为多匝，主要用于一般电压，额定电流不太大的中、小型同步电机和感应电机的定子绕组中。

2. 波绕组

波绕组的连接特点是把所有同一极性下属于同一相的线圈按一定顺序串联起来组成一

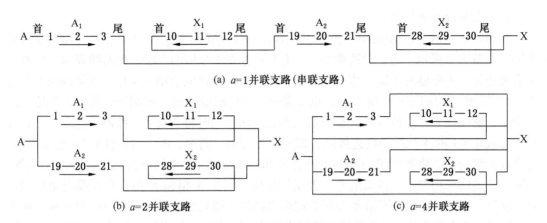

(a) $a=1$并联支路（串联支路）

(b) $a=2$并联支路　　　　　　　　　　(c) $a=4$并联支路

图 4-5　三相双层叠绕组的电路图

个线圈组。所以对于波绕组来说，不论极数为多少，其一相下面有且只有两个线圈组，这两个线圈组按需要串联或并联，构成相绕组。由于相连接的线圈成波浪形前进，故称为波绕组。

同叠绕组相比，波绕组的主要优点在于其可以减少绕组间连线，故多应用于极数较多的水轮发电机的定子绕组和绕线式异步电机的转子绕组。另外，由于波绕组多采用单匝线圈，在制造时一般先把用铜条弯成的条形半匝式波绕组嵌入槽内后，再把端部焊接在一起连成线圈，因此其制造工艺较为简单。波绕组的缺点在于其采用短距线圈时，只能改善电动势和磁动势波形，而不能节省端部用铜。另外，其对端部并头处的焊接质量要求高，否则运行时容易产生开焊事故。

【例4-3】　三相双层4极24槽电机，绘制波绕组展开图。

解：（1）合成节距：

$$y = \frac{Q}{p} = \frac{24}{2} = 12$$

（2）极距：

$$\tau = \frac{Q}{2p} = \frac{24}{4} = 6$$

（3）第一节距：

$$y_1 = \frac{Q}{2p} = \frac{24}{2 \times 2} = 6$$

取短距 $y_1 = 5$。

（4）第二节距：

$$y_2 = y - y_2 = 12 - 5 = 7$$

（5）槽距角：

$$\alpha = \frac{p \times 360°}{Q} = \frac{2 \times 360°}{24} = 30°$$

（6）每极每相槽数：

$$q = \frac{Q}{2mp} = \frac{24}{2 \times 3 \times 2} = 2$$

（7）绘制绕组展开图。

如图 4-6 所示，根据绕组的槽电动势星形图进行绕组连接，以 A 相为例，绘制绕组展开图，如图 4-7 所示。将 1 号线圈的一个有效边放在 1 号槽的上层，用实线表示；另外一个有效边放在 6 号槽的下层，用虚线表示。然后，由于合成节距 $y = 12$，3 号线圈上层边放在 13 号槽，下层边放在 18 号槽，以此类推，最后形成一周。每绕完一周后人为地后退一个槽，继续绕下去。最后将 N 极下的线圈联起来，同时将 S 极下的线圈联起来。最后可得支路数 $a = 1$ 的 A 相线圈的连接图，如图 4-8 所示。同理，B、C 相类同方法连接起来。每个线圈组的电动势等于组内线圈电动势之和。很显然，2 个线圈组的电动势大小相等，但同一相的两个相带中的线圈组电动势相位相反，例如 A 相和 X 相中的线圈电动势相位正好相反。因此，A 相线圈组和 X 相线圈组之间的连接只能是反向串联或反向并联，如图 4-8 所示。那么每相的 2 个线圈组可通过串联或并联构成一相绕组，其最大并联支路数为

$$a_{\max} = 1 \tag{4 - 6}$$

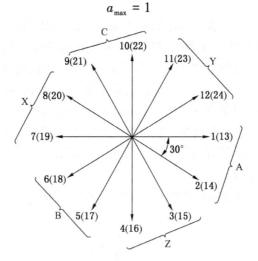

图 4-6 三相波绕组槽电动势星形图

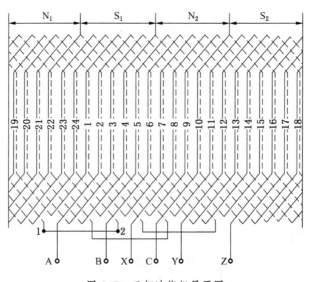

图 4-7 三相波绕组展开图

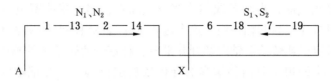

图 4-8　三相双层波绕组的电路图

波绕组在绕线式感应电动机的转子和大、中型水轮发电机的定子中广泛应用。

三、三相单层绕组

单层绕组每槽只有一个线圈边，所以线圈数等于槽数的一半。和双层绕组相比，它具有线圈数量少、制造工时省、槽内无层间绝缘、槽利用率高等优点，但却不能像双层绕组那样能通过选择短距线圈来削弱电动势和磁动势中的高次谐波，并且由于同一槽内的导体均属于同一相，故其槽漏抗较大。因此，三相单层绕组比较适合于 10 kW 以下的小型感应电机中，很少在大、中型电机中采用。

按照线圈的形状和端部连接方法不同，三相单层绕组主要可分为同心式、链式和交叉式等形式。

1. 同心式绕组

同心式绕组由不同节距的同心线圈组成。下面通过举例进行说明。

【例 4-4】　用三相两极 24 槽的定子来说明同心式绕组展开图的绘制。

解：（1）基本参数求取：

$$\tau = \frac{Q}{2p} = \frac{24}{2} = 12$$

$$q = \frac{Q}{2pm} = \frac{24}{2 \times 3} = 4$$

$$y_1 = \frac{Q}{2p} = \frac{24}{2} = 12$$

取短距 $y_1 = 11$，内绕组节距为 10。

$$\alpha = \frac{p \times 360°}{Q} = \frac{360°}{24} = 15°$$

（2）绘制槽电动势星形图以及相带划分。

由于绕组为三相绕组，因此还需把各槽导体分为三相，在槽电动势星形图上划分各相所属槽号。分相的原则是使每相电动势最大，并且三相的电动势相互对称。

通常三相绕组采用 60° 相带划分，即把槽电动势星形图 6 等分，每一等分称为一个相带，依次分别为 A、Z、B、X、C、Y 相带，如图 4-9 所示。其中 A 与 X 下的线圈电动势相位相差 180°，可将这两相的导体电动势反向相加，共同构成 A 相。同理，B、Y 构成 B 相；C、Z 构成 C 相，如图 4-9 所示。A、B、C 三相电动势幅值相等，在相位上互差 120°。

（3）绘制绕组展开图。

要将槽内的各导体连接为三相绕组，就必须按照槽电动势星形图及分相的结果。首先将导体按要求连接成线圈，再将各线圈连接成线圈组，继而将线圈组串（并）联成相绕组，最后把相绕组再连接为三相绕组。这个过程可通过绕组展开图来表示。绘制绕组展开图的方法是将电机定子或转子沿轴向切开并平摊，将定子或转子上的槽画为距离相等的一组平行线，并按一定的顺序对槽和槽内的导体依次进行编号，并把槽内的导体按构成线圈、线圈组和相绕组的原则进行连接，得到绕组展开图。下面以 A 相为例进行具体介绍。按照槽电动势星形图及分相原则，应把相带 A 的 1、2、23、24 号槽导体与相带 X 的 11、12、13、14 号槽导体连接成 A 相绕组。A 相的每一线圈的线圈边应从相带 A 和 X 各选一槽导体来构成。对于三相同心式单层绕组来说，可将 1 槽和 12 槽构成一个线圈，2 槽和 11 槽构成一个线圈，这两个线圈构成一个同心式线圈组，同理 13 槽和 24 槽构成一个线圈，14 槽和 23 槽构成一个线圈，这两个线圈构成一个同心式线圈组，然后将这些线圈按"头接头，尾接尾"方法串联成 A 相绕组，其展开图如图 4-10 所示。

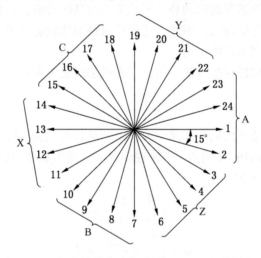

图 4-9 三相单层槽电动势星形图（60°相带划分）

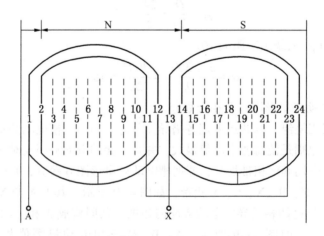

图 4-10 三相单层同心式绕组中 A 相的展开图

同心式绕组主要用于 $p=1$ 的小型感应电机中，其优点是嵌线方便，端部的重叠层数较少，便于布置，散热好；缺点是线圈的大小不等、绕制不便，端部亦较长。

2. 链式绕组

链式绕组的线圈具有相同的节距。就整个绕组外形来看，一环套一环，形如长链。链式线圈的节距恒为奇数。

【例 4-5】 三相六极 36 槽链式绕组展开图绘制。

解：（1）基本参数求取：

$$\tau = \frac{Q}{2p} = \frac{36}{6} = 6$$

$$q = \frac{Q}{2pm} = \frac{36}{2 \times 3 \times 3} = 2$$

$$y_1 = \frac{Q}{2p} = \frac{36}{6} = 6$$

取短距 $y_1 = 5$。

$$\alpha = \frac{p \times 360°}{Q} = \frac{3 \times 360°}{36} = 30°$$

（2）绘制槽电动势星形图以及相带划分。

由于绕组为三相绕组，因此还需把各槽导体分为三相，在槽电动势星形图上划分各相所属槽号。分相的原则是使每相电动势最大，并且三相的电动势相互对称。

通常三相绕组采用 60° 相带划分，即把槽电动势星形图 6 等分，每一等分称为一个相带，依次分别为相带 A、Z、B、X、C、Y，如图 4-11 所示。其中 A 与 X 下的绕组电动势相位相差 180°，可将这两相的导体电动势反向相加，共同构成 A 相。同理，B、Y 两相带可构成 B 相；C、Z 两相带构成 C 相，如图 4-11 所示。A、B、C 三相电动势幅值相等，在相位上互差 120°。

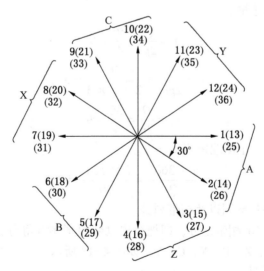

图 4-11　三相单层链式槽电动势星形图（60° 相带划分）

（3）绘制绕组展开图。

下面以 A 相为例进行介绍。按照槽电动势星形图及分相原则，把相带 A 的 1、2、13、14、25、26 号槽导体与相带 X 的 7、19、31、8、20、32 号槽导体连接成 A 相绕组。A 相的每一线圈的线圈边应从 A 和 X 相带各选一槽导体来构成。对于三相链式单层绕组来说，可将 2 槽和 7 槽构成一个线圈，14 槽和 19 槽构成一个线圈，26 槽和 31 槽构成一个线圈，8 槽和 13 槽构成一个线圈，20 槽和 25 槽构成一个线圈，32 槽和 1 槽构成一个线圈，这六个线圈按"头接头，尾接尾"的方法串联成 A 相绕组，其展开图如图 4-12 所示。

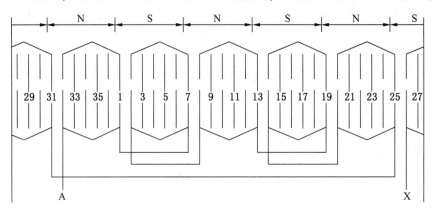

图 4-12 三相单层链式绕组中 A 相的展开图

注：这种绕组主要用在 q 为偶数的小型四极、六极感应电动机中。如 q 为奇数，则一个相带内的槽数无法均分为二，必须出现一边多、一边少的情况。因而线圈的节距不会一样，此时采用交叉式绕组。

3. 交叉式绕组

交叉式绕组主要用于 q 为奇数的小型四、六极电机中，采用不等距线圈。

【例 4-6】 三相四极 36 槽交叉式绕组展开图绘制。

解：（1）基本参数求取：

$$\tau = \frac{Q}{2p} = \frac{36}{4} = 9$$

$$q = \frac{Q}{2pm} = \frac{36}{2 \times 2 \times 3} = 3$$

$$y_1 = \frac{Q}{2p} = \frac{36}{4} = 9$$

大圈取短距 $y_1 = 8$，小圈取短距 $y_1 = 7$。

$$\alpha = \frac{p \times 360°}{Q} = \frac{2 \times 360°}{36} = 20°$$

（2）绘制槽电动势星形图以及相带划分。

通常三相绕组采用 60°相带划分，即把槽电动势星形图 6 等分，每一等分称为一个相带，依次分别为相带 A、Z、B、X、C、Y，如图 4-13 所示。

（3）绘制绕组展开图。

下面以 A 相为例进行介绍。按照槽电动势星形图及分相原则，应把 A 相的 1、2、3、19、20、21 号槽导体与 X 相的 10、11、12、28、29、30 号槽导体连接成 A 相绕组。A 相每一线圈的线圈边应从 A 和 X 相带各选一槽导体来构成。对于三相交叉式单层绕组来说，可将 2 槽和 10 槽、3 槽和 11 槽构成一个大线圈，20 槽和 28 槽、21 槽和 29 槽构成一个大

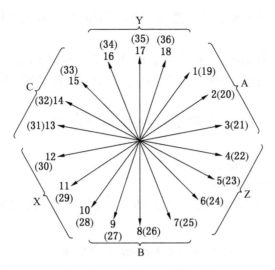

图 4-13　三相单层交叉式槽电动势星形图（60°相带）

线圈，12 槽和 19 槽构成一个小线圈，30 槽和 1 槽构成一个小线圈，将这些线圈按"头接头，尾接尾"的方法串联成 A 相绕组，其展开图如图 4-14 所示。

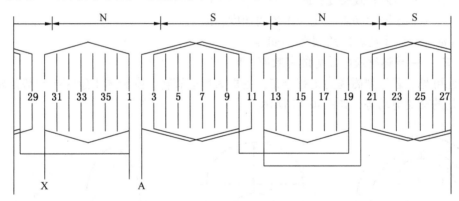

图 4-14　三相单层交叉式绕组中 A 相的展开图

一般 $q = 3$ 的小型交流电机定子绕组可采用交叉式绕组。

第三节　交流绕组的感应电动势

在交流电机中，一般要求电机绕组中的感应电动势随时间作正弦变化，这就要求电机气隙中磁场沿空间为正弦分布。要得到完全严格的正弦波磁场很难实现，但是可以采取各种结构参数尺寸使磁场尽可能接近正弦波，例如从磁极形状、气隙大小等方面进行考虑。在国家标准《三相同步电机试验方法》（GB/T 1029—2021）中，常用波形正弦性畸变率来控制电动势波形的近似程度。

一、气隙磁场正弦分布时交流绕组的感应电动势

首先求出一根导体中的感应电动势，然后导出一个线圈的感应电动势，再讨论一个线

圈组（极相组）的感应电动势，最后推出一相绕组感应电动势的计算公式。

1. 导体的感应电动势

一台两极交流发电机如图 4-15 所示，转子是直流励磁形成的主磁极（简称主极），定子上放有一根导体，当转子由原动机拖动后，形成一旋转磁场。定子导体切割该旋转磁场感应电动势。

设主极磁场在气隙内按正弦规律分布（见图 4-16），则

$$b = B_1 \sin\alpha \qquad (4-7)$$

式中　B_1——气隙磁场的幅值，T；

　　　α——距离原点的电角度，（°）。

当电机绕组的导体和气隙磁场作相对运动时，导体切割气隙磁场产生感应电动势，则此感应电动势为

$$e_1 = blv = B_1 lv \sin\omega t = \sqrt{2} E_1 \sin\omega t \qquad (4-8)$$

$$\alpha = \omega t \qquad (4-9)$$

$$E_1 = \frac{B_1 lv}{\sqrt{2}} \qquad (4-10)$$

式中　l——导体有效长度，m；

　　　v——导体"切割"主极磁场的速度，m/s；

　　　ω——转子旋转的角频率，rad/s；

　　　E_1——导体感应电动势的有效值，V。

由此可见，若气隙磁场为正弦分布，主极为恒速旋转，则导体中感应电动势是随时间正弦变化的交流电动势，如图 4-17 所示。

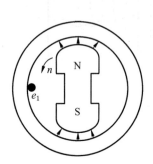

图 4-15　两极交流发电机　　图 4-16　主极磁场空间分布　　图 4-17　导体感应电动势的波形

2. 正弦电动势的频率

旋转磁场每转过一对磁极，导体中感应电动势就变化一周，如果旋转磁场的极对数为 p，则每转过一周，导体中感应电动势就变化 p 个周期。如果旋转磁场的转速为 n，则每秒转过的周数为 $\frac{n}{60}$，所以导体感应电动势每秒变化的周期数也即频率为

$$f = \frac{pn}{60} \qquad (4-11)$$

我国工业用标准频率为 50 Hz，故电机的极对数乘以转速应为 $pn = 60f = 3000$，满足这

一关系的转速称为同步转速，用 n_1 表示。

3. 感应电动势的有效值

导体切割磁力线产生的感应电动势为

$$E_1 = \frac{B_1 lv}{\sqrt{2}}$$

其中导体切割磁场的相对频率为

$$v = \frac{n}{60}\pi D_i = 2p\,\tau\frac{n}{60} = 2\,\tau f \tag{4-12}$$

式中　D_i——定子内径。

$$E_1' = 2\,\tau f\frac{B_1 l}{\sqrt{2}} = \sqrt{2}fB_1\,\tau l \tag{4-13}$$

若主磁场在气隙内正弦分布，则一个极下的平均磁通密度为

$$B_{av} = \frac{2}{T}\int_0^\tau B_1\sin\alpha\mathrm{d}\omega t = \frac{2}{\pi}B_1 \tag{4-14}$$

$$\phi_1 = B_{av}\,\tau l = \frac{2}{\pi}B_1\,\tau l \tag{4-15}$$

式中　B_{av}——一个极下的平均磁通密度，T；

　　　ϕ_1——一个极下的磁通量，Wb。

将式（4-14）、式（4-15）代入式（4-13），得

$$E_1 = \sqrt{2}B_1\,\tau fl = \frac{f}{\sqrt{2}}\frac{2}{\pi}B_1\pi l\tau = \frac{\pi f}{\sqrt{2}}B_{av}l\,\tau = \frac{\pi f}{\sqrt{2}}\phi_1 = 2.22f\phi_1 \tag{4-16}$$

4. 整距线圈的感应电动势

由于导体中的感应电动势随时间正弦变化，故可用相量来表示和运算。整距线圈的节距 $y_1 = \tau$，若线圈的一根导体位于 N 极下最大磁密处时，另一根导体恰好处于 S 极下的最大磁密处，如图 4-18a 所示。此时两根导体感应电动势瞬时值总是大小相等、方向相反。若把导体电动势的正方向都规定为从上到下，如图 4-18b 所示；则用相量表示时，该两电动势相量 $\dot{E}_1'$ 和 $\dot{E}_1''$ 的方向恰好相反，如图 4-18c 所示。

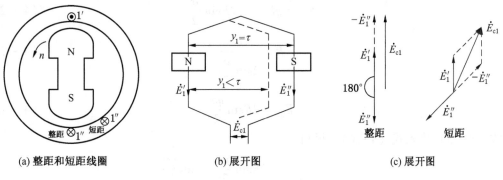

(a) 整距和短距线圈　　　　(b) 展开图　　　　(c) 展开图

图 4-18　匝电动势

设线圈匝数 $N_c = 1$，匝电动势 $\dot{E}_{c1}$ 应为两根导体电动势 $\dot{E}'_1$ 和 $\dot{E}''_1$ 之差，即

$$\dot{E}_{c1} = \dot{E}'_1 - \dot{E}''_1 = 2\dot{E}'_1 \tag{4-17}$$

$$E_{c1} = 2E'_1 = 4.44f\phi_1 \tag{4-18}$$

若线圈有 N_c 匝，则

$$E_{c1} = 4.44fN_c\phi_1 \tag{4-19}$$

5. 短距线圈的电动势、节距因数

短距线圈的节距 $y_1 < \tau$，用电角度表示时，节距为

$$\gamma = \frac{y_1}{\tau} \times 180° \tag{4-20}$$

如图 4-18c 所示。若线圈为单匝，两导体中的感应电动势相差 γ 角；此时单匝线圈的电动势应为

$$\dot{E}_{c1} = \dot{E}'_1 \angle 0° - \dot{E}''_1 \angle \gamma \tag{4-21}$$

根据相量图中的几何关系，可求得单匝线圈电动势为

$$E_{c1} = E'_1 - E''_1 = 2E_1\cos\frac{180° - \gamma}{2} = 2E_1\sin\frac{y_1}{\tau}90° = 4.44fK_{p1}\phi_1 \tag{4-22}$$

式中　K_{p1}——线圈的基波节距因素，它是短距后感应电动势比整距时应打的折扣。

$$K_{p1} = \frac{E_{c1}(y_1 < \tau)}{E_{c1}(y_1 = \tau)} = \sin\frac{y_1}{\tau}90° \tag{4-23}$$

若线圈匝数为 N_c 匝，则

$$E_{c1} = 4.44f\phi_1N_cK_{p1} \tag{4-24}$$

短距虽然对基波电动势的大小稍有影响，但当主磁场中含有谐波时，它能有效地抑制谐波电动势，所以一般交流绕组大多采用短距绕组。

6. 线圈组的电动势、分布因数和绕组因数

每个极（双层绕组时）或每对极（单层绕组时）下有 q 个线圈串联，组成一个线圈组，所以线圈组的电动势等于 q 个串联线圈电动势的相量和。

每极下每相有一个线圈组，线圈组由 q 个线圈组成，且每个线圈互差 α 电角度。由 $q = 3$ 和 α 绘出 3 个线圈的电动势及其相量和，如图 4-19 所示。图中 O 为线圈电动势构成的正多边形的外接圆圆心，R 为半径。线圈组电动势的有效值为

$$E_{q1} = qE_{c1} = q2R\sin\frac{\alpha}{2} \tag{4-25}$$

$$R = \frac{E_{c1}}{2\sin\dfrac{\alpha}{2}} \tag{4-26}$$

$$E_{q1} = 2R\sin\frac{q\alpha}{2} \tag{4-27}$$

将式 (4-25) 代入式 (4-26)，可得

$$K_{d1} = \frac{E_{q1}}{qE_{c1}} = \frac{2R\sin\dfrac{q\alpha}{2}}{q2R\sin\dfrac{\alpha}{2}} = \frac{\sin\dfrac{q\alpha}{2}}{q\sin\dfrac{\alpha}{2}} \tag{4-28}$$

式中 K_{d1}——绕组的短距因素；

R——电机的半径，m。

$$E_{q1} = qE_{c1}K_{q1} = q \times (4.44f\phi_1N_cK_{p1})K_{d1} = 4.44f(qN_c)K_{w1}\phi \qquad (4-29)$$

$$K_{w1} = K_{p1}K_{d1} \qquad (4-30)$$

式中 K_{w1}——绕组的基波绕组因素，它是考虑了短距和分布后整个绕组合成电动势所打
的折扣。

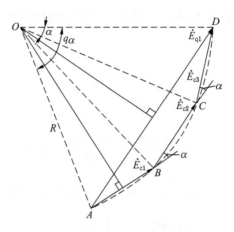

图4-19 极相组的合成电动势

7. 相电动势和线电动势

在多极电机中每相绕组均由处于不同极下一系列线圈组构成，这些线圈组既可串联，
也可并联。此时绕组的相电动势等于此相每一并联支路所串联的线圈组电动势之和。如果
设每相绕组的串联匝数（即每一并联支路的总匝数）为 N，每相并联支路数为 α 时，相
电动势为

$$E_{\phi1} = 4.44fN\phi_1K_{w1} \qquad (4-31)$$

1）单层绕组

每对极具有一个线圈组，p 对极时每相有 p 个线圈组，即 pq 个线圈，若并联支路数为
α，每个线圈为 N_c 匝，则每条支路串联匝数为

$$N = \frac{pqN_c}{\alpha} \qquad (4-32)$$

2）双层绕组

p 对极有 $2p$ 个线圈组，即 $2pq$ 个线圈，则

$$N = \frac{2pqN_c}{\alpha} \qquad (4-33)$$

求出相电动势后，根据"星"或"角"的接法，可求出线电动势。

对星形连接

$$E_{l1} = \sqrt{3}\,E_{\phi1} \qquad (4-34)$$

对角形连接

$$E_{l1} = E_{\phi1} \qquad (4-35)$$

将 $E_{\phi 1} = 4.44fNK_{w1}\phi_1$ 与变压器中感应电动势有效值的计算比较，公式在形式上相似，只是多了一个绕组因数 K_{w1}，如 $K_{w1} = 1$ 两个公式完全一致，这也与实际相吻合，变压器绕组是整距集中的。

【例 4-7】 一台三相电机 $f = 50$ Hz，$2p = 6$，定子槽数 $Q = 36$，定子单层叠绕组，$y_1 = \dfrac{5}{6}\tau$，每槽导体数为 20，并联支路数为 2，绕组星形连接，磁通 $\phi = 0.45$ Wb，当通入三相对称电流，每相电流有效值为 20 A 时，试求：①基波绕组因数；②基波相电动势和线电动势。

解：①每极每相槽数

$$q = \frac{Q}{2pm} = \frac{36}{6 \times 3} = 2$$

槽距角

$$\alpha = \frac{p \times 360°}{Q} = \frac{3 \times 360°}{36} = 30°$$

基波短距系数 $\qquad k_{P1} = \sin\frac{y_1}{\tau}90° = \sin\frac{5}{6} \times 90° = 0.966$

基波分布系数 $\qquad k_{d1} = \dfrac{\sin\dfrac{q\alpha}{2}}{q\sin\dfrac{\alpha}{2}} = \dfrac{\sin\dfrac{2 \times 30°}{2}}{2 \times \sin\dfrac{30°}{2}} = 0.9659$

基波绕组因数 $\qquad k_{w1} = k_{p1}k_{d1} = 0.966 \times 0.9659 = 0.9330594$

②三相基波合成磁动势幅值

$$N = \frac{pqN_c}{a} = \frac{3 \times 2 \times 20}{2} = 60$$

基波相电动势 $E_{\phi 1} = 4.44fN\phi_1K_{w1} = 4.44 \times 50 \times 60 \times 0.5 \times 0.9330594 = 6214.18$ V

基波线电动势 $E_{l1} = \sqrt{3}E_{\phi 1} = \sqrt{3} \times 6214.18 = 10763$ V

二、高次谐波电动势及其削弱方法

实际磁极磁场并非完全按正弦规律分布，需将磁场波进行谐波分析，可得基波和一系列高次谐波，相应的交流绕组中感应电动势除基波外还有一系列高次谐波电动势。

1. 高次谐波电动势

交流电机中气隙磁场分布一般呈平顶波（图 4-20），应用傅里叶级数可将其分解为基波和一系列谐波的合成。因主机磁场分布与磁极中心线相对称，故偶次谐波为零，所以磁场中仅存在奇次谐波（1，3，5，…），为清楚起见，图中只画出（1，3，5 次谐波），且次数越高，幅值越小。

出现高次谐波的原因主要是由于铁芯的饱和及主极的外形未经特殊设计。从图 4-20 中可以看出，ν 次谐波的极对数是基波的 ν 倍，即 $p_\nu = \nu p$。由于谐波磁通和基波磁通都由磁极产生，所以两者在空间的转速都是一样的，即 $n_\nu = n_s$。高次谐波磁通也被定子绕组切割而在绕组中产生感应电动势。高次谐波电动势的频率为

$$f_\nu = \frac{p_\nu n_\nu}{60} = \frac{\nu p}{60} n_s = \nu f$$

由此可得 ν 次谐波的感应电动势为

$$E_{\phi\nu} = 4.44 f_\nu N K_{w\nu} \phi_\nu \qquad (4-36)$$

式中　　ϕ_ν——ν 次谐波的每极磁通量，Wb；

　　　　$K_{w\nu}$——ν 次谐波的绕组因数。

$$K_{w\nu} = K_{d\nu} K_{P\nu} \qquad (4-37)$$

$$K_{P\nu} = \sin\left(\nu \frac{y_1}{\tau} \times 90°\right) \qquad (4-38)$$

$$K_{d\nu} = \frac{\sin(\nu q\alpha/2)}{q\sin(\nu\alpha/2)} \qquad (4-39)$$

式中　　$K_{p\nu}$——ν 次谐波的短距因数；

　　　　$K_{d\nu}$——ν 次谐波的节距因数。

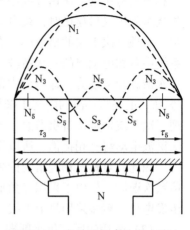

图 4-20　气隙磁场中的高次谐波

2. 削弱高次谐波的方法

由于电机磁极磁场非正弦分布所引起的发电机定子绕组电动势的高次谐波，产生了许多不良影响。如：①使发电机电动势波形变坏；②使电机本身的附加损耗增加，效率降低，温升增高；③使输电线上的线损增加，并对邻近的通信线路或电子装置产生干扰；④可能引起输电线路的电感和电容发生谐振，产生过电压；⑤使感应电机产生附加损耗和附加转矩，影响其运行性能。

为了尽量减少上述问题产生，应该采取一些方法来尽量削弱电动势中的高次谐波，使电动势波形接近于正弦。从数学分析中可以发现，谐波次数越高，其幅值越小。因此，主要考虑削弱次数较低的奇次谐波电动势，如 3、5、7 等次的谐波电动势。一般常用的方法有以下 5 种。

（1）使气隙磁场沿电枢表面的分布尽量接近正弦波形。对于凸极式电机来说，由于其气隙不均匀，所以采用改善磁极的极靴外形的方法来改善气隙磁场波形，具体如图 4-21a 所示；而对于隐极式电机来说，由于其气隙比较均匀，所以一般通过合理安放励磁绕组来改善气隙磁场波形，具体如图 4-21b 所示。

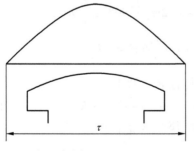
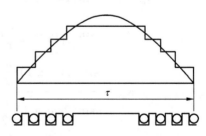

(a) 凸极同步电机（$\delta_{max}/\delta_{min} = 1.5 \sim 2.0$、$b_p/\tau = 0.70 \sim 0.75$）

(b) 隐极同步电机（放励磁绕组部分与极距之比为 $0.70 \sim 0.80$）

图 4-21　凸极电机的极靴外形和院校电机的励磁绕组的布置

（2）利用三相对称绕组的连接来消除线电动势中的 3 次及其倍数次奇次谐波电动势。

三相电动势中的三次谐波大小相等，相位上彼此相差 $3 \times 120° = 360°$，即相位相同。当三相绕组采用星形连接时，线电动势为两相电动势的相量差，所以线电动势中的三次谐波为零，同理三次谐波的倍数次奇次谐波也不存在。当绕组采用三角形连接时，由于对称三相系统中各相电动势的三次谐波在时间上均为同相，且幅值相等，所以绕组内部产生 3 倍的三次谐波相电动势，即绕组内部产生 $3E_{\phi3}$；在闭合的三角形中形成环流，三次谐波电动势 $3E_{\phi3}$ 正好与环流的阻抗压降平衡，所以在线电动势中不会出现三次谐波，同理也不会出现三次谐波倍数次奇次谐波。当绕组采用星形连接时，线电压等于相电压之差，相减时三次谐波电动势互相抵消，所以发电机的线端不存在三次及其倍数次谐波电动势。

因此，对称三相绕组无论采用星形还是三角形连接，线电动势中都不存在 3 次及 3 的倍数次谐波。但由于采用三角形连接时，闭合回路中的环流会引起附加损耗。所以现代同步发电机一般多采用星形连接。

（3）采用短距绕组来削弱高次谐波电动势。在讲三相双层绕组时，已经提过采用短距绕组可削弱高次谐波电动势，原因是当取线圈（元件）的跨距 $y_1 = \dfrac{(v-1)\tau}{v}$ 时，$K_{pv} = 0$，则 p 次谐波电动势为零。因为三相绕组采用星形或三角形连接时，线电压中已经消除了 3 次及 3 的倍数次谐波。所以在选择绕组节距时，主要考虑同时削弱 5 次和 7 次谐波电动势。因此，通常取 $y_1 = \dfrac{5\tau}{6}$，这时 5 次和 7 次谐波电动势都得到较大的削弱。

（4）采用分布绕组削弱高次谐波电动势。从数学分析中可以发现，当电机每极每相槽数 q 增加时，基波的分布系数 K_{d1} 下降不多，但高次谐波的分布系数却显著减少。因此，采用分布绕组可以削弱高次谐波电动势。但是，随着 q 的增大、电枢槽数 Q 也增多，这将使冲剪工时和绝缘材料消耗量增加，从而使电机成本提高。实际上，当 $q > 6$ 时，高次谐波的下降已经小太显著。因此，一般交流电机的 q 均在 2~6 之间。

（5）采用斜槽或分数槽绕组削弱齿谐波电动势。在同步发电机的运行中发现，电动势的高次谐波中，次数为 $\nu = \dfrac{kQ}{p} \pm 1 = 2mqk \pm 1$ 的谐波较强。由于它与一对极下的齿数有特定关系，所以称为齿谐波电动势。

$$K_{p(2mq\pm1)} = \sin(2mq \pm 1)\frac{y_1}{\tau}90° = \sin\left(2mq\frac{y_1}{\tau}90° \pm \frac{y_1}{\tau}90°\right)$$

$$= \sin\left(y_1 180° \pm \frac{y_1}{\tau}90°\right) = \pm\sin\frac{y_1}{\tau}90° = \pm K_{p1} \qquad (4-40)$$

$$K_{d\gamma} = \frac{\sin(2mq\pm1)\dfrac{q\alpha}{2}}{q\sin(2mq\pm1)\dfrac{\alpha}{2}} = \frac{\sin\left(q180° \pm \dfrac{q\alpha}{2}\right)}{q\sin\left(180° \pm \dfrac{\alpha}{2}\right)} = \pm K_{d1} \qquad (4-41)$$

$$K_{w\nu} = K_{w1} \qquad (4-42)$$

通过数学分析，当 $\nu = \dfrac{kQ}{p} \pm 1 = 2mqk \pm 1$ 时，即 $K_{w\nu} = K_{w1}$，故不能用分布及短距去削弱。

目前，用来削弱齿谐波电动势的方法主要有：

（1）用斜槽削弱齿谐波电动势。这种方法常用于中、小型感应电机及小型同步电机，一般斜一个齿距 t_1（一对齿谐波的极距 $2\tau_\gamma$），如图 4-22 所示。

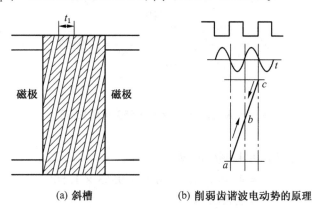

(a) 斜槽　　　　　(b) 削弱齿谐波电动势的原理

图 4-22　削弱齿谐波的斜槽

斜槽以后，同一根导体内各点所感应的齿谐波电动势相位不同，可以大部分互相抵消而使导体总电动势中的齿谐波大为削弱。同理，斜槽对基波电动势和其他谐波电动势也起削弱作用，只是削弱程度有所不同。为计算这一影响，计算电动势时，对于斜槽的绕组，还应乘以斜槽系数。

（2）采用分数槽绕组。这是一种很有效的削弱齿谐波电动势的方法，在水轮发电机和低速同步电机中得到广泛应用，其作用原理与斜槽相似。对于分数槽绕组，因为 q 不等于整数，所以磁极下各相带所占槽数不同，如有的多一槽，有的少一槽。因此各线圈组在磁极下处于不同的相对位置，各个线圈组内的齿谐波电动势不同相位，各线圈组的齿谐波电动势是相量相加减，可以大部分互相抵消，从而使相绕组中的齿谐波电动势大为削弱。

【例 4-8】 有一台三相异步电动机，$2p = 2$，$n = 3000$ r/min，$Q = 60$，每相串联总匝数 $N = 20$，$f_N = 50$ Hz，每极气隙基波磁通 $\phi_1 = 1.505$ Wb，求：①基波电动势频率、整距时基波的绕组系数和相电动势；②如要消除 5 次谐波，节距 y 应选多大，此时的基波电动势为多大？

解： ①基波电动势频率

$$f = \frac{pn}{60} = \frac{1 \times 3000}{60} = 50 \text{ Hz}$$

极距

$$\tau = \frac{Q}{2p} = \frac{60}{2} = 30$$

每极每相槽数

$$q = \frac{Q}{2pm} = \frac{60}{2 \times 3} = 10$$

槽距角

$$\alpha = \frac{p \times 360°}{Q} = \frac{1 \times 360°}{60} = 6°$$

整距绕组基波短距系数

$$K_{p1} = 1$$

基波分布系数

$$K_{d1} = \frac{\sin \frac{q\alpha}{2}}{q\sin \frac{\alpha}{2}} = \frac{\sin \frac{10 \times 6°}{2}}{10 \times \sin \frac{6°}{2}} = 0.9553$$

基波绕组因数

$$K_{w1} = K_{p1}K_{d1} = 1 \times 0.9553 = 0.9553$$

基波相电动势

$$E_{\phi 1} = 4.44fNK_{w1}\phi_1$$
$$= 4.44 \times 50 \times 20 \times 0.9553 \times 1.505$$
$$= 6383.5 \text{ V}$$

②消除 5 次谐波

取 $y_1 = \frac{\nu - 1}{\nu}\tau = \frac{5-1}{5}\tau = \frac{4}{5}\tau = 24$

基波短距系数 $\quad K'_{p1} = \sin \frac{y_1}{\tau}90° = \sin \frac{144°}{2} = 0.951$

基波相电动势 $\quad E'_{\phi 1} = 4.44fNK'_{p1}K_{d1}\phi_1$
$$= 4.44 \times 50 \times 20 \times 0.951 \times 0.9553 \times 1.505 = 6070.7 \text{ V}$$

第四节　交流绕组的磁动势

旋转磁场是交流电机工作的基础，它是由磁动势建立的。如果交流电机的定子三相对称绕组通入三相对称电流时，电机内部必然会产生圆形基波旋转磁动势。

一、单相绕组通有正弦交流电所产生的磁动势

交流绕组中流过电流时，将产生磁动势和磁场。若交流绕组在定子边，则绕组连接时，应使它所形成的定子磁场极数与转子磁场极数相等，这样负载时电磁转矩的平均值不等于零，电机才能正常工作。

为分析简化作如下假设：①绕组流过电流为正弦交流电，$i_c = \sqrt{2}I_c\cos\omega t$；②定、转子铁芯磁导率为无穷大；③定、转子之间气隙均匀；④槽内电流集中于槽中心处，槽开口的影响忽略不计。

（一）整距线圈的磁动势

如图 4-23 所示的一台两极电机。设定子上有一整距线圈 AX，匝数为 N_c。当线圈中通入交流电 i_c 时，电流方向如图 4-23 所示，由右手定则决定磁场方向，由全电流定律即作用于任何一闭合回路的磁动势等于它所包围的全电流。因磁力线通过两个气隙，如不计铁磁材料中的磁压降，则磁动势 N_ci_c 全部消耗在气隙中，经过一次气隙，消耗磁动势为 $0.5N_ci_c$。如将磁力线出转子进定子作为磁动势正方向，否则为负。如果考虑到磁场的极性时，一个极下的磁动势 f_c 应为

$$f_{c} = \begin{cases} \dfrac{N_c i_c}{2} & \left(-\dfrac{\pi}{2} \leqslant \theta_s \leqslant \dfrac{2\pi}{2}\right) \\[3mm] -\dfrac{N_c i_c}{2} & \left(\dfrac{\pi}{2} \leqslant \theta_s \leqslant \dfrac{3\pi}{2}\right) \end{cases} \qquad (4-43)$$

将定子与转子展开，磁动势空间分布如图 4-24 所示。从图 4-24 可见，整距线圈在气隙内形成一个一正一负、矩形分布的磁动势波，其矩形的高度幅值等于 $0.5 N_c i_c$；若槽内电流集中于槽内中心处，则磁动势波在经过载流线圈边 A 和 X 处，将发生 $N_c i_c$ 的跃变。该线圈所产生的磁动势的周期为矩形波（图 4-24），因为纵轴对称，所以进行傅立叶级数分解，可得一系列基波和奇次谐波。这里只研究基波，则基波的幅值为矩形波幅值的 $\dfrac{4}{\pi}$ 倍，所以基波磁动势为

$$f_{c1}(\theta_s,\ t) = \frac{4}{\pi} \frac{\sqrt{2} N_c I_c}{2} \cos\theta_s \cos\omega t = F_{cm1} \cos\theta_s \cos\omega t \qquad (4-44)$$

式中，

$$\theta_s = \frac{\pi}{\tau} x \qquad (4-45)$$

$$F_{cm1} = \frac{4}{\pi} \frac{\sqrt{2} N_c I_c}{2} \qquad (4-46)$$

式中　x ——位置，mm；

　　　τ ——极距，mm。

将式 (4-45)、式 (4-46) 代入式 (4-44) 中，可得

$$f_{c1}(\theta_s,\ t) = \frac{4}{\pi} \frac{\sqrt{2} N_c I_c}{2} \cos\theta_s \cos\omega t = \frac{1}{2} F_{cm1} \left[\cos\left(\frac{\pi}{\tau} x - \omega t\right) + \cos\left(\frac{\pi}{\tau} x + \omega t\right) \right]$$

$$(4-47)$$

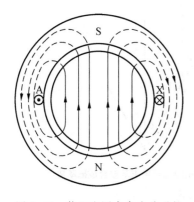

图 4-23　整距线圈内产生的磁场

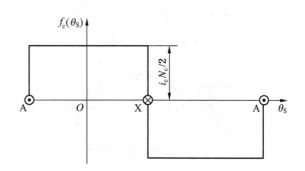

图 4-24　整距线圈的磁动势

由上述分析可得出以下结论：

（1）整距线圈产生的磁动势是一个在空间上按矩形分布，幅值随时间以电流频率按正弦规律变化的脉振波。

（2）矩形磁动势波形可以分解成在空间按正弦分布的基波和为同频率的脉振波，其对应的极对数 $p_v = vp$，极距 $\tau_v = \dfrac{\tau}{v}$。

（3）电机 v 次谐波的幅值 $F_{cmv} = \dfrac{0.9 N_c I_c}{v}$。

（4）各次谐波都有一个波幅在线圈轴线上，其正负由 $\sin v \dfrac{\pi}{2}$ 决定。

（二）分布绕组的磁动势

每个线圈组是由若干个节距相等，匝数相同，依次沿定子圆周错开同一角度（通常为一槽距角）的线圈串联而成。下面按整距分布线圈组和短距线圈组两种情况分别分析线圈组的磁动势。

1. 整距分布线圈组的磁动势

图 4-25 所示为一个 $q = 3$ 的整距线圈所组成的极相组，极相组的 3 个线圈依次分布在 3 个槽内，线圈在空间位置上相隔一个槽距角 α 电角度，因而每个线圈产生的矩形波磁动势也相互移过一个 α 电角度。将这 3 个线圈的磁动势相加，就得到如图 4-25a 所示的阶梯形波。所以此绕组为整距分布绕组。

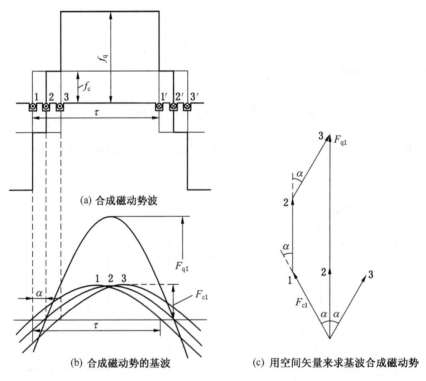

(a) 合成磁动势波

(b) 合成磁动势的基波

(c) 用空间矢量来求基波合成磁动势

图 4-25　整距分布绕组的磁动势

由于矩形波可利用傅立叶级数分解为基波和一系列奇次谐波，其中基波之间在空间上的位移角也是 α 电角度。如图 4-25a 所示，把 q 个线圈基波磁动势逐点相加，就可求得基波合成磁动势的最大幅值 F_{q1}，如图 4-25b 所示。因为基波磁动势在空间按正弦规律分布，所以可以用空间矢量相加来代替波形图中磁动势的逐点相加。如图4-25c所示，空间矢量的长度代表各个基波的幅值。矢量的位置代表正波幅所在处，所以各空间矢量相互之间的夹角等于α电角度。将这q个空间矢量相加，就可以得到如图4-25c所示的磁动势矢量图，由此得出一个线圈组的基波磁动势的幅值为

$$F_{q1} = qF_{cm1}K_{d1} = 0.9qN_cI_cK_{d1} \tag{4-48}$$

式中　K_{d1}——基波磁动势的分布系数，它与电动势分布系数完全相同。

相绕组的磁动势不是一相绕组的总磁动势，而是一对磁极下该相绕组产生的磁动势。

$$F_{\phi1} = F_{q1} = 0.9qN_cI_cK_{d1} = 0.9\frac{I}{\alpha}qN_cK_{d1} = 0.9\frac{NI}{p}K_{d1} \tag{4-49}$$

式中　N——电机每相串联匝数，单层$N = \dfrac{pqN_c}{\alpha}$，双层$N = \dfrac{2pqN_c}{\alpha}$；

　　　I——相电流，$I = \alpha I_c$，A；

　　　α——电机每相并联支路数。

同理，可推出一相高次谐波磁动势的幅值为

$$F_{\phi\nu} = 0.9\frac{NI}{\nu p}K_{d\nu} \tag{4-50}$$

式中　$K_{d\nu}$——ν次谐波的分布系数。

2. 短距线圈组的磁动势

大型电机的定子绕组，一般采用双层分布短距绕组，所以有必要讨论采用短距绕组对磁动势所造成的影响。现以图4-26a所示的双层绕组为例予以说明。双层绕组的线圈（元件）是一个边嵌在某槽的上层，另一边安放在相隔一定槽数的另一槽的下层的一种绕组结构。但磁动势的大小只决定于线圈边电流在空间的分布，与线圈边之间的连接顺序无关。为了分析问题方便，可以认为上层线圈边组成了一个$q = 3$的整距线圈组，而下层线圈边又组成另一个$q = 3$的线圈组：这两个线圈组都是单层整距绕组，它们在空间相差的电角度正好等于线圈节距比整距缩短的电角度。根据单层绕组一相磁动势的求法可得出各个中层绕组磁动势的基波，叠加起来即可得到双层短距绕组一相的磁动势的基波，如图4-26a所示。若把这两个基波磁动势用空间矢量表示，则这两个矢量的夹角正好等于这两个基波磁动势在空间的位移β，如图4-26b所示。因而一相绕组基波磁动势的最大幅值为

$$F_{\phi1} = 2F_{q1}\cos\frac{\varepsilon}{2} = 2F_{q1}\cos\left(\frac{\tau - y_1}{2\tau} \times 180°\right)$$

$$= 2F_{q1}\sin\left(\frac{y_1}{\tau} \times 90°\right) = 0.9(2qN_c)I_cK_{d1}K_{p1} \tag{4-51}$$

$$F_{\phi1} = 0.9(2qN_c)I_cK_{d1}K_{p1} = 0.9\frac{I}{\alpha}(2qN_c)K_{w1} = 0.9\frac{NI}{p}K_{w1} \tag{4-52}$$

同理，可推出一相高次谐波幅值为

$$F_{\phi\nu} = 0.9\frac{NI}{\nu p}K_{w\nu} \tag{4-53}$$

式中　$K_{w\nu}$——ν次谐波的绕组因素。

综上所述，磁动势的短距系数和磁动势的分布系数一样，对基波的影响较小，但可以

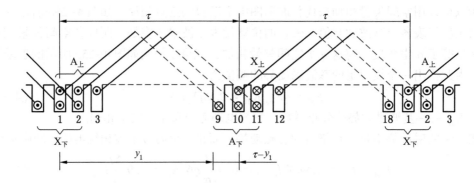

(a) 双层短距分布绕组在槽内的布置

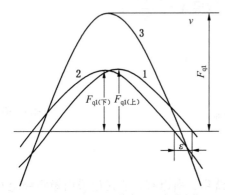

(b) 上层和下层导体产生基波磁动势

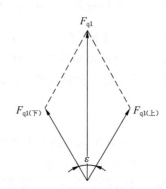

(c) 空间矢量算出上、下层基波合成磁动势

图 4-26 双层短距分布绕组的磁动势

使高次谐波磁动势有很大的削弱。因此，采用短距绕组也可以改善磁动势的波形。

通过以上分析，对单相绕组的磁动势可得出下列结论：

（1）单相绕组的磁动势是空间位置固定的脉振磁动势，其在电机的气隙空间按阶梯形波分布，大小随时间以电流的频率按正弦规律变化。

（2）单相绕组的脉振磁动势可分解为基波和一系列奇次谐波。每次波的脉振频率相同都等于电流的频率。其中磁动势基波的幅值 $F_{\phi 1} = 0.9NIK_{w1}/p$，$\nu$ 次谐波的幅值 $F_{\phi 1} = 0.9NIK_{w\nu}/(\nu p)$。从对幅值的分析中可以发现，采用短距和分布绕组对基波磁动势的影响较小，而对各高次谐波磁动势有较大的削弱，从而改善了磁动势的波形。

（3）基波的极对数就是电机的极对数，而 ν 次谐波的极对数 $p_\nu = \nu p$。

（4）各次波都有一个波幅在相绕组的轴线上，其正负由 $\sin\nu \dfrac{\pi}{2}$ 决定。

（三）单相绕组的磁动势

由于各对极下的磁动势和磁阻组成一个对称分支磁路，所以单相绕组的磁动势就等于一个极相组的磁动势，即

$$f_{\phi 1}(\theta_s,\ t) = f_{q1} = F_{\phi 1}\cos\theta_s\cos\omega t = \frac{1}{2}F_{\phi 1}\cos\left(\frac{\pi}{\tau}x - \omega t\right) + \frac{1}{2}F_{\phi 1}\cos\left(\frac{\pi}{\tau}x + \omega t\right)$$

$$= f_{\phi 1}^+ + f_{\phi 1}^- \tag{4-54}$$

$$f_{\phi1}^{+} = \frac{1}{2}F_{\phi1}\cos\left(\frac{\pi}{\tau}x - \omega t\right) \qquad (4-55)$$

$$f_{\phi1}^{-} = \frac{1}{2}F_{\phi1}\cos\left(\frac{\pi}{\tau}x + \omega t\right) \qquad (4-56)$$

式（4-54）表明，单相绕组的基波磁动势在空间随 θ_s 角按余弦规律分布，在时间上随 ωt 按余弦规律脉振；这种从空间上看轴线为固定不动，从时间上看其瞬时值不断地随电流的交变而在正、负幅值之间脉振的磁动势（磁场），称为脉振磁动势（磁场）。从物理上看，脉振磁动势属于驻波。脉振磁动势的脉振频率取决于电流的频率。同时也可以看出式中第一项 $f_{\phi1}^{+}$ 磁动势的幅值为 $0.5F_{\phi1}$，旋转速度 $\nu = 2\tau f$，而式中第二项 $f_{\phi1}^{-}$ 磁动势的幅值为 $0.5F_{\phi1}$，旋转速度 $\nu = -2\tau f$，式中两项幅值大小相同，方向相反，如图 4-27 所示。

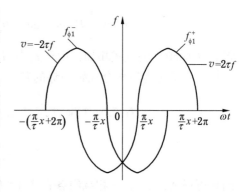

图 4-27　单相绕组的基波磁动势

同理可推出一相高次谐波的磁动势

$$f_{\phi\nu}(\theta_s,\ t) = f_{q\nu} = F_{\phi\nu}\cos\nu\theta_s\cos\omega t = \frac{1}{2}F_{\phi\nu}\cos\left(\nu\frac{\pi}{\tau}x - \omega t\right) +$$

$$\frac{1}{2}F_{\phi\nu}\cos\left(\nu\frac{\pi}{\tau}x + \omega t\right) = f_{\phi\nu}^{+} + f_{\phi\nu}^{-} \qquad (4-57)$$

$$F_{\phi\nu} = 0.9\frac{NI}{\nu p}K_{w\nu} \qquad (4-58)$$

从式（4-57）中可以看出，谐波磁动势从空间上看是一个按 ν 次谐波分布，从时间上看仍是按 ωt 的余弦函数脉振的脉振磁动势。

二、三相绕组通有正弦交流电所产生的磁动势

基于单相绕组磁动势的分析，把 A、B、C 三个单相绕组所产生的磁动势逐点相加，就可得到三相绕组的合成磁动势。三相绕组合成磁动势的分析方法主要有解析法和图解法。本小节主要介绍如何用解析法分析三相绕组合成磁动势。

三相电机的绕组一般采用对称三相绕组，即三相绕组在空间上互差 120°，绕组中三相电流在时间上也互差 120°。若 A、B、C 三相绕组各自产生的脉振磁动势的基波表达式为

$$\left.\begin{array}{l} f_{A1} = F_{\phi1}\cos\theta_s\cos\omega t \\ f_{B1} = F_{\phi1}\cos(\theta_s - 120°)\cos(\omega t - 120°) \\ f_{C1} = F_{\phi1}\cos(\theta_s - 240°)\cos(\omega t - 240°) \end{array}\right\} \qquad (4-59)$$

式中　$F_{\phi1}$——每相磁动势基波的最大幅值。

利用三角公式将每相脉振磁动势分解为两个旋转磁动势，得

$$f_{A1} = \frac{1}{2}F_{\phi 1}\cos(\omega t - \theta_s) + \frac{1}{2}F_{\phi 1}\cos(\omega t + \theta_s) \left.\right\}$$

$$f_{B1} = \frac{1}{2}F_{\phi 1}\cos(\omega t - \theta_s) + \frac{1}{2}F_{\phi 1}\cos(\omega t + \theta_s - 240°) \left.\right\} \qquad (4-60)$$

$$f_{C1} = \frac{1}{2}F_{\phi 1}\cos(\omega t - \theta_s) + \frac{1}{2}F_{\phi 1}\cos(\omega t + \theta_s - 120°) \left.\right\}$$

将式（4-60）的三式相加，由于式中后三项代表的三个旋转磁动势空间互差 120°，其和为零，于是可得三相合成磁动势的基波为

$$f_1 = f_{A1} + f_{B1} + f_{C1} = \frac{3}{2}F_{\phi 1}\cos(\omega t - \theta_s) = F_1\cos(\omega t - \theta_s) \qquad (4-61)$$

$$F_1 = \frac{3}{2}F_{\phi 1} = 1.35\frac{NK_{w1}}{p}I \qquad (4-62)$$

同理可得 A、B、C 三相绕组各自产生的高次谐波磁动势

$$f_{A\nu} = F_{\phi\nu}\cos\nu\theta_s\cos\omega t \left.\right\}$$

$$f_{B\nu} = F_{\phi\nu}\cos\nu(\theta_s - 120°)\cos(\omega t - 120°) \left.\right\} \qquad (4-63)$$

$$f_{C\nu} = F_{\phi\nu}\cos\nu(\theta_s - 240°)\cos(\omega t - 240°) \left.\right\}$$

将式（4-63）的三式相加，可得三相合成磁动势的基波为

$$f_\nu = f_{A\nu} + f_{B\nu} + f_{C\nu} = \frac{3}{2}F_{\phi\nu}\cos(\omega t - \nu\theta_s) = F_\nu\cos(\omega t - \nu\theta_s) \qquad (4-64)$$

$$F_\nu = \frac{3}{2}F_{\phi\nu} = 1.35\frac{1}{\nu}\frac{NK_{w\nu}}{p}I \qquad (4-65)$$

因此所得三相合成磁动势是一个波幅恒定的旋转波，即圆形旋转磁动势。

综合上述分析，得出三相基波合成磁动势具有以下特性：

（1）三相合成磁动势为正弦分布旋转磁动势，转向由超前电流相转到滞后电流相。要改变磁场转向，只需改变三相电流的相序。

（2）幅值 F_ν 不变，为各相脉振磁动势幅值的 $0.5m$ 倍，且旋转幅值的轨迹是圆，所以称为圆形旋转磁场。

（3）当某相电流达最大值时，合成旋转磁动势的幅值恰在这一相绕组轴线上。

（4）磁场旋转速度 $v = 2\tau f/\nu$。

【例 4-9】 在【例 4-7】的基础上，求取基波三相合成磁动势的幅值。

解： 基波三相合成磁动势的幅值

$$F_{\phi 1} = 1.35\frac{Nk_{w1}}{p}I = 1.35\frac{60 \times 0.9330594}{3} \times 20 = 503.852 \text{ A}$$

三、三相绕组通有不对称交流电所产生的磁动势

三相电机的绕组不对称，但是空间上互差 120°，时间上也互差 120°，只是幅值不对称。若把空间坐标的原点选取与 A 相绕组的轴线坐标重合，则 A、B、C 三相绕组各自产生的脉振磁动势的基波表达式为

$$f_{A1} = F_A \cos\theta_s \cos\omega t$$
$$f_{B1} = F_B \cos(\theta_s - 120°)\cos(\omega t - 120°)$$
$$f_{C1} = F_C \cos(\theta_s - 240°)\cos(\omega t - 240°)$$
$$(4-66)$$

式中 F_A、F_B、F_C——A、B、C 相磁动势基波的最大幅值。

采用对称分量法，可将不对称三相电流分解为 3 个对称的电流系统，即正序系统、负序系统和零序系统，它们的有效值分别为 I_+、I_- 和 I_0。

将式（4-66）的三式相加，可得三相合成磁动势的基波为

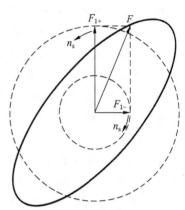

$$f_1 = f_{A1} + f_{B1} + f_{C1} = F_{1+}\cos(\omega t - \theta_s) + F_{1-}\cos(\omega t + \theta_s)$$
$$(4-67)$$

$$F_{1+} = 1.35\frac{NK_{w1}I_+}{p} \qquad (4-68)$$

$$F_{1-} = 1.35\frac{NK_{w1}I_-}{p} \qquad (4-69)$$

从式（4-67）~式（4-69）中可以看出，零序磁动势不存在，气隙中只存在正反向旋转磁动势，基波合成磁动势为一个幅值变化，非恒速推移椭圆形旋转磁动势，如图 4-28 所示。

图 4-28 椭圆磁动势

小 结

交流绕组的基本知识主要包括每极每相的槽数 q、空间槽距角 α、第一节距 y_1、线圈等。利用已知条件能够画出槽形星形电动势图，按要求将电机绕组展开，绕组有双层和单层之分，双层又有叠绕组和波绕组之分，单层有同心式、链式和交叉式等。

交流绕组的基波感应电动势 $E_{\phi1} = 4.44fN\phi_1K_{w1}$，同时交流绕组也产生高次谐波电动势，对磁场产生影响，因此提出消除高次谐波的方法，方法有使气隙磁场沿电枢表面的分布尽量接近正弦波形、利用三相对称绕组的连接来消除线电动势中的 3 次及其倍数次奇次谐波电动势、采用短距绕组来削弱高次谐波电动势、采用分布绕组削弱高次谐波电动势、采用斜槽或分数槽绕组削弱齿谐波电动势。

单相交流绕组通有正弦交流电所产生的磁动势为脉振磁动势，脉振磁动势的幅值为 $0.9NIK_{w1}/p$；而三相交流绕组通有正弦交流电所产生的磁动势为圆形旋转磁动势，圆形旋转磁动势的幅值为 $1.35NIK_{w1}/p$；三相交流绕组通有不对称交流电所产生的磁动势为椭圆磁动势。

🔬 思考与练习

4-1 试述双层绕组的优点，为什么现代交流电机大多采用双层绕组（小型电机除外）？

4-2 什么叫作槽电动势星形图？如何划分槽电动势星形图来进行相带划分？

4-3 为什么极相组 A 和极相组 X 串联时必须反接？如果正接将引起什么后果？

4-4 有一台交流电机，$Q=36$，$2p=4$，$y_1=\dfrac{7\tau}{9}$，$a=1$，试绘出：①槽电动势星形图，并标出 $60°$ 相带分相情况；②三相双层叠绕组展开图（A 相一相）；③三相双层波绕组展开图（A 相一相）。

4-5 有一个三相双层叠绕组，$2p=4$，$Q=36$，支路数 $a=1$，那么极距、每极每相槽数、槽距角、分布因数、节距因数、绕组因数是多少？

4-6 一个整距线圈的两个边，在空间上相距的电角度是多少？如果电机有 p 对极，那么它们在空间上相距的机械角度是多少？

4-7 在交流发电机定子槽的导体中感应电动势的频率、波形、大小与哪些因素有关？这些因素中哪些是由构造决定的，哪些是由运行条件决定的？

4-8 为了得到三相对称的基波感应电动势，对三相绕组安排有什么要求？

4-9 采用绕组分布短距改善电动势波形时，每根导体中的感应电动势是否也相应得到改善？

4-10 试述短距系数和分布系数的物理意义，为什么这两个系数总是小于或等于 1？

4-11 绕组分布与短距为什么能改善电动势波形？若希望完全消除电动势中的第 ν 次谐波，在采用短距方法时 y_1 应取多少？

4-12 试从物理和数学意义上分析，为什么短距和分布绕组能削弱或消除高次谐波电动势？

4-13 抑制高次谐波电动势的方法有哪些？

4-14 同步发电机电枢绕组为什么一般不接成 △ 形，而变压器却希望有一侧接成 △ 接线呢？

4-15 总结交流电机单相磁动势的性质、它的幅值大小、幅值位置、脉动频率各与哪些因素有关？这些因素中哪些是由构造决定的，哪些是由运行条件决定的？

4-16 总结交流电机三相合成基波圆形旋转磁动势的性质、它的幅值大小、幅值空间位置、转向和转速与哪些因素有关？这些因素中哪些是由构造决定的，哪些是由运行条件决定的？

4-17 旋转磁动势与脉振磁动势之间有什么关系？

4-18 一台 $50\,\text{Hz}$ 的三相电机通以 $60\,\text{Hz}$ 的三相对称电流，并保持电流有效值不变，此时三相基波合成旋转磁动势的幅值大小、转速、极数是多少？

4-19 三相对称绕组通过三相对称电流，顺时针相序（A-B-C-A），其中 $i_A=10\sin\omega t$，当 $I_A=10\,\text{A}$ 时，三相基波合成磁动势幅值应位于何处？当 $I_A=5\,\text{A}$ 时，其幅值位于何处？

4-20 一台 $50\,\text{Hz}$ 的交流电机，通入 $60\,\text{Hz}$ 的三相对称交流电流，设电流大小不变，问此时基波合成磁动势的幅值大小、转速和转向将如何变化？

4-21 三相双层绕组，$Q=36$，$2p=2$，$y_1=14$，$N_c=1$，$f=50\,\text{Hz}$，$\phi_1=2.63\,\text{Wb}$，$a=1$。试求：①导体电动势；②匝电动势；③线圈电动势；④线圈组电动势；⑤绕组相电动势。

4-22 一台三相同步发电机 $f=50\,\text{Hz}$，$n_N=1000\,\text{r/min}$，定子采用双层短距分布绕组 $q=2$，

$y_1 = \dfrac{5\tau}{6}$，每相串联匝数 $N = 72$，Y 连接，每极基波磁通 $\phi_1 = 8.9 \times 10^{-3}$ Wb，B_{m1}：

$B_{m3} : B_{m5} : B_{m7} = 1 : 0.3 : 0.2 : 0.15$。试求：①电机的极对数；②定子槽数；③绕组因数 K_{w1}、K_{w3}、K_{w5}、K_{w7}；④相电动势 $E_{\phi1}$、$E_{\phi3}$、$E_{\phi5}$、$E_{\phi7}$ 及合成相电动势 E_ϕ 和线电动势 E_1。

4-23 一台 4 极，$Q = 36$ 的三相交流电机，采用双层叠绕组，并联支路数 $a = 1$，$y_1 = \dfrac{7\tau}{9}$，每个线圈匝数 $N_c = 20$，每极气隙磁通 $\phi_1 = 7.5 \times 10^{-3}$ Wb，试求：①每相绕组的感应电动势；②单相脉振磁动势的幅值；③三相合成磁动势的幅值。

4-24 一台两极电机中有一个 100 匝的整距线圈，试求：①若通入 5A 的直流电流，其所产生的磁动势波的形状如何？这时基波和 3 次谐波磁动势的幅值各为多少？②若通入正弦电流 $i = 5\sqrt{2}\sin\omega t A$，试求出基波和 3 次谐波脉振磁动势的幅值。

第五章 异 步 电 机

异步电机是一种交流电机，也叫感应电机，主要作电动机使用。异步电动机广泛用于工农业生产中，例如机床、水泵、冶金、矿山设备与轻工机械等都用它作为原动机，其容量从几千瓦到几千千瓦。日益普及的家用电器，例如在洗衣机、风扇、电冰箱、空调器中采用单相异步电动机，其容量从几瓦到几千瓦。在航天、计算机等高科技领域，控制电机得到广泛应用。异步电机也可以作为发电机使用，例如小水电站、风力发电机也可采用异步电机。

异步电动机的主要优点有结构简单、运行可靠、制造容易、价格低廉、坚固耐用，而且有较高的效率和相当好的工作特性；但目前尚不能经济地在较大范围内平滑调速且它必须从电网吸收滞后的无功功率，虽然异步电动机的交流调速已有长足进展，但调速装置成本较高、尚不能广泛应用。在电网负载中，异步电动机所占的比重较大，这个滞后的无功功率对电网是一个相当重的负担，它增加了线路损耗、妨碍了有功功率的输出。当负载要求电动机单机容量较大而电网功率因数又较低的情况下，最好采用同步电动机来启动。

本章先说明异步电机的结构、工作原理及额定值，然后介绍空载和负载时异步电动机的磁场，并导出异步电动机的基本方程、等效电路、功率方程和等效电路，在此基础上分析异步电动机的机械特性和运行特性，最后分析单相异步电动机。

第一节 异步电机的结构、工作原理及额定值

一、异步电机的结构

异步电机主要由定子、转子和气隙三部分组成，如图 5-1 所示。定子由定子铁芯、定子绕组和机座、端盖等部分组成，转子由转子铁芯、转子绕组和转轴等部分组成。

（一）定子

1. 定子铁芯

定子铁芯是主磁路的一部分。为了减少交变磁场在铁芯中引起的损耗，铁芯一般采用导磁性能良好、比损耗小的 0.5 mm 厚的硅钢片冲片叠成，如图 5-2 所示。为了嵌放定子绕组，在定子冲片中均匀地冲制若干个形状相同的槽。槽形有梨形槽、梯形槽、半开口槽、开口槽 4 种，如图 5-3 所示。开口槽适用于高压大中型异步电机，其绕组是用绝缘带包扎并浸漆处理过的成型线圈；半开口槽适用于低压中型异步电机，其绕组是成型线圈；半开口槽适用于小型异步电机，其绕组是用圆导线绕成。

2. 定子绕组

定子绕组是电机的电路，其作用是感应电动势、流过电流。定子绕组的结构形式已在第四章中阐述过。定子绕组在槽内部分与铁芯间必须可靠绝缘，槽绝缘的材料、厚度由电机耐热等级和工作电压决定。

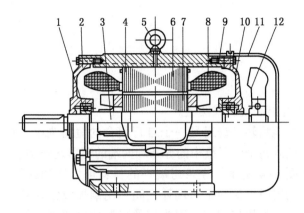

1—轴承；2—前端盖；3—转轴；4—接线盒；5—吊环；
6—定子铁芯；7—转子；8—定子绕组；9—机座；
10—后端盖；11—风罩；12—风扇

图 5-1　异步电机结构示意图

图 5-2　定子铁芯

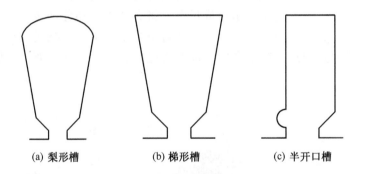

(a) 梨形槽　　　　(b) 梯形槽　　　　(c) 半开口槽　　　　(d) 开口槽

图 5-3　定子铁芯槽形

3. 机座

机座的作用主要是固定和支撑定子铁芯，因此要求有足够的机械强度。如果是端盖轴承电机，还要支撑电机的转子部分。因此，机座应有足够的机械强度和刚度。对中、小型异步电动机，通常用铸铁机座。对大型电机，一般采用钢板焊接的机座，整个机座和座式轴承都固定在同一个底板上。

（二）气隙

异步电动机的气隙比同容量直流电动机的气隙小得多，在中、小型异步电动机中，气隙一般为 0.2~1 mm。气隙小的原因是空气的磁阻比铁大得多。气隙愈大，磁阻愈大，要产生同样大小的旋转磁场，需要的励磁电流也愈大。励磁电流主要是无功电流，激磁电流大将使电机的功率因数降低。为了减少激磁电流，气隙应尽可能地小。但是气隙太小，会使机械加工成本提高，所以异步电动机中气隙的最小值是由制造工艺以及运行可靠性等因素决定。

（三）转子

1. 转子铁芯

转子铁芯也是电机主磁路的一部分，它是用 0.5 mm 厚的硅钢片叠压而成，固定在转轴或转子支架上。

2. 转轴

转子产生的机械功率通过转轴输出。

3. 转子绕组

转子绕组是转子的电路部分，可分为笼型和绕线式两类。

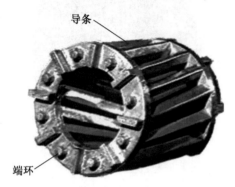

图 5-4　笼型转子绕组

笼型转子绕组是一个自行闭合的短路绕组，它由插入每个转子槽中的导条和两端的环形端环构成，如图 5-4 所示。导条与端环的材料可以用铜或铝。当用铜时，铜导条与端环之间须用铜焊或银焊的方法把它们焊接起来。因为铝的资源比铜要多，价格较便宜，且铸铝的劳动生产率高，铸铝转子的导条、端环及风叶可以一起铸出。故中小容量的笼型电机一般多采用铸铝转子。

绕线式转子绕组是与定子绕组相似的对称三相绕组。一般接成星形，将 3 个出线端分别接到转轴的 3 个滑环上，再通过电端引出电流。绕线式转子的特点是通过滑环电刷在转子回路中接入附加电阻，以改善电动机启动性能、调节其转速，如图 5-5 所示。

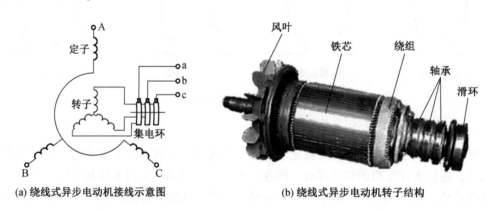

(a) 绕线式异步电动机接线示意图　　　　　(b) 绕线式异步电动机转子结构

图 5-5　绕线式异步电动机转子

笼型转子的优点是结构简单、制造容易、坚固耐用、价格便宜，但它的启动性能不如绕线式转子的电动机。在要求启动电流小、启动转矩大，或在要求一定调速范围的场合，应考虑采用绕线式异步电动机。

二、异步电机的工作原理

当异步电机定子绕组接到三相电源上时，定子绕组中将流过三相对称电流，气隙中将建立基波旋转磁动势，从而产生基波旋转磁场，其同步转速决定于电网频率和绕组的极对数。

$$n_1 = \frac{60f_1}{p} \tag{5-1}$$

式中　n_1——同步转速，r/min；

　　　f_1——电网频率，Hz；

　　　p——极对数。

这个基波旋转磁场在短路的转子绕组（如果是笼型绕组则其本身就是短路的，如果是绕线式转子则通过电刷短路）中感应电动势并在转子绕组中产生相应的电流，该电流与气隙中的旋转磁场相互作用而产生电磁转矩，以进行能量转换。由于这种电磁转矩的性质与转速大小相关，下面将分3个不同的转速范围来进行讨论。

为了分析转速，首先说明异步电动机转子转速略低或略高旋转磁场的转速（即同步转速）。为了分析方便，引入转差率。转差率为电机同步转速 n_1 与转子转速 n 之差对同步转速 n_1 之比值，用 s 表示，即

$$s = \frac{n_1 - n}{n_1} \qquad (5-2)$$

当异步电机的负载发生变化时，转子的转差率随之变化，使得转子导体的电动势、电流和电磁转矩发生相应的变化，因此异步电机转速随负载的变化而变动。按转差率的正负、大小，异步电机可分为电磁制动、电动机、发电机3种运行状态，如图5-6所示。

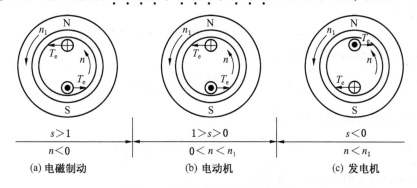

图5-6　异步电机的3种运行状态

1. 电磁制动

由于机械负载或其他外因，转子逆着旋转磁场的方向旋转，即 $n<0$、$s>1$，如图5-6a所示。此时转子导体中的感应电动势、电流与在电动机状态下的相同，N极下导体电流方向为⊕；转子转向与旋转磁场方向相反，电磁转矩表现为制动转矩。此时电机运行于电磁制动状态，即由转轴从原动机输入机械功率的同时又从电网吸收电功率（因导体中电流方向与电动机状态相同），两者都变成了电机内部的损耗。

2. 电动机

当 $0<n<n_1$、$0<s<1$ 时，如图5-6b所示，转子中导体以与 n 相反的方向切割旋转磁场，导体中将产生感应电动势和感应电流。由右手定则，该电流在N极下的方向为⊕；由左手定则，该电流与气隙磁场相互作用产生一个与转子转向同方向的拖动力矩。该力矩能克服负载制动力矩而拖动转子旋转，从轴上输出机械功率。根据功率平衡，该电机一定从电网吸收有功电功率。

如果转子被加速到 n_1，此时转子导体与旋转磁场同步旋转，它们之间无相对切割，

因而导体中无感应电动势，也没有电流，电磁转矩为零。因此在电动机状态，转速 n 不可能达到同步转速 n_1。

3. 发电机

用原动机拖动异步电机，使其转速高于旋转磁场的同步转速，即 $n > n_1$、$s < 0$，如图 5-6c 所示。转子上导体切割旋转磁场的方向与电动机状态时相反，从而导体上感应电动势、电流的方向与电动机状态相反，N 极下导体电流方向为 $\odot$；电磁转矩的方向与转子转向相反，电磁转矩为制动性质。此时异步电机由转轴从原动机插入机械功率，克服电磁转矩，通过电磁感应由定子向电网输出电功率（因导体中电流方向与电动机状态相反），电机处于发电机状态。

【例 5-1】 一台三相感应电动机，$f_1 = 50$ Hz、$2p = 8$，当额定转差率 $s_N = 0.04$ 时，问该机的额定转速是多少？当该机运行在 700 r/min 时，转差率是多少？当该机运行在 800 r/min 时，转差率是多少？当该机运行在启动时，转差率是多少？

解：①同步转速

$$n_1 = \frac{60f_1}{p} = \frac{60 \times 50}{4} = 750 \text{ r/min}$$

额定转速

$$n_N = (1 - s_N)n_1 = (1 - 0.04) \times 750 = 720 \text{ r/min}$$

②当 $n = 700$ r/min 时，转差率

$$s = \frac{n_1 - n}{n_1} = \frac{750 - 700}{750} = 0.067$$

③当 $n = 800$ r/min 时，转差率

$$s = \frac{n_1 - n}{n_1} = \frac{750 - 800}{750} = -0.067$$

④当电动机启动时，$n = 0$，转差率

$$s = \frac{n_1 - n}{n_1} = \frac{750}{750} = 1$$

三、异步电动机的分类

异步电动机的种类很多，从不同角度看有不同的分类法。

（1）按定子相数可分为单相异步电动机、两相异步电动机、三相异步电动机。

（2）按转子结构可分为绕线式异步电动机、笼型异步电动机。笼型异步电动机又可分为单笼型异步电动机、双笼型异步电动机和深槽式异步电动机。

（3）按电动机定子绕组上所加电压的大小可分为高压异步电动机、低压异步电动机。

除此之外，从其他角度看还有高启动转矩异步电动机、高转差率异步电动机、高转速异步电动机等。

四、异步电机的额定值

1. 额定功率 P_N

额定功率是指电动机在额定情况下运行，轴端输出的机械功率，单位为 kW。

对于三相异步电动机，额定功率

$$P_N = \sqrt{3}\,U_{1N}I_{1N}\cos\varphi_N\eta_N \qquad (5-3)$$

2. 定子额定电压 U_{1N}

定子额定电压是指电动机在额定情况下运行时，施加在定子绕组上的线电压，单位为 V。

3. 定子额定电流 I_{1N}

定子额定电流是指电动机在额定电压、额定频率下轴端输出额定功率时，定子绕组流过的电流，单位为 A。

4. 额定功率因数 $\cos\varphi_N$

额定功率因数是指电动机在额定情况下运行时，定子的功率因数。

5. 额定频率 f_N

额定频率是指定子边的电源频率，我国工频规定为 50 Hz。

6. 额定转速 n_N

额定转速是指电动机在额定电压、额定频率和轴端输出额定功率时，转子的转速，单位为 r/min。

除上述数据外，铭牌上还有额定效率、温升、过载倍数等。对于绕线式异步电机还标有转子电压和电流等数据。

第二节 三相异步电动机的磁动势和磁场

一、三相异步电动机空载时的磁动势和磁场

1. 空载时的磁动势

当三相异步电动机的定子接到三相对称电源时，定子绕组中就将流过三相对称电流 $\dot{I}_{1A}$、$\dot{I}_{1B}$、$\dot{I}_{1C}$，因此定子绕组将产生一个正向同步旋转的基波旋转磁动势 F_1。在 F_1 的作用下，将产生通过气隙的主磁场 B_m，B_m 以同步速 n_1 旋转，并"切割"转子绕组，使转子内产生三相感应电动势 $\dot{E}_{2a}$、$\dot{E}_{2b}$、$\dot{E}_{2c}$ 和三相电流 $\dot{I}_{2a}$、$\dot{I}_{2b}$、$\dot{I}_{2c}$。气隙磁场和转子电流相互作用将产生电磁转矩，使转子顺旋转磁场方向转动起来。

空载运行时，转子转速非常接近同步转速，转子绕组感应电动势接近于零，因此转子电流很小，即 $\dot{I}_2 \approx 0$。因此空载运行时，定子磁动势 F_1 基本上就是产生气隙主磁场 B_m 的磁动势 F_m，空载时空载电流 $\dot{I}_{10}$ 就是激磁电流 $\dot{I}_m$。计及铁芯损耗时，B_m 在空间滞后于 F_m 一个铁耗角 α_{Fe}，如图 5-7 所示。

2. 主磁通和激磁阻抗

基波旋转磁动势产生经过气隙的磁通，它与定子绕组及转子绕组相交链，如图 5-8 所示。它使转子绕组产生感应电动势，并产生电流；它与旋转磁场作用而产生转矩使电机旋转。于是异步电动机依靠这部分磁通实现定子和转子间的能量转换，称为主磁通，用 $\dot{\phi}_m$ 表示。定子绕组中感应电动势 $\dot{E}_1$ 为

$$\dot{E}_1 = -j4.44f_1N_1K_{w1}\dot{\phi}_m \qquad (5-4)$$

主磁通磁路通过气隙、定子齿、定子轭、转子齿、转子轭等五部分。通过磁路计算，可得电机的磁化曲线，即主磁通 ϕ_m 和激磁电流 I_m 的关系为

$$\phi_m = f(I_m) \tag{5-5}$$

即

$$E_1 = f(I_m) \tag{5-6}$$

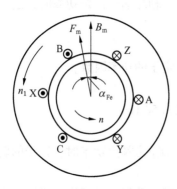

图 5-7　异步电动机的激磁

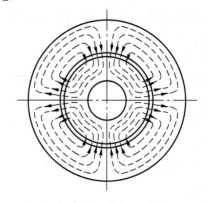

图 5-8　主磁通

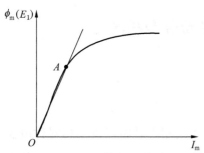

图 5-9　主磁路的磁化曲线

图 5-9 所示为主磁路的磁化曲线。由于额定电压通常在磁化曲线的膝点附近，所以在膝点以下的磁化曲线，通常可以用一条通过原点和额定相电压点的直线代替，于是主磁通 $\dot{\phi}_m$ 与激磁电流 $\dot{I}_m$ 成正比。此时 $\dot{E}_1$ 与 $\dot{I}_m$ 之间的激磁方程表示为

$$\dot{E}_1 = -\dot{I}_m Z_m = -\dot{I}_m(R_m + jX_m) \tag{5-7}$$

式中　Z_m——激磁阻抗，Ω；
　　　R_m——激磁电阻，Ω；
　　　X_m——激磁电抗，Ω。

由于主磁通中存在气隙，所以电机的激磁电流比变压器大得多，通常为额定电流的 15% ~ 40%。

3. 定子漏磁通和定子漏抗

当定子绕组通过三相电流时，除产生主磁通外，还产生非工作磁通，称为漏磁通。

定子绕组的漏磁通可以分为三部分。

（1）槽漏磁通：穿过由槽的一壁横越至槽的另一壁的漏磁通，如图 5-10a 所示。

（2）端部漏磁通：匝链绕组端部的漏磁通，如图 5-10b 所示。

（3）谐波漏磁通：定子绕组通入三相交流电时，除产生基波旋转磁场外，在空间还会产生一系列高次谐波磁动势及磁通。当异步电动机正常运行时，它们不会产生有用的转矩，所以谐波磁通虽然也能同时切割并匝链定、转子绕组，但它们不会产生有用的转矩，所以也被认为是漏磁通。

当电流交变时，漏磁通也随着变化，于是在定子绕组中产生感应电动势 $\dot{E}_{1\sigma}$。用漏电抗压降 $-j\dot{I}_1 X_{1\sigma}$ 来表示 $\dot{E}_{1\sigma}$，即

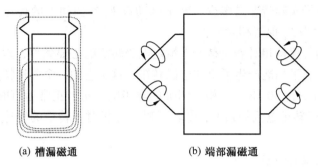

(a) 槽漏磁通　　　　　　　(b) 端部漏磁通

图 5-10　定子漏磁通

$$\dot{E}_{1\sigma} = -j\dot{I}_1 X_{1\sigma} \tag{5-8}$$

式中　$E_{1\sigma}$——定子绕组漏磁通电动势，V；

　　　I_1——定子电流，A；

　　　$X_{1\sigma}$——定子绕组漏电抗，Ω。

$$X_{1\sigma} = 2\pi f_1 L_{1\sigma} = 2\pi f_1 L_{1\sigma} N_1^2 \Lambda_{1\sigma} \tag{5-9}$$

式中　$L_{1\sigma}$——定子的漏磁电感，H；

　　　$\Lambda_{1\sigma}$——定子漏磁磁导，Wb/A。

定子的槽形越深越窄，槽漏磁的磁导就越大，定子槽漏抗也越大。

二、三相异步电动机负载时的磁动势和磁场

1. 负载运行时的磁动势

当电动机带上负载时，电动机的转速从空载转速 n_0 下降到转速 n，与此同时，转子绕组的感应电动势和电流将会增大。若气隙旋转磁场为正向旋转（即 A 相—B 相—C 相—A 相），转子绕组为对称三相绕组，则转子的感应电动势和电流也将是正相序，通有三相正序的三相转子绕组将产生正向旋转的转子磁动势 F_2。

若转子的每相匝数为 N_2，绕组因数为 K_{w2}，转子电流为 I_2，极对数为 p，则 F_2 的幅值应为

$$F_2 = 1.35 \frac{N_2 I_2 K_{w2}}{p} \tag{5-10}$$

再看 F_2 的转速。设转子转速为 n，则气隙旋转磁场将以 $\Delta n = n_1 - n = sn_1$ 的相对速度"切割"转子绕组，如图 5-11 所示。此时转子感应电动势和电流的频率 f_2 应为

$$f_2 = \frac{p(n_1 - n)}{60} = sf_1 \tag{5-11}$$

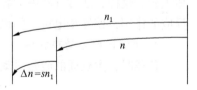

图 5-11　定、转子磁动势的
转速和转子转速

频率为 f_2 的转子电流将产生旋转磁动势 F_2，F_2 相对于转子的转速 n_2 应为

$$n_2 = \frac{60f_2}{p} = \frac{60sf_1}{p} = sn_1 = \Delta n \tag{5-12}$$

而转子本身又以转速 n 在旋转，因此从定子侧观测时，F_2 在空间的转速应为

$$n_2 + n = \Delta n + n = n_1 \tag{5-13}$$

上式表明，无论转子实际转速是多少，转子磁动势 F_2 在空间上的转速总是等于同步转速 n_1，并与定子磁动势 F_1 保持相对静止。

定、转子磁动势保持相对静止是产生恒定电磁转矩的必要条件，对称运行时，三相异步电动机在任何转速下均能产生恒定的电磁转矩，这是它的一个可贵特点。

【例 5-2】 有一台 50 Hz、三相、四极的异步电动机，正常运行时转子的转差率 $s = 5\%$，试求：①此时转子电流的频率；②转子磁动势相对于转子的转速；③转子磁动势在空间的转速。

解： ①转子电流的频率

$$f_2 = sf_1 = 0.05 \times 50 = 2.5 \text{ Hz}$$

②转子磁动势相对于转子的转速

$$n_2 = \frac{60f_2}{p} = \frac{60 \times 2.5}{2} = 75 \text{ r/min}$$

③转子磁动势在空间的转速

$$n + n_2 = (1 - s)n_1 + n_2 = (1 - 0.05) \times \frac{60 \times 50}{2} + 75 = 1500 \text{ r/min}$$

2. 转子反应

负载时转子磁动势的基波对气隙主磁场的影响，称为转子反应。转子反应有两个作用：其一是使气隙磁场的大小和空间相位发生变化，从而引起定子感应电动势 $\dot{E}_1$ 和定子电流 $\dot{I}_1$ 发生变化；所以电机带负载后，定子电流中除激磁分量 $\dot{I}_m$ 以外，还将出现一个补偿转子磁动势的"负载分量" $\dot{I}_{1L}$，即

$$\dot{I}_1 = \dot{I}_m + \dot{I}_{1L} \tag{5-14}$$

此 $\dot{I}_{1L}$ 所产生的磁动势 F_{1L} 与转子磁动势 F_2 大小相等、方向相反，使气隙内的主磁通基本保持不变，即

$$F_{1L} = -F_2 \tag{5-15}$$

由于负载分量 $\dot{I}_{1L}$ 的出现，异步电动机将从电源输入一定的电功率。转子反应的另一个作用是，转子磁动势与气隙主磁场相互作用，产生所需要的电磁转矩，以带动轴上的机械负载。这样，通过气隙中的旋转磁动势和定、转子绕组之间的电磁感应关系，以及转子反应的作用，使异步电机中的机电能量转换得以实现。

3. 负载时的磁动势方程

负载时，主磁通的激磁磁动势 F_m 是由定子磁动势 F_1 与转子磁动势 F_2 合成，即

$$F_1 = F_m + (-F_2) = F_m + F_{1L}$$

即

$$\frac{m_1}{2}0.9\frac{N_1\dot{I}_1K_{w1}}{p} + \frac{m_2}{2}0.9\frac{N_2\dot{I}_2K_{w2}}{p} = \frac{m_1}{2}0.9\frac{N_1\dot{I}_mK_{w1}}{p} \tag{5-16}$$

这就是异步电机的磁动势方程。说明负载时作用在电动机主磁路上，用以产生气隙主磁场的激磁磁动势，是定、转子的合成磁动势。

经过绕组和频率折算，式（5-16）可以改写成下列形式，即

$$\dot{I}_1 + \dot{I}_2' = \dot{I}_m \tag{5-17}$$

$$\dot{I}_2' = -\dot{I}_{1L} \tag{5-18}$$

式中 $\dot{I}_2'$ ——归算到定子边时转子电流的归算值。

将负载时气隙磁场 B_m 和定、转子磁动势 F_1、F_2、F_m 的空间矢量图，以及主磁通 $\dot{\phi}_m$ 与激磁电流 $\dot{I}_m$、转子电流 $\dot{I}_2$ 的时间相量图绘制出来，如图 5-12 所示。

4. 转子漏磁通和转子漏抗

转子电流除产生转子磁动势 F_2 和转子反应外，还将产生仅与转子绕组交链的转子漏磁通 $\dot{\phi}_{2\sigma}$，$\dot{\phi}_{2\sigma}$ 将在转子绕组中感应电动势 $\dot{E}_{2\sigma s}$。由于转子频率为 f_2，故 $\dot{E}_{2\sigma s}$ 为

$$\dot{E}_{2\sigma s} = -j\dot{I}_2 2\pi f_2 L_{2\sigma} = -j\dot{I}_2 2\pi s f_1 L_{2\sigma} = -j\dot{I}_2 X_{2\sigma s} \tag{5-19}$$

式中 $L_{2\sigma}$ ——转子每相的漏磁电感，H；

$X_{2\sigma s}$ ——转子频率等于 f_2 时的转子漏抗，Ω。

$$X_{2\sigma s} = 2\pi f_2 L_{2\sigma} = 2\pi s f_1 L_{2\sigma} = s X_{2\sigma} \tag{5-20}$$

式中 $X_{2\sigma}$ ——转子频率等于 f_1 时的转子漏抗，Ω。

图 5-13 表示一台三相异步电动机负载时的磁场分布图。

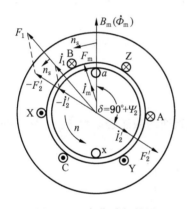

图 5-12 负载时相量图

图 5-13 负载时的磁场分布图

第三节 三相异步电动机的基本方程和等效电路

一、三相异步电动机的基本方程

（一）电压方程

1. 定子电压方程

三相异步电动机的气隙旋转磁场旋转速度按同步速度旋转，将在定子三相绕组内部感应频率为 f_1 的对称三相电动势 $\dot{E}_1$。根据基尔霍夫定律，定子每相所加的电源电压 $\dot{U}_1$，应当等于 $-\dot{E}_1$ 加上定子电流所产生的漏阻抗压降 $\dot{I}_1(R_1 + jX_{1\sigma})$。由于三相对称，故仅需分析其中的一相（取 A 相）。于是，定子的电压方程为

$$\dot{U}_1 = \dot{I}_1(R_1 + jX_{1\sigma}) - \dot{E}_1 \qquad (5-21)$$

$$\dot{E}_1 = \dot{E}_m = -\dot{I}_m Z_m \qquad (5-22)$$

式中　R_1——定子每相的电阻，Ω；

　　$X_{1\sigma}$——定子每相的漏抗，Ω；

　　Z_m——激磁阻抗，Ω。

2. 转子电压方程

气隙主磁场除了在定子绕组内感应电动势 $\dot{E}_1$ 外，还将在旋转的转子绕组内部感应转差频率 $f_2 = sf_1$ 的电动势 $\dot{E}_{2s}$，$\dot{E}_{2s}$ 的有效值为 E_{2s} 为

$$E_{2s} = 4.44 s f_1 N_2 K_{w2} \phi_m \qquad (5-23)$$

当转子不转时，转子每相的感应电动势为

$$E_2 = 4.44 f_1 N_2 K_{w2} \phi_m \qquad (5-24)$$

$$E_{2s} = sE_2 \qquad (5-25)$$

异步电动机的转子绕组短接时，即端电压 $U_2 = 0$，根据基尔霍夫定律可知，转子电压方程为

$$\dot{E}_{2s} = \dot{I}_{2s}(R_2 + jsX_{2\sigma}) \qquad (5-26)$$

式中　R_2——转子每相的电阻，Ω；

　　$X_{2\sigma}$——转子每相的漏抗，Ω；

　　E_{2s}——转子绕组的感应电动势，V；

　　s——转子转差率。

（二）磁动势平衡方程

定子磁动势 F_1 可以分为两部分：一部分是产生主磁通的激磁磁动势 F_m，另一部分是抵消转子磁动势的负载分量 $-F_2$，即

$$\left.\begin{array}{l} F_1 = F_m + F_{1L} = F_m + (-F_2) \\ F_2 = -F_{1L} \end{array}\right\}$$

即

$$F_1 + F_2 = F_m \qquad (5-27)$$

$$\frac{m_1}{2}0.9\frac{N_1\dot{I}_1 K_{w1}}{p} + \frac{m_2}{2}0.9\frac{N_2\dot{I}_2 K_{w2}}{p} = \frac{m_1}{2}0.9\frac{N_1\dot{I}_m K_{w1}}{p} \qquad (5-28)$$

（三）基本方程

联立式（5-21）~式（5-27）并简化，得出异步电动机的基本方程

$$\left.\begin{array}{l} \dot{U}_1 = \dot{I}_1(R_1 + jX_{1\sigma}) - \dot{E}_1 \\[4pt] \dot{E}_1 = \dot{E}_m = -\dot{I}_m Z_m \\[4pt] \dot{E}_{2s} = \dot{I}_{2s}(R_2 + jsX_{2\sigma}) = s\dot{E}_2 \\[4pt] F_1 + F_2 = F_m \\[4pt] \dfrac{\dot{E}_1}{\dot{E}_2} = \dfrac{N_1 K_{w1}}{N_2 K_{w2}} = K_e \end{array}\right\} \qquad (5-29)$$

将此方程与变压器的基本方程作比较。基于式（5-29）推导出定、转子各磁通量和相应的感应电动势关系如图5-14所示，其相应的耦合电路如图5-15所示。

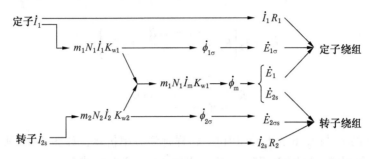

图5-14　异步电动机定、转子感应电动势关系

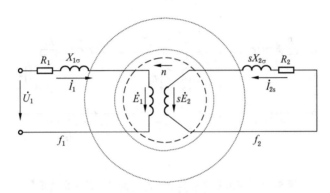

图5-15　异步电动机定、转子的耦合电路

二、三相异步电动机的等效电路

（一）频率折算

将式（5-26）的两端同时除以 s，得

$$\frac{\dot{E}_{2s}}{s} = \dot{I}_{2s}\left(\frac{R_2}{s} + jX_{2\sigma}\right) \tag{5-30}$$

由式（5-25）、式（5-30），可得

$$\dot{E}_2 = \dot{I}_{2s}\left(\frac{R_2}{s} + jX_{2\sigma}\right) \tag{5-31}$$

$\dot{I}_{2s}$ 的有效值 I_{2s} 和相角 φ_{2s}、$\dot{I}_2$ 的有效值 I_2 和相角 φ_2 为

$$I_{2s} = \frac{E_{2s}}{\sqrt{R_2^2 + (sX_{2\sigma})^2}} = \frac{sE_2}{\sqrt{R_2^2 + (sX_{2\sigma})^2}} = \frac{E_2}{\sqrt{\left(\dfrac{R_2}{s}\right)^2 + (X_{2\sigma})^2}} = I_2 \tag{5-32}$$

$$\varphi_{2s} = \arctan\frac{sX_{2\sigma}}{R_2} = \arctan\frac{X_{2\sigma}}{R_2/s} = \varphi_2 \tag{5-33}$$

由式（5-31）可得

$$\dot{E}_2 = \dot{I}_2\left(\frac{R_2}{s} + jX_{2\sigma}\right) \qquad (5-34)$$

即

$$\dot{E}_2 = \dot{I}_2\left\{R_2 + \frac{(1-s)R_2}{s} + jX_{2\sigma}\right\} \qquad (5-35)$$

式中，

$$\frac{R_2}{s} = R_2 + \frac{(1-s)R_2}{s} \qquad (5-36)$$

由此可见，f_1 下的 $\dot{I}_2$ 与 f_2 下的 $\dot{I}_{2s}$ 同相位，这样称为频率折算，如图 5-16 所示。其中等效静止电阻 R_2/s 可用转子电阻 R_2 和一个附加电阻 $(1-s)R_2/s$ 代替。

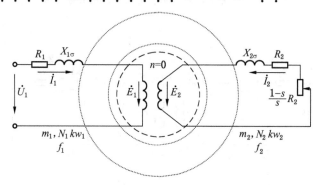

图 5-16　频率折算后异步电动机的定、转子电路图

折算后，磁动势平衡方程可变为

$$\dot{I}_1 + \frac{m_2 N_2 K_{w2}}{m_1 N_1 K_{w1}}\dot{I}_2 = \dot{I}_m \qquad (5-37)$$

（二）绕组折算

异步电动机绕组与变压器绕组折算方法相同，这里不再介绍。

1. 电流折算

设 I_2' 为折算后的转子电流，为使绕组折算前、后转子磁动势的幅值和相位不变，应有

$$\frac{m_1}{2}0.9\frac{N_1 \dot{I}_2' K_{w1}}{p} = \frac{m_2}{2}0.9\frac{N_2 \dot{I}_2 K_{w2}}{p}$$

即

$$\dot{I}_2' = \frac{m_2 N_2 K_{w2}}{m_1 N_1 K_{w1}}\dot{I}_2 = \frac{\dot{I}_2}{K_i} \qquad (5-38)$$

式中　K_i ——电流比。

$$K_i = \frac{m_1 N_1 K_{w1}}{m_2 N_2 K_{w2}} \qquad (5-39)$$

2. 电阻、电抗折算

转子绕组折算前、后消耗能量不变

$$m_1 I_2'^2 R_2' = m_2 I_2^2 R_2$$

即

$$R_2' = \frac{m_2 K_i^2 R_2}{m_1} \qquad (5-40)$$

式中　R_2'——折算后转子绕组电阻，Ω。

$$m_1 I_2'^2 X_{2\sigma}' = m_2 I_2^2 X_{2\sigma}$$

即

$$X_{2\sigma}' = \frac{m_2 K_i^2 X_{2\sigma}}{m_1} \qquad (5-41)$$

式中　$X_{2\sigma}'$——折算后转子漏抗，Ω。

3. 电动势折算

折算后转子绕组的感应电动势 $\dot{E}_2'$ 为

$$\dot{E}_2' = -j4.44 f_1 N_1 K_{w1} \dot{\phi}_m \qquad (5-42)$$

$$\dot{E}_2 = -j4.44 f_1 N_2 K_{w2} \dot{\phi}_m \qquad (5-43)$$

$$\frac{\dot{E}_2'}{\dot{E}_2} = \frac{N_1 K_{w1}}{N_2 K_{w2}} = K_e \qquad (5-44)$$

式中　K_e——电流比。

$$K_e = \frac{N_1 K_{w1}}{N_2 K_{w2}} \qquad (5-45)$$

基于式（5-39）~式（5-41）和式（5-45），经推导和整理，可得式（5-46）和式（5-47）。

$$R_2' = K_e K_i R_2 \qquad (5-46)$$

$$X_{2\sigma}' = K_e K_i X_{2\sigma} \qquad (5-47)$$

4. 磁动势平衡

绕组折算后，磁动势方程可变为

$$\dot{I}_1 + \dot{I}_2' = \dot{I}_m \qquad (5-48)$$

归纳起来，绕组折算时，转子电动势和电压应乘以 K_e，转子电流应乘以 K_i，转子电阻和漏抗应乘以 $K_e K_i$；折算前后转子磁动势不变，有功功率、总的视在功率、转子铜耗和漏磁场储能均保持不变。

折算后，定、转子耦合电路如图 5-17 所示。

（三）等效电路和相量图

1. T 形等效电路和相量图

经过折算后，异步电动机的基本方程可变为

$$\left. \begin{array}{l} \dot{U}_1 = \dot{I}_1(R_1 + jX_{1\sigma}) - \dot{E}_1 \\[2mm] \dot{E}_1 = \dot{E}_m = \dot{E}_2' = -\dot{I}_m Z_m \\[2mm] \dot{E}_2' = \dot{I}_2'\left(\dfrac{R_2'}{s} + jX_{2\sigma}'\right) \\[2mm] \dot{I}_1 + \dot{I}_2' = \dot{I}_m \end{array} \right\} \qquad (5-49)$$

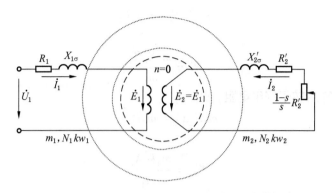

图 5-17　折算后的定、转子耦合电路

由式（5-49）可画出 T 形等效电路，如图 5-18 所示，相应的相量图如图 5-19 所示。图 5-19 是画滞后性负载的相量图。

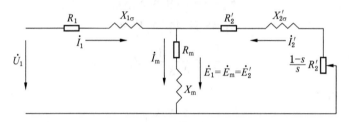

图 5-18　异步电动机的 T 形等效电路

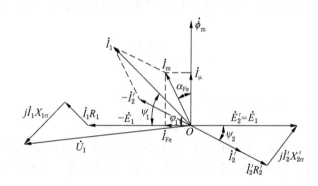

图 5-19　异步电动机的相量图

从相量图中可以看出，异步电动机的定子电流 $\dot{I}_1$ 滞后电源电压 $\dot{U}_1$，这是因为产生气隙中的主磁场和定、转子的漏磁场都要从电源输入一定的感应无功功率。激磁电流越大，定、转子漏抗越大，同样的负载下电动机所需要的无功功率就越大，电机的功率因数则越低。

注意，由等效电路算出的所有定子侧的量均为电机中的实际量，而转子电动势、电流则是折算值而不是实际值。由于折算前后能量不变，所以用折算算出的转子的有功功率、损耗和转矩均与实际值相同。

2. 近似等效电路

为了求解方便，可将图 5-19 中的定子电流、转子电流和激磁电流进行简化：

$$\left.\begin{array}{l} \dot{I}_1 = \dfrac{\dot{U}_1}{Z_{1\sigma} + \dfrac{Z_m Z_2'}{Z_m + Z_2'}} \\[4mm] \dot{I}_2' = -\dot{I}_1 \dfrac{Z_m}{Z_m + Z_2'} = -\dfrac{\dot{U}_1}{Z_{1\sigma} + \dot{c}Z_2'} \\[4mm] \dot{I}_m = \dot{I}_1 \dfrac{Z_2'}{Z_m + Z_2'} = \dfrac{\dot{U}_1}{Z_m} \dfrac{1}{\dot{c} + \dfrac{Z_{1\sigma}}{Z_2'}} \end{array}\right\} \qquad (5-50)$$

式中 $Z_{1\sigma}$ ——定子的漏阻抗, $Z_{1\sigma} = R_1 + jX_{1\sigma}$;

$\quad\quad Z_2'$ ——转子的等效阻抗, $Z_2' = \dfrac{R_2'}{s} + jX_{2\sigma}'$;

$\quad\quad \dot{c}$ ——系数, $\dot{c} = 1 + \dfrac{Z_{1\sigma}}{Z_m} = 1 + \dfrac{X_{1\sigma}}{X_m}$ 。

近似变为

$$\dot{I}_m = \dfrac{\dot{U}_1}{\dot{c}Z_m} \qquad (5-51)$$

原因是 $|Z_{1\sigma}| \ll |Z_2'|$ ，近似取 $\dfrac{Z_{1\sigma}}{Z_2'} \approx 0$ ，则上式可变为

$$\dot{I}_m = \dfrac{\dot{U}_1}{Z_m + Z_{1\sigma}} \qquad (5-52)$$

则式（5-50）中的定子电流、转子电流可变为

$$\dot{I}_2' = -\dfrac{\dot{U}_1}{Z_{1\sigma} + \dot{c}Z_2'} \qquad (5-53)$$

$$\dot{I}_1 + \dot{I}_2' = \dot{I}_m \qquad (5-54)$$

基于式（5-52）~式（5-54），经推导和简化，可得异步电动机近似等效电路，如图 5-20 所示。

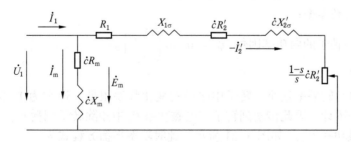

图 5-20 异步电动机的近似等效电路

从图 5-20 中可以看出，近似等效电路算出的 $\dot{I}_2'$ 与 T 形等效电路中的基本一致，但激磁电流和定子电流 $\dot{I}_1$ 则略大。$\dot{I}_2'$ 的表达式既要简单、又要准确，这一点很重要，原因是电

动机的电磁功率、机械功率和电磁转矩都要用转子电流 i'_2 来求解。

第四节 三相异步电动机的功率方程和转矩方程

本节用等效电路来分析异步电动机内部的功率关系，并列出功率方程和转矩方程。

一、三相异步电动机的功率方程

1. 功率方程

异步电动机带负载运行时，从电网输入的功率 P_1，其中一部分将消耗于定子绕组电阻而变成铜耗 p_{Cu1}，一部分消耗于定子铁芯变成铁耗 p_{Fe}，余下的大部分功率通过气隙旋转磁场的作用传递给转子，这部分功率称为电磁功率，用 P_e 表示。此时功率平衡方程式为

$$P_1 = P_e + p_{Cu1} + p_{Fe} = m_1 U_1 I_1 \cos\varphi_1 \qquad (5-55)$$

$$\left.\begin{array}{l} P_1 = m_1 U_1 I_1 \cos\varphi_1 \\[2mm] p_{Cu1} = m_1 I_1^2 R_1 \\[2mm] p_{Fe} = m_1 I_m^2 R_m \\[2mm] P_e = m_1 E'_2 I'_2 \cos\psi'_2 = m_1 I'^2_2 \dfrac{R'_2}{s} \end{array}\right\} \qquad (5-56)$$

式中　　m_1——定子绕组相数；

$\qquad U_1$——电源电压，V；

$\qquad I_1$——定子电流，A；

$\qquad R_1$——定子绕组电阻，Ω；

$\qquad I_m$——激磁电流，A；

$\qquad R_m$——激磁电阻，Ω；

$\quad \cos\varphi_1$——定子的功率因数；

$\qquad E'_2$——转子感应电动势的折算值，V；

$\qquad I'_2$——转子电流的折算值，A；

$\qquad R'_2$——转子绕组电阻的折算值，Ω；

$\qquad s$——转差率；

$\quad \cos\psi'_2$——转子的内功率因数，$\psi'_2 = \arctan\left(\dfrac{sX'_{2\sigma}}{R'_2}\right)$。

2. 电磁功率

正常运行时，转差率很小，转子中磁通的变化频率很低，通常为 $1\sim3$ Hz，所以转子铁耗一般可略去不计。因此传送到转子的电磁功率 P_e 中扣除转子铜耗 p_{Cu2}，可得转换为机械能的总的机械功率 P_Ω，如图 5-21 所示。此时功率平衡方程式为

$$P_e = P_\Omega + p_{Cu2} \qquad (5-57)$$

$$\left.\begin{array}{l} p_{Cu1} = m_1 I'^2_2 R'_2 = sP_e \\[3mm] P_\Omega = m_1 I'^2_2 \dfrac{1-s}{s} R'_2 = (1-s)P_e \end{array}\right\} \qquad (5-58)$$

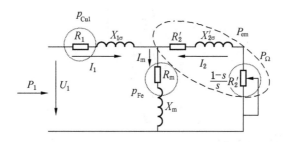

图 5-21　异步电动机的功率关系

3. 输出功率

最后从机械功率 P_Ω 中扣除转子的机械损耗 p_Ω 和杂散损耗 p_Δ，可得轴上输出的机械功率 P_2，即

$$P_2 = P_\Omega - (p_\Omega + p_\Delta) \tag{5-59}$$

$$P_2 = m_1 U_1 I_1 \cos\varphi_1 \eta \tag{5-60}$$

在小型笼型异步电动机中，满载时杂散损耗可达到输出功率的 1% ~ 3%；在大型异步电动机中可取 0.5%，负载变化时，杂散损耗也在变化，与电流 I_1 的平方成正比。它也与槽开口、槽配合、气隙大小以及制造工艺有关。

由此可得异步电动机的功率关系表达式

$$P_1 = P_e + p_{Cu1} + p_{Fe} = P_2 + p_{Cu2} + p_\Omega + p_\Delta + p_{Cu1} + p_{Fe} \tag{5-61}$$

可用图 5-22 示意功率关系。

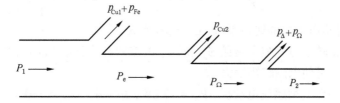

图 5-22　异步电动机的功率流程图

4. 异步电动机效率

$$\eta = \frac{P_2}{P_1} = \frac{P_1 - \sum p}{P_1} = 1 - \frac{\sum p}{P_1} \tag{5-62}$$

$$\sum p = p_{Cu2} + p_\Omega + p_\Delta + p_{Cu1} + p_{Fe} \tag{5-63}$$

异步电动机效率随负载变化的曲线如图 5-23 所示。

二、三相异步电动机的转矩方程

1. 转矩方程

将式（5-59）两边除以机械角速度 Ω，可得转子的转矩方程：

$$T_e = T_2 + T_0 \tag{5-64}$$

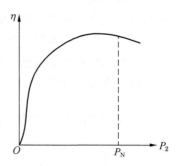

图 5-23　异步电动机的效率
曲线

$$T_e = \frac{P_\Omega}{\Omega}$$

$$T_0 = \frac{p_\Delta + p_\Omega}{\Omega}$$

$$T_2 = \frac{P_2}{\Omega} \tag{5-65}$$

式中　　T_e——电磁转矩，$N \cdot m$；

　　　　T_0——空载转矩，$N \cdot m$；

　　　　T_2——电动机的输出转矩，$N \cdot m$。

$$T_e = \frac{P_\Omega}{\Omega} = \frac{(1-s)P_e}{(1-s)\Omega_1} = \frac{P_e}{\Omega_1} \tag{5-66}$$

式（5-66）表明，电磁转矩既可用机械功率算出，也可用电磁功率算出。不过二者所用的机械角速度不同，机械功率用的是转子机械角速度 Ω，电磁功率用的是同步角速度 Ω_1，原因是电磁功率是通过气隙旋转磁场传送到转子。

2. 电磁转矩

考虑到电磁功率 $P_e = m_1 E'_2 I'_2 \cos\psi'_2$、$E'_2 = \sqrt{2}\pi f_1 N_1 K_{w1}\phi_m$、$I'_2 = \frac{m_2 N_2 K_{w2}}{m_1 N_1 K_{w1}} I_2$、$\Omega_1 = \frac{2\pi f_1}{p}$，将这些关系代入式（5-66），可得

$$T_e = \frac{1}{\sqrt{2}} p m_2 N_2 K_{w2} \phi_m I_2 \cos\psi_2 = C_T \phi_m I_2 \cos\psi_2 \tag{5-67}$$

式中　　C_T——异步电动机的转矩系数，$C_T = p m_2 N_2 K_{w2}/\sqrt{2}$。

该式说明电磁转矩与气隙主磁通 ϕ_m 和转子电流的有功分量 $I_2 \cos\psi_2$ 成正比；增加转子电流的有功分量，可使电磁转矩增大。

【例5-3】　一台笼型感应电动机，$P_N = 17\ kW$，$2p = 4$，$U_{1N} = 380\ V$，Y 连接，频率为 50 Hz，额定转速为 1451 r/min，额定功率因数为 0.8764，定子额定电流为 32.8 A。电动机的参数为 $R_1 = 0.228\ \Omega$，$R'_2 = 0.224\ \Omega$，$X_{1\sigma} = 0.55\ \Omega$，$X'_{2\sigma} = 0.75\ \Omega$，$X_m = 18.5\ \Omega$，空载额定电压下铁耗为 350 W，机械损耗为 250 W，额定负载时杂散损耗额定功率的 0.5%。

试求：①激磁电阻；②额定负载时电动机的输入功率、转差率、电磁功率和电磁转矩、机械功率和转子铜耗功率；③电机的效率。

解：①激磁电阻

$$\because p_{Fe} = m_1 I_m^2 R_m = 3 \times \frac{U_{1N}^2}{(\sqrt{3}\,|Z_m|)^2} R_m$$

$$\therefore \frac{350}{380^2} = \frac{R_m}{R_m^2 + X_m^2}$$

$$\therefore R_m^2 - \frac{380^2}{350} R_m + 18.5^2 = 0$$

$\therefore R_{m1} = 411.74\ \Omega$（舍去）（因为 $R_m < X_m$）　$R_{m2} = 0.8312\ \Omega$

②额定负载时电动机的输入功率、转差率、电磁功率和电磁转矩、机械功率和转子铜

耗功率

$$P_1 = \sqrt{3}\,U_1 I_1 \cos\varphi_1 = \sqrt{3} \times 380 \times 32.8 \times 0.8674 = 18.725 \text{ kW}$$

$$n_s = \frac{60 f_1}{p} = \frac{60 \times 50}{2} = 1500 \text{ r/min}$$

$$s_N = \frac{n_s - n_N}{n_s} = \frac{1500 - 1451}{1500} = 0.03267$$

$$P_\Omega = P_2 + p_m + p_\Delta = 17 + 0.25 + 0.5\% \times 17 = 17.335 \text{ kW}$$

$$P_e = \frac{P_\Omega}{1 - s_N} = \frac{17.335}{1 - 0.03267} = 17.92 \text{ kW}$$

$$T_e = \frac{P_e}{\Omega_s} = \frac{17.92 \times 1000}{2\pi \times 1500/60} = 114.08 \text{ N} \cdot \text{m}$$

$$p_{Cu2} = s_N P_e = 0.03267 \times 17.92 = 0.5854464 \text{ kW}$$

③电机的效率

$$\eta = \frac{P_2}{P_1} \times 100\% = \frac{17}{18.725} \times 100\% = 90.79\%$$

第五节　三相异步电动机的参数测定

为了利用等效电路计算异步电动机的运行特性，必须先知道参数 R_1、$X_{1\sigma}$、R_2'、$X_{2\sigma}'$、R_m、X_m。如变压器一样，对于已制成的异步电机可以通过空载和短路试验来测定其参数。

一、三相异步电动机的空载试验

空载试验的目的是测定激磁电阻 R_m、激磁电抗 X_m、铁耗 p_{Fe}、机械损耗 p_Ω。试验时电机轴上不带负载，用三相调压器对电机供电，使定子端电压从 $(1.1 \sim 1.2) U_{1N}$ 逐渐降低，直到电动机转速发生明显变化、空载电流明显回升为止。在这个过程中，记录电动机的端电压 U_1、空载电流 I_{10}、空载损耗 p_{10}、转速 n 并绘制空载特性曲线，如图 5-24 所示。

由于异步电动机空载运行时转子电流小，转子铜耗可以忽略不计。在这种情况下，定子输入功率消耗在定子铜耗 $m_1 I_{10}^2 R_1$、铁耗 p_{Fe}、机械损耗 p_Ω 上

$$p_{10} = m_1 I_{10}^2 R_1 + p_{Fe} + p_\Omega \tag{5-68}$$

式中　　R_1——定子电阻，Ω。它可用伏-安特法测定。

由于铁耗基本上与端电压的平方成正比，机械损耗与转速有关而与端电压的高低无关，因此机械损耗和铁耗两相之和与相电压的平方值画成曲线，该线将近似为一直线，如图 5-25 所示。把该线延长到 $U_1 = 0$ 处，如图 5-25 虚线所示，它与纵坐标的交点为 A，通过 A 点作水平虚线，则水平线以下部分就是与电压大小无关的机械损耗 p_Ω，虚线以上部分则是随电压而变化的铁耗。

空载时，转差率 $s \approx 0$，转子可认为开路，于是根据等效电路可知，激磁电阻为

$$R_m = \frac{p_{Fe}}{m_1 I_{10}^2} \tag{5-69}$$

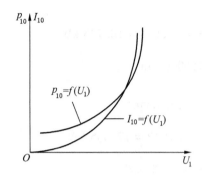

图 5-24 异步电动机的空载特性曲线

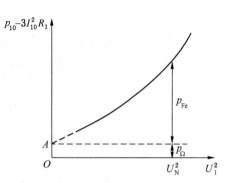

图 5-25 铁耗与机械损耗分离

定子的空载电抗为

$$\left.\begin{array}{l} R_0 = \dfrac{p_{10}}{m_1 I_{10}^2} \\[3mm] |Z_0| = \dfrac{U_1}{I_{10}} \\[3mm] X_0 = \sqrt{|Z_0|^2 - R_0^2} \end{array}\right\} \qquad (5-70)$$

式中，$X_0 = X_{1\sigma} + X_m$；$R_0 = R_1 + R_m$；其中定子漏抗 $X_{1\sigma}$ 可由短路试验确定，于是激磁电抗为

$$X_m = X_0 - X_{1\sigma} \qquad (5-71)$$

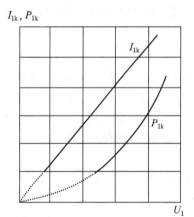

图 5-26 异步电动机的短路特性曲线

二、三相异步电动机的堵转试验

堵转试验的目的是测定短路阻抗。试验时将转子堵住，在定子端施加电压，使端电压（线电压）$U_k = 0.4U_{1N}$（对小型电动机，若条件具备，最好从 $U_k = 0.9U_{1N} \sim 1.0U_{1N}$ 做起），然后逐步降低电压，记录定子绕组端电压 U_k、定子电流 I_k 和功率 p_k，即可得到短路特性曲线 I_k、$p_k = f(U_k)$，如图 5-26 所示。

根据短路特性曲线，由额定电流 I_k 对应的相电压 U_k、短路损耗 p_k 可求得

$$\left.\begin{array}{l} R_k = \dfrac{p_k}{m_1 I_k^2} \\[3mm] |Z_k| = \dfrac{U_k}{I_k} \\[3mm] X_k = \sqrt{|Z_k|^2 - R_k^2} \end{array}\right\} \qquad (5-72)$$

式中　R_k ——短路电阻，Ω；

　　　　X_k ——短路电抗，Ω；

　　　　Z_k ——短路阻抗，Ω。

如图 5-27 所示，若不计铁耗（即认为 $R_m \approx 0$），可得短路阻抗 Z_k 为

$$Z_k = R_1 + jX_{1\sigma} + \frac{jX_m(R_2' + jX_{2\sigma}')}{jX_m + R_2' + jX_{2\sigma}'} = R_k + jX_k \qquad (5-73)$$

于是

$$\left. \begin{array}{l} R_k = R_1 + R_2'\dfrac{X_m^2}{R_2'^2 + (X_m + X_{2\sigma}')^2} \\[4mm] X_k = X_{1\sigma} + X_m\dfrac{R_2'^2 + X_m X_{2\sigma}' + X_{2\sigma}'^2}{R_2'^2 + (X_m + X_{2\sigma}')^2} \end{array} \right\} \qquad (5-74)$$

考虑到 $X_m = X_0 - X_{1\sigma}$, 由上述方程式 (5-74) 解出

$$\left. \begin{array}{l} R_2' = (R_k - R_1)\dfrac{X_0}{X_0 - X_k} \\[4mm] X_{1\sigma} = X_{2\sigma}' = X_0 - \sqrt{\dfrac{X_0 - X_k}{X_0}(R_2'^2 + X_0^2)} \end{array} \right\} \qquad (5-75)$$

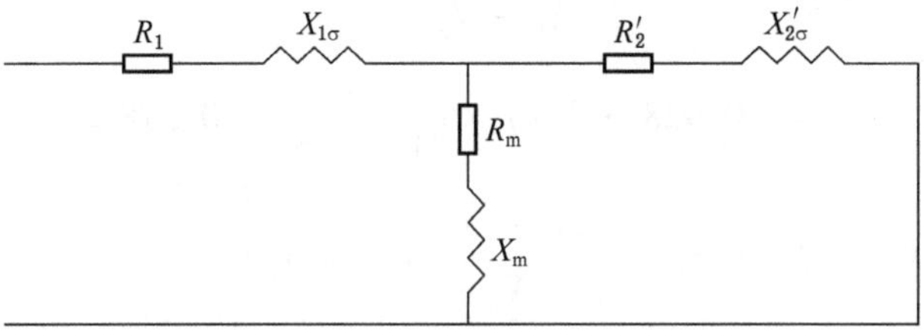

图 5-27 短路时异步电动机的等效电路

对于大中型异步电机, 由于 X_m 很大, 励磁支路可以近似认为开路, 这时

$$\left. \begin{array}{l} R_k = R_2' + R_1 \\[2mm] X_{1\sigma} = X_{2\sigma}' = \dfrac{1}{2}X_k \end{array} \right\} \qquad (5-76)$$

【例 5-4】 有一台三相感应电动机, 50 Hz, 380 V, △接法, 其空载和短路数据如下:

试验名称	电压/V	电流/A	功率/kW	备注
空载试验	380	21.2	1.34	定子侧加压
短路试验	110	66.8	4.14	定子侧加压

已知机械损耗为 $p_\Omega = 100\text{ W}$, $X_{1\sigma} = X_{2\sigma}'$, 求该电机的 T 形等效电路参数。

解: ①由空载损耗求得铁损耗为

$$p_{Fe} = P_{10} - mR_1 I_{10}^2 - p_\Omega = 1.34 \times 10^3 - 3 \times 0.4 \times (21.2/\sqrt{3})^2 - 100 = 1060\text{ W}$$

②空载参数

激磁电阻

$$R_m = \frac{p_{Fe}}{mI_{10}^2} = \frac{1060}{3 \times \left(\dfrac{21.2}{\sqrt{3}}\right)^2} = 2.36\ \Omega$$

空载总电抗 $\qquad$ $X_0 = X_m + X_{1\sigma} = \dfrac{U_1}{I_{10}} = \dfrac{380}{\left(\dfrac{21.2}{\sqrt{3}}\right)} = 31\ \Omega$

③短路参数

短路阻抗 $\qquad$ $Z_k = \dfrac{U_k}{I_k} = \dfrac{110}{\left(\dfrac{66.8}{\sqrt{3}}\right)} = 2.85\ \Omega$

短路电阻 $\qquad$ $R_k = \dfrac{P_k}{3I_k^2} = \dfrac{4140}{\left(\dfrac{66.8}{\sqrt{3}}\right)^2} = 0.928\ \Omega$

短路电抗 $\qquad$ $X_k = \sqrt{Z_k^2 - R_k^2} = \sqrt{2.85^2 - 0.928^2} = 2.69\ \Omega$

转子电阻 $\qquad$ $R_2' = (R_k - R_1)\dfrac{X_0}{X_0 - X_k}$

$$= (0.928 - 0.4) \times \dfrac{31}{31 - 2.69} = 0.578\ \Omega$$

转子漏抗 $\qquad$ $X_{2\sigma}' = X_{1\sigma} = X_0 - \sqrt{\dfrac{X_0 - X_k}{X_0}(R_2'^2 + X_0^2)}$

$$= 31 - \sqrt{\dfrac{31 - 2.69}{31} \times (0.578^2 + 31^2)} = 1.37\ \Omega$$

励磁电抗 $\qquad$ $X_m = X_0 - X_{1\sigma} = 31 - 1.37 = 29.63\ \Omega$

第六节　三相异步电动机的机械特性和运行特性

异步电动机的作用是将电能转换成机械能，它输送给生产机械的是转矩和转速。在选用电动机时，总要求电动机的转矩与转速的关系（称为机械特性）符合机械负载的要求。在此基础上，分析电机的工作性能。

一、三相异步电动机的机械特性

（一）电磁转矩

异步电机电磁转矩的物理表达式描述了电磁转矩与主磁通、转子有功电流的关系。根据式（5-56）和式（5-66）可得电磁转矩为

$$T_e = \frac{P_e}{\Omega_1} = \frac{m_1}{\Omega_1}I_2'^2\frac{R_2'}{s} \qquad\qquad (5-77)$$

根据式（5-53）可得转子折算电流 $\dot{I}_2'$ 为

$$\dot{I}_2' = -\frac{\dot{U}_1}{Z_{1\sigma} + \dot{c}Z_2'} = -\frac{\dot{U}_1}{\left(R_1 + c\dfrac{R_2'}{s}\right) + j(X_{1\sigma} + cX_{2\sigma}')}$$

即

$$I'_2 = \frac{U_1}{\sqrt{\left(R_1 + c\dfrac{R'_2}{s}\right)^2 + (X_{1\sigma} + cX'_{2\sigma})^2}} \tag{5 - 78}$$

式中，$c = |\dot{c}| \approx 1 + \dfrac{X_{1\sigma}}{X_m}$。

将式（5-78）代入式（5-77），可得

$$T_e = \frac{m_1}{\Omega_1} \frac{U_1^2 \dfrac{R'_2}{s}}{\left(R_1 + c\dfrac{R'_2}{s}\right)^2 + (X_{1\sigma} + cX'_{2\sigma})^2}$$

即

$$T_e = \frac{m_1 p U_1^2 \dfrac{R'_2}{s}}{2\pi f_1 \left[\left(R_1 + c\dfrac{R'_2}{s}\right)^2 + (X_{1\sigma} + cX'_{2\sigma})^2\right]} \tag{5 - 79}$$

把不同的转差率 s 代入式（5-79），算出对应的电磁转矩 T_e，可得转矩-转差率特性曲线，如图 5-28 所示。图中 $0 < s < 1$ 的范围是电动机状态，$s < 0$ 的范围是发电机状态，$s > 1$ 的范围是电磁制动状态。

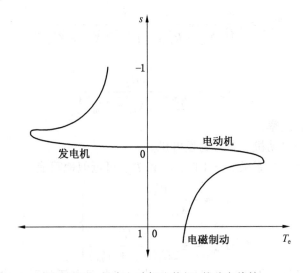

图 5-28　异步电动机的转矩-转差率特性

（二）机械特性

根据转矩-转差率曲线 $T_e = f(s)$，利用 $n = (1 - s)n_1$ 把转差率转换成对应的转速 n，就可以得到机械特性 $n = f(T_e)$，如图 5-28 所示。下面介绍曲线上的几个特殊点。

1. 起始点

对应这一点的转速 $n = 0$（$s = 1$），该点电磁转矩称为启动转矩，用 T_{st} 表示。该点的

定子电流为启动电流，用 I_{st} 表示。

2. 额定点

当异步电动机工作在额定运行状态下，转速用 $n_N(s_N)$ 表示，电磁转矩用 T_N 表示。

3. 最大工作点

在图 5-29 曲线中，T_{max} 为电机的最大电磁转矩，是电动机状态最大转矩点。对应于最大电磁转矩时的转差率用 s_m 来表示。

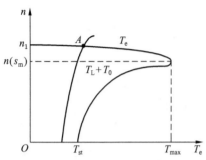

图 5-29 异步电动机的机械特性

4. 理想空载点

当异步电动机空载运行，转速 $n_0 \approx n_1$（$s \approx 0$）时，电磁转矩 $T = 0$。

把电动机的机械特性 $n = f(T_e)$ 和负载的机械特性 $n = f(T_L + T_0)$ 画在一起，在交点 A 处，电动机的电磁转矩与负载转矩和空载转矩之和相平衡，该点即为电动机组的运行点。在电动机的机械特性上，空载点到最大转矩点这一段是稳定区，从最大转矩点到启动点这一段是不稳定区。

（三）最大转矩和最大临界转差率

根据图 5-28 可知，$T_e - s$ 曲线有一个最大值 T_{max}。令 $\dfrac{dT_e}{ds} = 0$，即可求出产生的最大转矩

$$T_{max} = \pm \frac{m_1}{\Omega_1} \frac{U_1^2}{2c\left[\pm R_1 + \sqrt{R_1^2 + (X_{1\sigma} + X_{2\sigma}')^2}\right]} \qquad (5-80)$$

临界转差率

$$s_m = \pm \frac{cR_2'}{\sqrt{R_1^2 + (X_{1\sigma} + X_{2\sigma}')^2}} \qquad (5-81)$$

式中　s_m——临界转差率；

　　　±——正号为电动机，负号为发电机。

当 $R_1 \ll X_{1\sigma} + X_{2\sigma}'$，系数 $c \approx 1$ 时，s_m 和 T_{max} 可近似地写成

$$\left.\begin{array}{l} s_m \approx \pm \dfrac{R_2'}{X_{1\sigma} + X_{2\sigma}'} \\[4mm] T_{max} \approx \pm \dfrac{m_1 U_1^2}{2\Omega_1 (X_{1\sigma} + X_{2\sigma}')} \end{array}\right\} \qquad (5-82)$$

由式（5-82）可见：①感应电机的最大转矩与电源电压的平方成正比，与定、转子漏抗之和近似成反比；②最大转矩的大小与转子电阻值无关，临界转差率则与转子电阻成正比；转子电阻增大时，临界转差率增大，但最大转矩保持不变，此时 $T_e - s$ 曲线的最大值将向左偏移，如图 5-30 所示。

异步电动机的过载能力（亦称为最大转矩倍数）定义为

$$K_M = \frac{T_{max}}{T_N} \qquad (5-83)$$

式中　T_{max}——最大转矩，N·m；

　　　T_N——额定转矩，N·m；

　　　K_M——过载能力。

过载能力是异步电动机重要的性能指标之一。对于一般的异步电动机，$K_M = 1.6 \sim 2.5$。最大转矩越大，其短时过载能力越强。

（四）启动转矩和启动电流

异步电动机接通电源开始启动时的电磁转矩，称为启动转矩，用 T_{st} 表示；其流过的电流称为启动电流，用 I_{st} 表示。

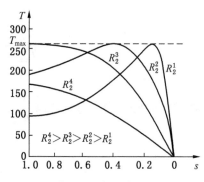

图5-30　转子电阻变化时的 $T_e - s$ 曲线

当 $s = 1$ 时，代入式（5-79）可得

$$T_e = \frac{m_1}{\Omega_1} \frac{U_1^2 R_2'}{(R_1 + cR_2')^2 + (X_{1\sigma} + cX_{2\sigma}')^2} \tag{5-84}$$

异步电动机启动电流经近似等效电路可求得

$$I_{st} \approx \frac{U_1}{X_m} + \frac{U_1}{\sqrt{(R_1 + cR_2')^2 + (X_{1\sigma} + cX_{2\sigma}')^2}} \tag{5-85}$$

从式（5-84）和图5-30可知，启动转矩随转子电阻值的增加而增加，直至达到最大转矩为止。

通常用启动转矩倍数 K_{st} 来描述启动性能，即

$$K_{st} = \frac{T_{st}}{T_N} \tag{5-86}$$

式中　T_{st}——启动转矩，N·m；

　　　T_N——额定转矩，N·m；

　　　K_{st}——启动能力，对于一般的异步电动机，$K_{st} = 0.9 \sim 1.3$。

（五）实用表达式

一般工厂或企业在计算电机的机械特性时，采用上述公式很不方便，因为在电机的铭牌上或产品的目录上并不记载电机的电阻或漏抗等数值。因此不能很好地计算电机电磁转矩，为满足现场实际需要，采用转矩实用公式。

将式（5-79）与式（5-80）相除，可得

$$\frac{T_e}{T_{max}} = \frac{2R_2'[R_1 + \sqrt{R_1^2 + (X_{1\sigma} + X_{2\sigma}')^2}]}{s\left[\left(R_1 + \frac{R_2'}{s}\right)^2 + (X_{1\sigma} + X_{2\sigma}')^2\right]} \tag{5-87}$$

式中，按电动机进行分析，其中 $c \approx 1$ 进行简化。

由式（5-81）可得

$$\sqrt{R_1^2 + (X_{1\sigma} + X_{2\sigma}')^2} = \frac{R_2'}{s_m} \tag{5-88}$$

将式（5-88）代入式（5-87）可得

$$\frac{T_e}{T_{max}} = \frac{2R'_2\left(R_1 + \frac{R'_2}{s_m}\right)}{s\left[\left(\frac{R'_2}{s}\right)^2 + \left(\frac{R'_2}{s_m}\right)^2 + \frac{2R_1R'_2}{s}\right]} \quad (5-89)$$

将式（5-89）分子分母乘以 $\frac{s_m}{R'^2_2}$，并整理得

$$\frac{T_e}{T_{max}} = \frac{2\frac{R_1}{R'_2}s_m + 2}{\frac{s}{s_m} + \frac{s_m}{s} + 2\frac{R_1}{R'_2}s_m} \quad (5-90)$$

不论 s 为何值，$\frac{s}{s_m} + \frac{s_m}{s} \geqslant 2$。$s_m$ 大致在 $0.1 \sim 0.2$ 之间。因此在上式中 $2\frac{R_1}{R'_2}s_m$ 比 2 小得多，所以在求解时可以忽略，可得

$$\frac{T_e}{T_{max}} = \frac{2}{\frac{s}{s_m} + \frac{s_m}{s}} \quad (5-91)$$

在产品目录中一般给出过载能力 K_M 以及额定功率时的转差率 s_N，据此可以求出临界转差率 s_m。

$$\frac{T_N}{T_{max}} = \frac{1}{K_M} = \frac{2}{\frac{s_N}{s_m} + \frac{s_m}{s_N}}$$

即

$$s_m = s_N(K_M + \sqrt{K_M^2 - 1}) \quad (5-92)$$

因此利用式（5-91）可以计算任何转差率时的转矩。

【例 5-5】 按【例 5-3】已知条件，求最大转矩、最大转差率、启动转矩和启动电流。

解：$c = 1 + \frac{X_{1\sigma}}{X_m} = 1 + \frac{0.55}{18.5} = 1.03$

①最大转差率

$$s_m = \frac{cR'_2}{\sqrt{R_1^2 + (X_{1\sigma} + cX'_{2\sigma})^2}}$$

$$= \frac{1.03 \times 0.224}{\sqrt{0.228^2 + (0.55 + 1.03 \times 0.75)^2}} = 0.172$$

②最大转矩

$$T_{max} = \frac{m_1 U_{1N}^2}{2c\Omega_s[R_1 + \sqrt{R_1^2 + (X_{1\sigma} + cX'_{2\sigma})^2}]}$$

$$= \frac{3 \times 220^2}{2 \times 1.03 \times 2\pi \times 1500/60 \times [0.228 + \sqrt{0.228^2 + (0.55 + 1.03 \times 0.75)^2}]} = 284.38 \text{ N} \cdot \text{m}$$

③启动电流

$$I_{st} = \frac{U_{1N}}{X_m} + \frac{U_{1N}}{\sqrt{(R_1 + cR_2')^2 + (X_{1\sigma} + cX_{2\sigma}')^2}}$$

$$= \frac{220}{18.5} + \frac{220}{\sqrt{(0.228 + 1.03 \times 0.224)^2 + (0.55 + 1.03 \times 0.75)^2}} = 168.59 \ A$$

④启动转矩

$$T_{st} = \frac{m_1 U_{1N}^2 R_2'}{\Omega_s [(R_1 + cR_2')^2 + (X_{1\sigma} + cX_{2\sigma}')^2]}$$

$$= \frac{3 \times 220^2 \times 0.224}{2\pi \times 1500/60 \times [(0.228 + 1.03 \times 0.224)^2 + (0.55 + 1.03 \times 0.75)^2]} = 105.14 \ N \cdot m$$

二、三相异步电动机的运行特性

三相异步电动机的工作特性是指在额定电压、额定频率下异步电动机的转速 n、效率 η、功率因数 $\cos\varphi_1$、输出转矩 T_2、定子电流 I_1 与输出功率 P_2 的关系曲线。异步电动机的工作特性可以用计算方法获得。在已知等效电路各参数、机械损耗、附加损耗的情况下，给定一系列的转差率 s，可以由计算得到 n、η、$\cos\varphi_1$、T_2、I_1，P_2，从而得到运行特性。

1. 转差率特性 $s = f(P_2)$

在空载运行时，$P_2 = 0$，$s \approx 0$，$n = n_1$。

在 $s = [0, s_m]$ 区间，近似有 $T_2 \approx T_e \propto s$、$P_2 \propto T_2 n \propto T_2(1-s)n_1$，故在此区间，随 P_2 增大，s 随之增大，而转速 n 呈下降趋势。这与并励直流电动机相似，转差率特性 $s = f(P_2)$，如图 5-31 所示。

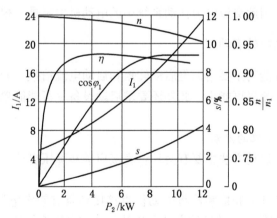

图 5-31　异步电动机的运行特性

2. 定子电流 $I_1 = f(P_2)$

异步电动机定子电流 $\dot{I}_1 = \dot{I}_m + (-\dot{I}_2')$，空载运行时，$\dot{I}_2' \approx 0$，定子电流 $\dot{I}_1 = \dot{I}_m$。随着 P_2 增大，转子电流 $\dot{I}_2'$ 增大，与之平衡的定子电流 I_{1L} 也增大，故 I_1 随之增大，如图 5-31 所示。

3. 功率因数 $\cos\varphi_1 = f(P_2)$

异步电动机必须从电网吸收滞后的电流来励磁，其功率因数永远小于1。空载运行时，异步电动机的定子电流基本上是励磁电流 I_m，因此空载时功率因数很低、通常小于0.2。随着 P_2 的增大，定子电流的有功分量增加，$\cos\varphi_1$ 增大，在额定负载附近，$\cos\varphi_1$ 达到最大值。当 P_2 继续增大时，转差率 s 变大，使转子回路阻抗角 $\varphi_2 = \arctan(sX_{2\sigma}/R_2)$ 变大，$\cos\varphi_2$ 下降。功率因数曲线如图5-31所示。

4. 效率特性 $\eta = f(P_2)$

异步电动机的效率

$$\eta = \frac{P_2}{P_1} = \frac{P_2}{P_2 + p_{Cu1} + p_{Fe} + p_{Cu2} + p_\Omega + p_\Delta} \tag{5 - 93}$$

在空载运行时，$P_2 = 0$，$\eta = 0$。从空载到额定负载运行，由于主磁通变化很小，故铁耗 p_{Fe} 认为不变，在此区间转速变化很小，故机械损耗 p_Ω 认为不变。上述两项损耗称为不变损耗。而定、转子铜耗（p_{Cu1}、p_{Cu2}）与各自电流的平方成正比，附加损耗 p_Δ 也随负载的增加而增加，这三项损耗称为可变损耗。当 P_2 从零开始增加时，总损耗（$p_{Cu1} + p_{Fe} + p_{Cu2} + p_\Omega + p_\Delta$）增加较慢，效率上升很快，在可变损耗与不变损耗相等时，η 达到最大值；当 P_2 继续增大，由于定、转子铜耗增加很快，效率反而下降，如图5-31所示。对于普通中小型异步电动机，效率在（0.25~0.75）P_N 时达到最大。

第七节　三相异步电动机的启动和调速

以交流电动机为原动机的电力拖动系统为交流电力拖动系统。交流电动机有异步电动机和同步电动机，这两种类型的电动机相比较，异步电动机结构简单，价格便宜，而且其性能良好、运行可靠，因此交流电力拖动系统中的电动机主要是三相异步电动机。

一、三相异步电动机的启动

异步电动机启动性能的主要指标是启动转矩和启动电流倍数。通常希望电动机的启动转矩尽可能大而启动电流尽可能小。此外还要求启动设备尽可能简单、便宜和易于操作及维护。

（一）笼型异步电动机的启动

笼型异步电动机的启动方法主要有两种：直接启动和降压启动。

1. 直接启动

直接启动就是用刀开关和接触器将电动机直接接到具有额定电压的电源上。启动时，转差率 $s = 1$，所以笼型异步电动机的启动电流就是额定电压下的堵转电流，一般笼型异步电动机的启动电流倍数 $I_{st}/I_N = 5 \sim 7$，启动转矩倍数 $T_{st}/T_N = 1 \sim 2$。

直接启动方法的优点是设备简单，无须很多的附属设备，因此操作方便。主要缺点是启动电流大。但是，随着电网容量的增大，这种方法的适用范围将日益扩大。一般来说，容量在7.5 kW以下的小容量笼型异步电动机都可以直接启动。

2. 降压启动

降压启动适用于容量大于或等于20 kW并带轻载的工况。由于轻载，故电动机启动时电磁转矩很容易满足负载要求。主要问题是启动电流大，电网难以承受过大的冲击电流，因此必须降低启动电流，故适用于启动转矩要求不高的场合。常用的降压启动方法有定子串电抗（或电阻）降压启动、Y-△启动器启动和自耦变压器启动等。

1）定子串电抗（或电阻）降压启动

在定子绕组中串联电抗或电阻都能降低启动电流，但串电阻启动能耗较大，只用于小容量电机中。一般采用定子串电抗降压启动。

2）Y-△启动器启动

只有正常运行时定子绕组三角形接法且三相绕组首尾 6 个端子全部引出来的电动机才能采用 Y-△启动器启动，该启动方法的原理接线如图 5-32 所示。启动前先把开关 Q_1 闭合，然后将 Q_2 扳向启动位置，为星形启动，此时定子相电压为额定线电压 U_{1N} 的 $1/\sqrt{3}$，故启动电流较小。带转速接近额定转速时，再把开关转向工作位置，定子绕组为三角形连接，每相绕组的所加电压为额定电压 U_{1N}。

设 $s = 1$ 时电动机的每相阻抗为 Z_k，则三角形连接直接启动时，每相绕组启动电流为 $U_1/|Z_k|$，线电流为 $\sqrt{3}U_1/|Z_k|$。若启动时定子绕组改接成星形连接，每相绕组的相电压为 $U_1/\sqrt{3}$，因此启动电流线电流为 $U_1/(\sqrt{3}|Z_k|)$。由此可见，两种情况下启动线电流之比为 $I_{st(Y)}/I_{st(\triangle)} = 1/3$，相电压之比为 $U_{(Y)}/U_{(\triangle)} = 1/\sqrt{3}$，启动转矩之比为 $T_{st(Y)}/T_{st(\triangle)} = 1/3$。

Y-△启动器启动所用设备比较简单，故在轻载或空载情况下启动的机组，常采用此法。

3）自耦变压器启动

自耦变压器启动的原理接线如图 5-33 所示。启动前先把开关 Q_1 闭合，然后将 Q_2 扳向启动位置，将自耦变压器串进去，为自耦变压器启动，故启动电流较小。待转速接近额定转速时，再把开关转向工作位置，定子绕组为星形连接，进入正常工作。

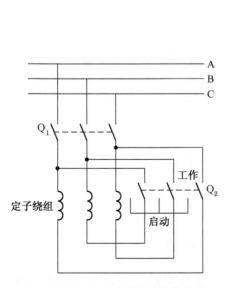

图 5-32　Y-△启动器启动的接线图

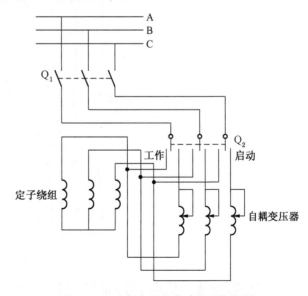

图 5-33　自耦变压器启动原理接线图

设自耦变压器的电压比为 K_a（$K_a > 1$），若电源电压为 U_1，则经过自耦变压器降压后，加到电动机端点的电压为 U_1/K_a，故电动机边的启动电流（也是自耦变压器二次侧电流，因为自耦变压器二次侧与电动机相连）为

$$I_{st(2)} = \frac{I_{st}}{K_a} \qquad (5-94)$$

式中　I_{st}——电动机在电压 U_1 下的启动电流，A。

自耦变压器一次侧的电流 $I_{st(1)}$ 应是 $I_{st(2)}$ 的 $1/K_a$，于是

$$I_{st(1)} = \frac{I_{st}}{K_a^2} \qquad (5-95)$$

由于电动机的端电压减少为 U_1/K_a，所以启动转矩也将减少为原来的 $1/K_a^2$。

自耦变压器启动的优点是，不受电机绕组接线方式的限制。此外，由于自耦变压器通常备有好几个抽头，故可按容许的启动电流和所需的启动转矩进行选择。此法的缺点是设备费用较高。

（二）绕线式异步电动机的启动

绕线式异步电动机的特点是，转子中可接入外加电阻或变频器，如图5-34所示。正常运行时，刀开关 Q_1 先闭合，然后 Q_2 闭合。启动时 Q_1 先闭合，Q_2、Q_3、Q_4 断开，异步电动机转子串电阻启动，当转速达到一定速度时，闭合刀开关 Q_4，切除转子电阻 R_3；然后等速度再达到新的稳定时，闭合刀开关 Q_3，切除转子电阻 R_2；然后等速度再达到新的稳定时，闭合刀开关 Q_2，切除转子电阻 R_1，最后达到正常工作。但是，转子串电阻要适当，不仅可以使启动电流小，而且转子功率因数 $\cos\psi_2$ 和转子有功分量增大，启动转矩也增大，所以这是切实可行的方法；否则，启动会失败。

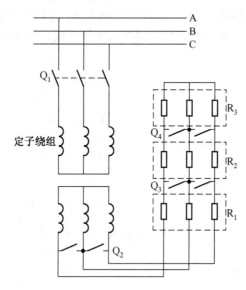

图5-34　绕线式异步电动机转子串电阻启动

绕线式异步电动机的启动性能好，因此常用于启动性能要求较高的场合。它的缺点是结构稍复杂，因此价格较贵。

中、大型异步电动机的启动电阻大多采用无触点的频敏变阻器，这种变阻器会随频率变化而变化。当电动机启动时，转子频率较高，此时变阻器的电阻较大，随着转速升高，频率下降，变阻器的电阻降低；当电机达到正常运行时，变阻器的电阻会很小，能够满足工作时的要求。

【例 5-6】 设有一台 380 V、50 Hz、1450 r/min、15 kW 的三角形连接的三相感应电动机，定子参数与转子参数如折算到同一边时可视为相等，$R_1 = R_2' = 0.724\ \Omega$，每相漏抗为每相电阻的 4 倍，$R_m = 9\ \Omega$，$X_m = 72.4\ \Omega$，并且电流增减时漏抗近似为常数。

试求：①在额定运行时的输入功率、电磁功率、全机械功率以及各项损耗；②最大电磁转矩、过载能力以及出现最大转矩时的转差率；③为了在启动时得到最大转矩，在转子回路中应接入的每相电阻，并用转子电阻的倍数表示。

解： ①额定运行时的输入功率、电磁功率、全机械功率以及各项损耗

$$n_1 = 1500\ \text{r/min},\quad U_1 = 380\ \text{V}$$

$$s = \frac{1500 - 1450}{1500} = 0.0333$$

$$Z_L' = \frac{R_2'}{s} + jX_{2\sigma}' = \frac{0.724}{0.0333} + j4 \times 0.724 = 21.91\angle 7.59°\ \Omega$$

$$Z_m = R_m + jX_m = 9 + j72.4 = 72.96\angle 82.91°\ \Omega$$

所以，二次侧折算阻抗与激磁阻抗的并联阻抗为

$$Z = Z_L' // Z_m = 19.656\angle 22.7° = 18.13 + j7.59\ \Omega$$

则

$$\dot{I}_1 = \frac{\dot{U}_1}{Z_1 + Z} = \frac{380}{0.724 + j4 \times 0.724 + 18.13 + j7.59} = 17.61\angle -29.08°\ \text{A}$$

所以

$$\dot{E} = \dot{U}_1 - Z_1\dot{I}_1 = 380 - (0.724 + j4 \times 0.724) \times 17.61\angle -29.08°$$

$$= 344.1 - j38.37 = 346.2\angle -6.36°\ \text{V}$$

$$\dot{I}_m = \frac{\dot{E}}{Z_m} = \frac{346.2\angle -6.36°}{72.96\angle 82.91°} = 4.745\angle -89.27°\ \text{A}$$

$$-\dot{I}_2' = \dot{I}_1 - \dot{I}_m = 17.61\angle -29.08° - 4.745\angle -89.27° = 15.08\angle -14°\ \text{A}$$

输入功率
$$P_1 = 3U_1I_1\cos\varphi_1 = 17.545\ \text{kW}$$

电磁功率
$$P_e = m_1 I_2'^2 \frac{R_2'}{s} = 3 \times 15.8^2 \times \frac{0.724}{0.0333} = 16.267\ \text{kW}$$

全机械功率
$$P_\Omega = (1 - s)P_e = 15.724\ \text{kW}$$

定子铜耗
$$p_{Cu1} = m_1 I_1^2 R_1 = 3 \times 17.61^2 \times 0.724 = 673.56\ \text{W}$$

转子铜耗
$$p_{Cu2} = m_1 I_2'^2 R_2' = 3 \times 15.8^2 \times 0.724 = 542.22\ \text{W}$$

铁耗
$$p_{Fe} = m_1 I_m^2 R_m = 3 \times 4.745^2 \times 9 = 607.91\ \text{W}$$

$$p_{Fe} + p_{ad} = P_\Omega - P_N = 15.724 - 15 = 0.724\ \text{kW}$$

②最大转矩

$$T_{max} = \frac{m_1 p U_1^2}{4\pi f_1 c [R_1 + \sqrt{R_1^2 + (X_{1\sigma} + cX_{2\sigma})^2}]}$$

而

$$c = 1 + \frac{X_{1\sigma}}{X_m} = 1.04$$

所以

$$T_{max} = \frac{3 \times 2 \times 380^2}{4\pi \times 50 \times 1.04 \times 0.724 \times [1 + \sqrt{1 + 16(1 + 1.04)^2}]} = 198.6 \text{ N} \cdot \text{m}$$

而

$$T_N = \frac{P_N}{\frac{2\pi}{60} n_N} = \frac{60 \times 15 \times 1000}{2\pi \times 1450} = 98.79 \text{ N} \cdot \text{m}$$

所以

$$K_m = \frac{T_{max}}{T_N} = \frac{198.6}{98.79} = 2.01$$

$$s_m = \frac{cR_2'}{\sqrt{R_1^2 + (4R_1 + c4R_1)^2}} = 0.1265$$

③要想启动时得到最大转矩，则应使

$$R_2' + R_t' = \frac{1}{c}\sqrt{R_1^2 + (X_{1\sigma} + cX_{2\sigma}')^2}$$

即

$$R_2' + R_t' = \frac{1}{1.04}\sqrt{R_2'^2 + R_2'^2 + (1.04 \times 4R_2')^2}$$

解得

$$R_t' = 6.9R_2'$$

每相应串入 $R_t' = 6.9R_2'$ 的电阻方可使启动时得到最大转矩。

（三）高启动转矩异步电动机

对于小容量电动机带重载工况，可采用高启动转矩异步电动机。由于电动机容量小，启动电流对电网冲击不大，主要问题是重载启动要求电动机能提供较大的启动转矩。对于这种工况，当然也可以选择容量大一档的电动机，但这种选择不仅设备投资大、启动电源变大，而且正常运行时能耗也增大了，因此是不经济的。合理的办法是选用高启动转矩异步电动机，例如深槽笼型异步电动机、双笼型异步电动机。这两种异步电动机的共同原理是：电机在启动时由于趋肤效应转子电阻自动增大，而使得启动转矩增大。正常运行时转子电阻自动减少到正常值，使得其具有较高的效率。

1. 深槽异步电动机

这种电动机转子槽窄而深，槽深与槽宽之比为10~12，如图5-35a所示。首先研究图中槽底导体1与槽口导体2交链磁力线的情况。

对于槽底导体1，假设其流过的电流为 i，图5-35a中的全部磁力线与之相交链，磁

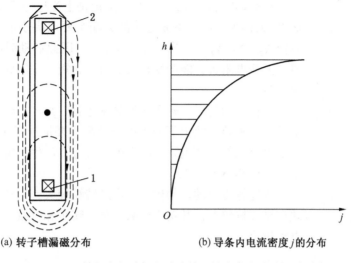

(a) 转子槽漏磁分布　　　　　　　(b) 导条内电流密度 j 的分布

图 5-35　深槽异步电动机启动时转子导条中电流的趋肤效应

链为 ψ_1，则其对应电感为

$$L_1 = \frac{\psi_1}{i} \tag{5-96}$$

对于槽底导体 2，假设其流过的电流为 i，图 5-35a 中的全部磁力线与之相交链，磁链为 ψ_2，则其对应电感为

$$L_2 = \frac{\psi_2}{i} \tag{5-97}$$

由于 $\psi_1 \gg \psi_2$，所以 $L_1 \gg L_2$，因此 $X_1 \gg X_2$。也就是说，越靠近槽底，各单元导体漏抗越大，流过的电流越小；越靠近槽口，各单元导体漏抗越小，流过的电流越大。于是，造成了如图 5-35b 所示的电流密度分布曲线，这种现象称为趋肤效应。由于趋肤效应，流过电流的导体高度和有效截面减小了，转子电阻变大了。一般深槽笼型异步电动机在堵转时转子电阻可达到额定远行时的 3 倍，好像转子回路串入了一个电阻一样，获得了较大的启动转矩。随着电机转速升高，转子电流频率逐渐降低，电流分布渐趋均匀，转子电阻自动减小。当转子达到额定转速时，$f_2 = 1 \sim 3$ Hz，趋肤效应基本消失，转子电流均匀分布。

采用深槽笼型异步电动机，转子漏抗发生了如下变化：在启动时，由于导条中电流被挤到了槽口，与非槽深转子相比，相同的电流产生的槽漏磁通减小了，因此槽漏抗减小，所以趋肤效应增加了转子电阻而减少了转子漏抗。

在正常运行时，转子电流频率很低，转子漏抗比普通笼型转子漏抗要大些，所以深槽式电动机运行时功率因数和最大转矩都比普通笼型电动机低。这就是说，深槽式电动机启动性能的改善是靠牺牲一些正常运行时的性能换来的。

2. 双笼异步电动机

双笼异步电动机转子中嵌放两套鼠笼，即上笼和下笼，如图5-36所示。

上笼为启动笼，截面积小，用电阻系数较大的黄铜或铝青铜制成，电阻较大；下笼为工作笼，截面积大，用电阻系数较小的紫铜制成，电阻较小。

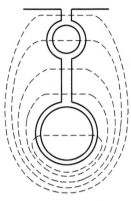

图 5-36 双笼异步电动机的转子槽形

在启动时，$s = 1$，$f_2 = f_1$。无论是上笼还是下笼，其漏抗 X_2 都比 R_2 大得多，故上下笼电流的分配主要取决于漏电抗。由于集肤效应 $X_{2下} \gg X_{2上}$，所以 $I_{2下} \ll I_{2上}$。因此启动时电流主要流过上笼。上笼电阻大，能产生较大的启动转矩，正因为如此才称上笼为启动笼。

在正常运行时，转子电流频率很低，$f_2 = sf_1 = 1 \sim 3$ Hz，转子漏抗远小于电阻，故上下笼中电流分配主要取决于上下笼中的电阻。转子电流大部分从电阻小的下笼中流过，产生正常运行时的电磁转矩，所以称下笼为工作笼。

双笼异步电动机的优点是启动转矩较大，启动电流较小。它的缺点是漏抗较大，其功率因数、最大转矩和过载能力较普通的笼型电动机小。

二、三相异步电动机的调速

异步电动机具有结构简单、价格便宜、运行可靠、维护方便等优点，但在调速性能上比不上直流电动机。同时，直到现在还没有研制出调速性能好、价格便宜、能完全取代直流电动机的异步电动机的调速系统。但人们已研制出各种各样的异步电动机的调速方式，并广泛应用于各个领域。根据异步电动机的转速公式

$$n = (1 - s)n_1 = (1 - s) \frac{60f_1}{p} \tag{5-98}$$

基于异步电动机的转速公式，该电动机可以通过改变定子绕组的极对数 p、电源频率 f 和电动机的转差率 s 来调节转速。

（一）变极调速

对于异步电动机定子而言，为了得到两种不同极对数的磁动势，采用两套绕组是很容易实现的。为了提高材料利用率，一般采用单绕组变极，即通过改变一套绕组的连接方式而得到不同极对数的磁动势，以实现变极调速。至于转子，一般采用笼型绕组，它不具有固定的极对数，它的极对数自动与定子绕组一致。下面以最简单的倍极比为例加以说明。

如图 5-37 所示，一台四极电机的 A 相绕组在如图所示的电流方向 $a_1 \rightarrow x_1 \rightarrow a_2 \rightarrow x_2$ 下，它产生磁动势基波极数 $2p = 4$。

如果按图 5-37b 改接，即 a_1 与 x_2 连接作为首端 A，a_2 与 x_1 连接作为尾端 X，则它产生的磁动势基波极数 $2p = 2$，这样就实现了单绕组变极。由此可见，要使极对数改变一倍，

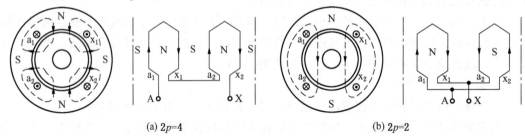

(a) $2p=4$ (b) $2p=2$

图 5-37　变极一相绕组的连接

只要改变定子绕组的接线，使相绕组的两组线圈中有一组电流反向流通即可。

变极调速方法简单、运行可靠、机械特性较硬，但只能实现有极调速。单绕组三速电机绕组接法已相当复杂，故变极调速不宜超过 3 种速度。

（二）变频调速

异步电动机的转速 $n = (1 - s)n_1 = 60(1 - s)f_1/p$，当转差率变化不大时，$n$ 近似正比于频率 f_1，可见改变电源频率就能改变异步电动机的转速。变频调速时，总希望主磁通 ϕ_m 保持不变。如果 $\phi_m > \phi_{mN}$ 时，则磁路过饱和而使励磁电流增大，因此功率因数降低；如果 $\phi_m < \phi_{mN}$，则电机转矩下降。在忽略定子漏阻抗的情况下，有

$$U_1 \approx E_1 = 4.44f_1 N_1 \phi_m K_{w1} \tag{5-99}$$

为了使变频时 ϕ_m 维持不变，则 U_1/f_1 应为定值。下面先推导变频前后电磁转矩的关系。

电机的最大电磁转矩为

$$T_{max} \approx \frac{m_1 U_1^2}{2\Omega_1(X_{1\sigma} + X'_{2\sigma})} = \frac{m_1 p U_1^2}{4\pi f_1(X_{1\sigma} + X'_{2\sigma})} = \frac{m_1 p U_1^2}{8\pi^2(L_{1\sigma} + L'_{2\sigma})f_1^2} = C\left(\frac{U_1}{f_1}\right)^2 \tag{5-100}$$

式中，$C = \dfrac{m_1 p}{8\pi^2(L_{1\sigma} + L'_{2\sigma})}$。

由式（5-83）可知

$$T_N = \frac{C}{K_M}\left(\frac{U_1}{f_1}\right)^2 \tag{5-101}$$

由变频后 U'_1、f'_1、K'_M、T'_N，可得

$$\frac{T_N}{T'_N} = \frac{K'_M}{K_M}\left(\frac{U_1}{U'_1}\right)^2\left(\frac{f'_1}{f_1}\right)^2 \tag{5-102}$$

这是变频前后电磁转矩之比的一般表达式。

1. 恒转矩调速（基频以下）

当电机变频前后额定电磁转矩相等，即恒转矩调速时，有

$$T_N = T'_N$$

则

$$\frac{K'_M}{K_M}\left(\frac{U_1}{U'_1}\right)^2\left(\frac{f'_1}{f_1}\right)^2 = 1 \tag{5-103}$$

若令电压随频率作正比变化

$$\frac{U_1}{f_1} = \frac{U'_1}{f'_1} \tag{5-104}$$

则主磁通 ϕ_m 不变，电机饱和程度不变，有 $K_M = K'_M$，电机过载能力也不变。电机在恒转矩变额调速前后性能都能保持不变。

2. 恒功率调速（基频以上）

在电机带有恒功率负载时，在变频前后，它的电磁功率相等，即

$$P_e = T_N \Omega_1 = T'_N \Omega'_1$$

则

$$\frac{T_N}{T'_N} = \frac{\Omega'_1}{\Omega_1} = \frac{f'_1}{f_1} \qquad (5-105)$$

$$\frac{K'_M}{K_M}\left(\frac{U_1}{U'_1}\right)^2 \frac{f'_1}{f_1} = 1 \qquad (5-106)$$

若要维持主磁通不变，即令

$$\frac{U_1}{U'_1} = \frac{f_1}{f'_1}$$

则

$$\frac{K'_M}{K_M} = \frac{f'_1}{f_1} \qquad (5-107)$$

电机过载能力随频率作正比变化。

若要维持过载能力不变，即令

$$\frac{U_1}{U'_1} = \sqrt{\frac{f_1}{f'_1}} \qquad (5-108)$$

主磁通要发生变化。

综上所述，三相异步电动机变频调速具有以下几个特点：从基频向下调速，为恒转矩调速方式；从基频向上调速，近似恒功率调速方式；调速范围大；转速稳定性好；运行时 s 小，效率高；频率 f_1 可以连续调节，变频调速为无极调速。

变频调速的优点是调速范围大，平滑性好，变频时 U_1 按不同规律变化可实现恒转矩调速或恒功率调速，以适应不同负载的要求。这是异步电机最有前途的一种调速方式，其缺点是控制装置价格较高。

（三）改变电动机的转差率

1. 转子外加电阻调速

转子外加电阻调速，这种方法只适用于绕线式异步电动机。

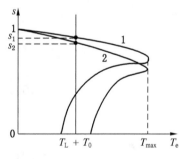

图 5-38　转子回路串电阻来调速

如图 5-38 所示，当转子中加入调速电阻时，电动机的 $T_e - s$ 曲线将从曲线 1 变成曲线 2，若负载转矩和空载转矩 $T_L + T_0$ 保持不变，转子的转差率将从 s_1 增大到 s_2，即转速将下降。

这种方法的优点是方法简单、调速范围广；缺点是调速电阻中要消耗一定的功率。此法主要用在中、小容量的异步电动机中，例如桥式起重机所用的电动机。

2. 双级调速

绕线式异步电动机多用在要求启动转矩大或要求调速的负载场合，例如用来拖动球磨机、矿井提升机、桥式起重机等。传统的办法是在转子回路中串联电阻。这种调速方法显然是低效率的，且调速性能也不理想。如果采用双馈调速法，则效果较好。所谓双馈，是指绕线式异步电动机的定、转子三相绕组分别接到两个独立的三相对称电源上，其中定子绕组的电源为固定频率的电网电源, 而转子绕组电源电压的幅值、频率和相位则需按运行要求由变频器自动调节, 如图 5-39 所示。

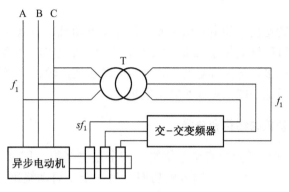

图 5-39 双馈调速示意图

绕线式异步电动机双馈调速系统不仅能调节电动机的转速, 还能改变电动机定子边的功率因数。

3. 串级调速

前述的双馈调速要求加在电机转子绕组的电压频率与转子绕组感应电动势同频率。如果把异步电机转子感应电动势变为直流电动势, 同时把转子外加电压也变为直流量, 也能满足同频率的要求, 即大家的频率都为零, 当然是可以的, 这就是串级调速的基本思路。

图 5-40 是异步电动机串级调速示意图。图中的整流桥把异步电动机转子的转差电动势、电流变成直流, 逆变器的作用是给电机转子回路提供直流电动势, 同时给转子电流提供通路, 并把转差功率 sP_e (扣除转子绕组铜损耗) 大部分反送回交流电源。由图可知, 转差率的传递方向为单一方向, 只能由转子反馈给电网, 所以这种调速方法适合于调速要求不高的场合。

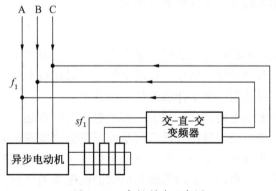

图 5-40 串级调速示意图

异步电动机的降低定子电源电压调速、电磁转差离合器调速等调速方法可参阅其他有关文献, 这里不再一一介绍。

第八节 单相异步电动机

单相异步电动机就是由单相电源供电的一种异步电动机。该电动机具有结构简单、噪声小等优点。因此它被广泛应用于工业和人民生活的各个方面，在家用电器、电动工具、医疗器械等领域使用较多。与同容量的三相异步电动机相比较，单相异步电动机的体积较大，运行性能较差，因此一般只做成小容量电机。

一、单相异步电动机的结构和分类

单相异步电动机的定子内装有两个绕组：一个是主绕组，用以产生主磁场并从电源

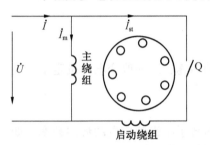

图 5-41 单相异步电动机的接线示意图

输入电功率；另一个是启动绕组（又称为辅助绕组），它仅在启动时接入，使两个绕组在空间上相差 90° 电角度，以便于使磁场形成圆形磁场；当转速达到同步转速的 75% 时，启动绕组可以断开，如图 5-41 所示。

单相异步电动机的定子铁芯，除罩极电动机通常具有凸出的磁极外，其余各类均与普通三相异步电动机类似。由于定子内径较小，嵌线比较困难，故定子大多采用单层绕组。为了削弱定子磁动势中的三次谐波以改善启动性能，采用双层绕组或正弦绕组。在电容启动的单相异步电动机中，主绕组通常占定子总槽数的 2/3，启动绕组占 1/3，单相异步电动机的转子都是笼型转子。

根据启动方式和运行方式的不同，单相异步电动机可分为单相电阻分相启动异步电动机、单相电容分相启动异步电动机、单相电容运转异步电动机、单相电容启动与运转异步电动机和单相罩极式异步电动机。

二、单相异步电动机的工作原理和等效电路

1. 工作原理

单相异步电动机接在单相电源上运行，通常它的定子上有两个绕组，一个工作绕组和一个启动绕组，转子是普通的笼型转子。启动绕组一般只在启动时接入，启动完毕就从电源断开，所以正常运行时只有一个工作绕组接在电源上。

当电动机接在单相电网上时，流经定子单相绕组的电流将建立一个脉振磁动势。在第四章第四节中已介绍过单相绕组脉振磁动势的基波可以分解成两个大小相等、方向相反的旋转磁动势、转速为同步速度（ $n_1 = 60f_1/p$ 或 $v = 2\tau f_1$ ）。因此在启动（ $s = 1$ ）时，该电机合成转矩为零，电机不能启动，必须采取其他辅助措施帮助启动。在此情况下，电机无固定旋转方向，工作时的转向将由启动时的转动方向而定，工作过程中正向旋转磁场的转差率为

$$s_f = \frac{n_1 - n}{n_1} = s \qquad\qquad (5-109)$$

而反向旋转磁场的转差率为

$$s_b = \frac{-n_1 - n}{n_1} = 2 - s \qquad (5-110)$$

2. 等效电路

根据双旋转磁场理论，导出单相感应电动机的等效电路，如图5-42a所示。图中 R_1 和 $X_{1\sigma}$ 分别为定子单相绕组的电阻和漏电抗，$\dot{I}_1$ 为定子单相绕组的电流，$\dot{E}_f$ 和 $\dot{E}_b$ 分别代表正向和反向气隙合成磁场在定子绕组中的感应电动势。基于单相感应电动机的等效电路，可得电动势平衡方程式

$$\dot{U}_1 = \dot{I}_1 R_1 + j\dot{I}_1 X_{1\sigma} - \dot{E}_f - \dot{E}_b \qquad (5-111)$$

图5-42a中，R_2 和 $X_{2\sigma}$ 分别为转子单相绕组的电阻和漏电抗，$\dot{I}_{2f}$、$\dot{I}_{2b}$ 分别为正向、反相旋转磁场的电流，$s\dot{E}_{2f}$、$s\dot{E}_{2b}$ 分别为正向、反相旋转磁场的感应电动势。根据频率和绕组折算，方法同三相异步电动机折算等效电路一样，可得单相异步电动机折算后的等效电路，如图5-42b所示。

3. 定、转子电流

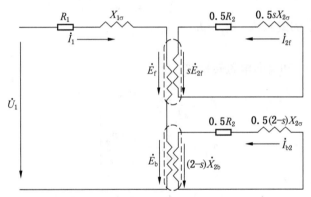

(a)折算前的定、转子耦合电路

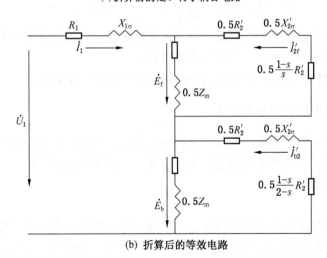

(b) 折算后的等效电路

图5-42　单相异步电动机的等效电路

若电源电压 U_1 和电动机的参数均为已知，根据图 5-42 等效电路即可算出定子电流 $\dot{I}_1$ 和转子正、反向电流的折算值 $\dot{I}'_{2f}$、$\dot{I}'_{2b}$：

$$\left.\begin{aligned} \dot{I}_1 &= \frac{\dot{U}_1}{Z_{1\sigma} + Z_{m}} \\ \dot{I}'_{2f} &= -\dot{I}_1 \frac{Z_f}{0.5\dfrac{R'_2}{s} + j0.5X'_{2\sigma}} \\ \dot{I}'_{2b} &= -\dot{I}_1 \frac{Z_b}{0.5\dfrac{R'_2}{2-s} + j0.5X'_{2\sigma}} \end{aligned}\right\} \tag{5-112}$$

$$Z_f = (0.5Z_m) /\!/ \left(0.5\frac{R'_2}{s} + j0.5X'_{2\sigma}\right) \tag{5-113}$$

$$Z_b = (0.5Z_m) /\!/ \left(0.5\frac{R'_2}{2-s} + j0.5X'_{2\sigma}\right) \tag{5-114}$$

式中　　$Z_{1\sigma}$——定子的漏阻抗，$Z_{1\sigma} = R_1 + X_{1\sigma}$。

4. 电磁转矩

正向电磁转矩 T_{ef} 和反向电磁转矩 T_{eb} 为

$$\left.\begin{aligned} T_{ef} &= \frac{1}{\Omega_1} I'^2_{2f} \frac{0.5R'_2}{s} \\ T_{eb} &= -\frac{1}{\Omega_1} I'^2_{2b} \frac{0.5R'_2}{2-s} \end{aligned}\right\} \tag{5-115}$$

合成电磁转矩 T_e 为

$$T_e = T_{ef} + T_{eb} = \frac{1}{\Omega_1}\left(I'^2_{2f}\frac{0.5R'_2}{s} - I'^2_{2b}\frac{0.5R'_2}{2-s}\right) \tag{5-116}$$

由于单相异步电动机中始终存在一个反向旋转磁场，因此这种电机的最大电磁转矩倍数、效率和功率因数等均稍低于三相异步电动机。

单相异步电动机的参数，也可以用空载试验和短路试验来确定。

三、单相异步电动机的启动方法

单相异步电动机的定子磁动势是一个脉振磁动势，不能产生启动转矩，因而电动机不能自行启动。于是，为了使电动机能产生启动转矩，就必须设法使得启动时电动机内部能够产生一个旋转磁动势。

1. 分相启动

为了启动时在气隙中建立旋转磁场，单相感应电动机的定子上除工作绕组外，还装置一个启动绕组，它与工作绕组在空间上相距 90° 电角度，如图 5-43 所示。为获得圆形旋转磁场，要求启动绕组的脉振磁动势的振幅 F_{st} 和工作绕组的脉振磁动势的振幅 F_1 大小相等，但在脉振的时间相位上两者相差 90°。为此，要求启动绕组中的电流 $\dot{I}_{st}$ 与工作绕组中

的电流 i_1 在时间相位上相差 90°。通常采用在启动绕组中串联电容 C 的办法来满足这一要求（图 5-43），使启动绕组与工作绕组空间上相位差 90°，幅值大小相等。满足这些要求之后，就能在电机气隙中产生一个圆形旋转磁场，像三相感应电动机在对称电压下启动一样，能够产生较大的启动转矩，使电动机顺利启动。

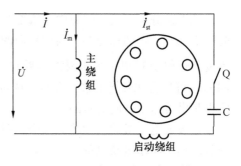

图 5-43 单相电容启动电动机

通常，启动绕组是按短时运行设计的，为了避免过热损坏，当电动机的转速达到同步转速的 70%~80% 时，装在电机轴上的离心式开关 Q 就发生动作，自动将启动绕组切除。这种电动机称为电容启动电动机。

启动绕组也可以不串联电容而串联电阻，这时 i_{st} 和 i_1 也有一定的相位差，因而也能产生一定的启动转矩，但数值较小，只用于比较容易启动的场合。用电阻法启动时，实际上只需要把启动绕组设计得具有较大的电阻，而不需要另外串联电阻。

如果电动机启动完毕，启动绕组不断开，一直接在电源上长期运行，这种电动机称为电容电动机。电容电动机比单相电动机的力能指标高，但启动性能一般比电容启动电动机稍差一些。

2. 罩极启动

罩极启动电动机的定子铁芯通常做成凸极式，由硅钢片叠压而成。每个磁极上都装有工作绕组，接到单相电网上。在每个磁极的极靴上开一个小槽，用短路铜环把部分极靴（约占 1/3 极靴表面）围起来，如图 5-44a 所示。

当工作绕组接到电网而有单相交流电流通过时，由它产生的脉振磁通可分为两部分，一部分磁通 ϕ_1 不穿过短路环，另一部分磁通 ϕ_2 则穿过短路环。显然，$\dot{\phi}_1$ 和 $\dot{\phi}_2$ 应同相位，因为它们都随工作绕组的电流而变化。这时磁通 $\dot{\phi}_2$ 便在短路环中感应出电动势 $\dot{E}_k$ 和电流 $\dot{i}_k$，其中电动势 $\dot{E}_k$ 应滞后于产生它的磁通 ϕ_2 90°，而电流 $\dot{i}_k$ 应滞后电动势 $\dot{E}_k$ 一个相位角 ψ_k，整个相量图如图 5-44b 所示。

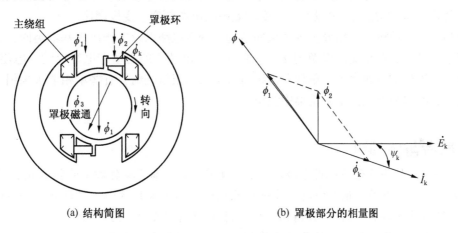

(a) 结构简图　　　　　　　　(b) 罩极部分的相量图

图 5-44 罩极单相异步电动机

从上述分析可见，气隙中未罩部分的磁通 ϕ_1 和罩住部分的磁通 ϕ_2，在空间位置上和时间上都有一定的相位差，因此它们的合成磁场将是一个沿一定方向推移的磁场，在某种程度上近似于旋转磁场，因而能够产生一定的启动转矩。由于磁通 $\dot{\phi}_1$ 超前 $\dot{\phi}_2$（图 5–44b），可见合成磁场推移的方向是从 ϕ_1 所在的未罩部分移向 ϕ_2 所在的罩住部分，随之转子也是沿着这个方向旋转的。

罩极式电动机的启动转矩很小，但结构简单，故多用于小型电扇、电动模型及各种轻载启动的小功率电动设备中，一般功率很小。

小　结

异步电机的结构主要由定子、转子以及气隙组成。异步电动机的定子由铁芯及绕组组成。转子也是由铁芯及绕组组成。转子绕组可以是自成闭路的笼型绕组，也可以是绕线式转子绕组。绕线式转子绕组通过 3 个滑环及电刷引出电机外部，可以串接电阻后再短接，也可以直接短接。

异步电动机空载时定子绕组通有电流，转子电流为零；而负载时转子电流不为零，存在负载反应。在此基础上，根据异步电动机定子与转子电动势平衡方程式及磁动势平衡方程式，对异步电动机转子进行频率折算及绕组折算，从而推导出异步电动机等效电路。通过解等效电路，求出电机的电流、功率、损耗及转矩方程，并推导出异步电动机的机械特性和运行特性。由起始点、额定运行点、空载运行点和最大工作点即可绘制机械特性曲线；运行特性主要是指 n、η、$\cos\varphi_1$、T_2、I_1 与 P_2 的关系曲线。

异步电动机启动特性要求是启动电流小，启动转矩大。但是，在启动时如不采取任何措施，电动机的启动特性有时不能满足上述要求；对于笼型异步电动机，如果电网容量允许，应尽量采用直接启动。当电网容量较小时，应采用降低定子电压的方法来减小启动电流，较常用的方法有 Y/△ 启动和自耦变压器启动等。但是，降压启动时电动机的启动转矩随电压平方成正比减小。同时还有特殊结构的深槽和双笼转子用来改善异步电动机启动。绕线式异步电动机启动时，在转子回路中串入电阻，不但使启动电流减小，而且使启动转矩增大。因此，在启动困难的机械中，常采用绕线式电动机。异步电动机的调速，根据转速公式 $n_2 = 60sf_1/p$，可以通过改变转差率或电源频率、变极调速。

单相异步电动机与三相异步电动机的结构、等效电路以及工作原理基本类同，它常用于家用电器及仅有单相交流电源的场合。单相异步电动机的启动有电容启动、电阻启动、电容运转及罩极电机四大类。单相电机绕组大多采用正弦绕组，有些单相电机采用一般分布绕组，有些单相电机甚至采用集中绕组。

思考与练习

5-1 把一台三相异步电动机用原动机驱动，使其转速 n 高于旋转磁场的转速 n_1，定子接到三相交流电源。试分析转子导条感应电动势和电流的方向，这时电磁转矩的方向和性质是怎样的？若把原动机去掉，电机转速有何变化，为什么？

5-2 异步电机转速变化时，转子磁动势相对定子的转速是否改变？相对转子的转速是否改变？

5-3 感应电动机运行时，定子电流的频率是多少？由定子电流产生的旋转磁动势以什么速度切割定子和转子？由转子电流产生的旋转磁动势基波以什么速度切割定子和转子？两个基波磁动势的相对运动速度多大？

5-4 为什么相同容量的感应电机的空载电流比变压器的大很多？

5-5 感应电动机定子绕组与转子绕组之间没有直接联系，为什么负载增加时，定子电流和输入功率会自动增加，试说明其物理过程。从空载到满载电机主磁通有无变化？

5-6 频率归算时，用等效的静止转子代替实际转子，是否影响定子边的电流、功率因数、输入功率和电机的电磁功率？

5-7 说明三相异步电动机转子绕组折算和频率折算的意义，折算是在什么条件下进行的？

5-8 三相异步电动机的定、转子电路其频率互不相同，在 T 形等效电路中为什么把它们连在一起？

5-9 说明三相异步电动机等效电路中，参数 R_1、X_1、R_m、X_m、R_2'、X_2' 以及 $(1-s)R_2'/s$ 各代表什么意义？其中等效电路中的 $(1-s)R_2'/s$ 能否用电感或电容代替？为什么？

5-10 三相异步电动机运行时，若负载转矩不变而电源电压下降10%，对电机的同步转速 n_1、转子转速 n、主磁通 Φ_m、功率因数 $\cos\varphi_1$、电磁转矩 T_e 有何影响？

5-11 绕线式异步电动机，若转子电阻增加、漏电抗增大、电源电压不变，但频率由 50 Hz 变为 60 Hz；试问这三种情况下最大转矩、启动转矩、启动电流会有什么变化？

5-12 普通笼型异步电动机在额定电压下启动时，为什么启动电流很大，而启动转矩并不大？

5-13 两台型号完全相同的笼型感应电动机共轴连接，拖动一个负载。如果启动时将它们的定子绕组串联后接至电网上，启动完毕再改为并联。试问这样的启动方法，对启动电流和启动转矩有何影响？

5-14 异步电动机带负载运行，若电源电压下降过多，会产生什么严重后果？如果电源电压下降20%，对最大转矩、启动转矩、转子电流、气隙磁通、转差率有何影响（设负载转矩不变）？

5-15 三相异步电动机的短路电流与外加电压、电机所带负载是否有关？关系如何？是否短路电流越大短路转矩也越大？负载转矩的大小会对启动过程产生什么影响？

5-16 异步电动机的转子有哪两种类型，各有何特点？

5-17 一台笼型感应电动机，原来转子是插铜条的，后因损坏改为铸铝的。如输出同样转矩，电动机运行性能有什么变化？

5-18 绕线式异步电动机在转子回路串电阻启动时，为什么既能降低启动电流，又能增大启动转矩？所串电阻是否越大越好？

5-19 一台三相异步电动机，$P_N = 7.5$ kW，额定电压 $U_N = 380$ V，定子△接法，频率为 50 Hz。额定负载运行时，定子铜耗为 474 W，铁耗为 231 W，机械损耗为 45 W，附加损耗为 37.5 W，已知 $n_N = 960$ r/min，$\cos\varphi_N = 0.824$，试计算转子电流频率、转子铜耗、定子电流和电机效率。

5-20 一台三相四极 50 Hz 异步电动机，$P_N = 75$ kW，$n_N = 1450$ r/min，$U_N = 380$ V，$I_N = 160$ A，定子 Y 接法。已知额定运行时，输出转矩为电磁转矩的90%，$p_{Cu1} = p_{Cu2}$，$p_{Fe} = 2.1$ kW。试计算额定运行时的电磁功率、输入功率和功率因数。

5-21 一台四极笼型异步电动机，$P_N = 200\ kW$，$U_{1N} = 380\ V$，定子三角形接法，定子额定电流 $I_{1N} = 234\ A$，频率为 50 Hz，定子铜耗为 5.12 kW，转子铜耗为 2.85 kW，铁耗为 3.8 kW，机械损耗为 0.9 kW，附加损耗为 3 kW，$R_1 = 0.0345\ \Omega$，$X_m = 5.9\ \Omega$，产生最大转矩时 $X_{1\sigma} = 0.202\ \Omega$，$R_2' = 0.022\ \Omega$，$X_{2\sigma}' = 0.195\ \Omega$，启动时由于磁路饱和集肤效应的影响，$X_{1\sigma} = 0.1375\ \Omega$，$R_2' = 0.0715\ \Omega$，$X_{2\sigma}' = 0.11\ \Omega$。试求：①额定负载下的转速；②定子电流、转子电流和功率因数；③转子铜耗、机械功率、电磁功率、输入功率、定子铜耗；④效率；⑤最大电磁转矩、临界转差率、过载能力、启动转矩、启动电流、启动转矩倍数。

5-22 已知三相铝线异步电动机的数据为 $P_N = 10\ kW$，$U_N = 380\ V$，定子 △ 接法，$I_N = 11.6\sqrt{3}\ A$，频率为 50 Hz，定子铝耗 $p_{Cu1(75\ ℃)} = 557\ W$，转子铝耗 $p_{Cu2(75\ ℃)} = 314\ W$，铁耗 $p_{Fe} = 276\ W$，机械损耗 $p_\Omega = 77\ W$，附加损耗 $p_{ad} = 200\ W$。试计算此电动机的额定转速、负载制动转矩、空载时的制动转矩和电磁转矩。

5-23 有一台三相四极 50 Hz 绕线式异步电动机，额定功率 $P_N = 150\ kW$，额定电压 $U_N = 380\ V$，转子铜耗 $p_{Cu2} = 2210\ W$，机械损耗 $p_\Omega = 2600\ W$，附加损耗 $p_{ad} = 1000\ W$。试求：①额定运行时的电磁功率、额定转差率的额定转速；②已知每相参数 $R_1 = R_2' = 0.012$，$X_{1\sigma} = X_{2\sigma}' = 0.06$，求产生最大转矩时的转差率；③若要求在启动时产生最大转矩，转子每相绕组应串入多大的电阻。

5-24 一台 JQ_2-52-6 型异步电动机，额定电压为 380 V，定子 △ 接法，频率为 50 Hz，额定功率为 7.5 kW，额定转速为 960 r/min，额定负载时 $\cos\varphi_1 = 0.824$，定子铜耗为 474 W，铁耗为 231 W，机械损耗为 45 W，附加损耗为 37.5 W。试计算额定负载时，①转差率；②转子电流的频率；③转子铜耗；④效率；⑤定子电流。

5-25 一台三相、$2p=6$、50 Hz 的绕线式异步电动机，在额定负载时的转速为 $n_N = 980$ r/min，折算为定子频率的转子每相感应电动势 $E_2' = 110\ V$。问此时的转子电动势 E_2 和它的频率 f_2 为何值？若转子不动，定子绕组上施加某一低电压使电流在额定值左右，测得转子绕组每相感应电动势为 10.2 V，转子相电流为 20 A，转子每相电阻为 0.1 Ω，忽略集肤效应的影响，试求额定运行时的转子电流 I_2 和转子铜耗 p_{Cu2}。

5-26 有一台三相四极绕线式异步电动机，$U_{1N} = 380\ V$，Y 接法，$f_1 = 50$ Hz。已知 $R_1 = R_2' = 0.012\ \Omega$，$X_{1\sigma} = X_{2\sigma}' = 0.06$，并设 $\sigma_1 = 1$，在输入功率为 155 kW 时，测得转子铜耗为 2210 W，机械损耗为 1640 W，附加损耗为 1310 W。试求：①此时的 P_{em}、s、n 和 T_{em}；②当负载转矩不变时（设电磁转矩也不变），在转子中每相串入电阻 $R_t' = 0.1\ \Omega$，此时的 s、n、p_{Cu2} 各为多少？

5-27 一台 JO_2-41-6 型三相 50 Hz 笼型感应电动机，$P_N = 3\ kW$，$U_{1N} = 380\ V$，定子 Y 接法，定子额定电流 $I_{1N} = 6.81\ A$，额定转速 $n = 967$ r/min，启动时电机参数，$R_1 = 2.08\ \Omega$，$X_{1\sigma} = 2.36\ \Omega$，$R_2' = 1.735\ \Omega$，$X_{2\sigma}' = 2.8\ \Omega$，$\sigma_1 = 1.03$。试求：①直接启动时的启动电流倍数和启动转矩倍数；②若自耦变压器降压启动，自耦变压器的变比为 2，此时的启动电流倍数和启动转矩倍数为多少？③若定子串电抗器降压启动，降压值与①相同，其启动电流和启动转矩倍数是多少？④一般当应用 Y-△ 换接降压启动时，电网供给的启动电流和启动转矩减小为直接启动的多少？该电机能否应用 Y-△ 启动？

第六章 同 步 电 机

同步电机是一种常用的交流电机。在现代电网中大部分电能都是同步发电机提供。同步电机主要有发电机、电动机和补偿机三种运行方式。发电机运行是同步电机最主要的运行方式，另外，电动机和补偿机运行的同步电机在工矿企业和电力系统中也得到了较为广泛的应用。

第一节 同步电机的结构、工作原理及额定值

一、同步电机的结构

同步电机与异步电机一样也是由定子、转子和气隙所组成，定子上有三相交流绕组；转子上则有励磁绕组，通入直流电流后能产生磁场，通过气隙与定子绕组相互作用。

1. 定子

同步电机的定子有时也称为电枢，它和异步电机的定子在构造上完全一样，也是由定子铁芯、电枢三相绕组、机座和端盖等部件所组成。

同步电机的定子铁芯是由硅钢片冲制后叠装而成。当大型同步电机冲片外径的直径大于 1 m 时，由于材料标准尺寸的限制，必须做成扇形冲片（图 6-1），然后按圆周拼合起来叠装而成。

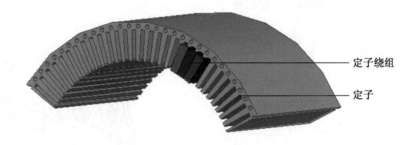

图 6-1　定子扇形冲片

小型同步电机定子绕组的电压较低；但大型同步电机定子绕组的电压则较高，所以对绕组的绝缘材料提出了较高的要求。可以认为大型电机定子绕组的制造问题，主要是它的绝缘问题。一般高压定子绕组常采用云母带作为绝缘材料。关于定子绕组的绕法前面已介绍，此处不再赘述。

电机的机座是支持和固定定子铁芯和定子绕组的部分，中小型同步电机的机座、端盖和异步电机的一样；大型同步电机的机座常由钢板焊接而成，它的结构形式与采用的通风系统有密切联系。

2. 转子

同步电机的转子有两种结构型式，即隐极式和凸极式，如图 6-2 所示。隐极式同步电机结构如图 6-2a 所示，转子上没有凸出的磁极，沿着转子的圆周上刻有齿和槽，刻有槽的部分约占圆周的 2/3。励磁绕组是分布绕组，分布在各槽中。圆周上没有绕组的部分形成所谓大齿，是磁极的中心区域。

凸极式同步电机结构如图 6-2b 所示，沿着转子的圆周安装有凸出的磁极，由直流电励磁产生磁通。此磁通对转子是不变化的，因此转子不需要用硅钢片来制造。在一般情况下，转子的磁极铁芯是由普通的薄钢片冲制成（图 6-3），然后再一片片叠装而成。磁极铁芯上放置集中的励磁绕组。整个磁极利用 T 形尾部固定在磁轭上，如图 6-4 所示。磁极的表面常装设类似笼型异步电机转子上的短路绕组，在发电机中称为阻尼绕组，在电动机中称为启动绕组，如图 6-5 所示。

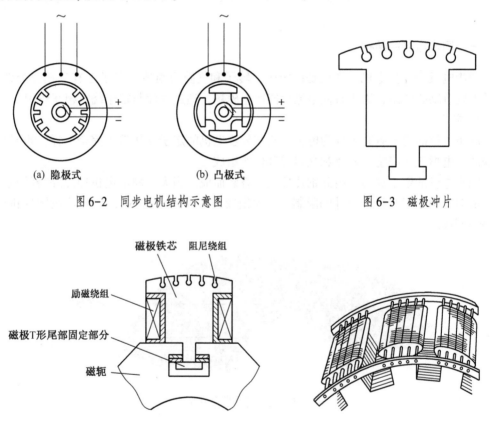

(a) 隐极式　　　　　(b) 凸极式

图 6-2　同步电机结构示意图　　　　　图 6-3　磁极冲片

图 6-4　凸极电机磁极装配　　　　　图 6-5　阻尼绕组

凸极结构转子的优点是制造方便，缺点是机械强度较差，因此多用在离心力较小、转速较低的中小型电机中或用在水轮发电机中。隐极转子的优点是机械强度好，但是制造工艺较复杂，因此多用在离心力较大、转速较高的电机中。例如汽轮发电机多采用隐极结构。

二、同步电机的工作原理

同步电机电枢绕组是三相对称交流绕组，当原动机拖动转子旋转时，极性相间的励磁

磁场随轴旋转并顺次切割定子各相绕组，会在绕组中感应出大小和方向按周期性变化的交变电动势，每相绕组感应电动势的有效值为

$$E_0 = 4.44 f_1 N_1 \phi_1 K_{w1} \qquad (6-1)$$

式中　　f——频率，工频为 50 Hz；

　　　　N_1——每相绕组串联匝数；

　　　　ϕ_1——每极基波磁通，Wb；

　　　　K_{w1}——基波绕组因数；

　　　　E_0——空载电动势。

由于三相电枢绕组在空间分布的对称性，决定了三相绕组中感应电动势对称，空间上相互错开 1/3 周期。通过绕组的出线端将三相感应电动势引出后可以作为交流电源。可见，同步发电机可以将原动机提供给转子的旋转机械能转化为三相对称的交变电能。

感应电动势的频率决定于同步电机的转速 n 和极对数 p，即

$$f = \frac{pn}{60} \qquad (6-2)$$

从供电品质考虑，由众多同步发电机并联构成的交流电网的频率应该是一个不变的值，这就要求发电机的频率应该和电网的频率一致。我国电网的频率 $f = 50$ Hz，故有

$$n = \frac{60f}{p} \qquad (6-3)$$

当时 $p=1$、2、3 时，$n=3000$、1500、1000 r/min 等，要使得发电机供给电网 50 Hz 的工频电能，发电机的转速必须为某些固定值，这些固定值称为同步转速。只有运行于同步转速，同步电机才能正常运行，这也是同步电机名称的由来。

三、同步电机的运行方式

同步电机的主要运行方式有三种，即作为发电机、电动机和补偿机运行。

作为发电机运行是同步电机最主要的运行方式，现代工农业生产所用的交流电能几乎都是由同步发电机供给。大型同步发电机用在大型电站，其单机容量在几十、几百以至于上千兆瓦以上，中小型同步发电机则广泛应用于各种场合。

作为电动机运行是同步电机的另一种重要运行方式。同步电动机的功率因数可以调节，在不要求调速的场合，应用大型同步电动机可以提高运行效率。近年来，小型同步电动机在变频调速系统中开始得到较多的应用。

同步电机还可以接于电网作为同步补偿机。这时电机不带任何机械负载，靠调节转子中的励磁电流向电网发出所需的感性或者容性无功功率，以达到改善电网功率因数或者调节电网电压的目的。

分析表明，同步电机运行于哪一种状态，主要取决于定子合成磁场与转子磁场之间的夹角，此角称为功率角，用 δ 表示。当功率角 $\delta > 0$ 时，作为发电机；当功率角 $\delta = 0$ 时，作为补偿机；当功率角 $\delta < 0$ 时，作为电动机。

四、同步电机的励磁方式

获得励磁电流的方法称为励磁方式。目前采用的励磁方式分为两大类：一类是用直流

发电机作为励磁电源的直流励磁机励磁系统；另一类是用硅整流装置将交流转化成直流后供给励磁的整流器励磁系统。

1. 直流励磁机励磁

直流励磁机通常与同步发电机同轴，采用并励或者他励接法。采用他励接法时励磁电流由另一台被称为副励磁机的同轴的直流发电机供给，如图6-6所示。

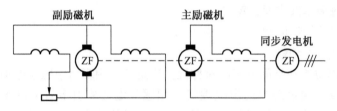

图 6-6 直流励磁机励磁系统

2. 静止整流器励磁

同一轴上有三台交流发电机，即主发电机、交流主励磁机和交流副励磁机。副励磁机的励磁电流由外部直流电源提供，待电压建立起来后再转为自励（有时采用永磁发电机）。励磁机的输出电流经过静止晶闸管整流器整流后供给主励磁机，而主励磁机的交流输出电流经过静止的三相桥式硅整流器整流后供给主发电机的励磁绕组，如图6-7所示。

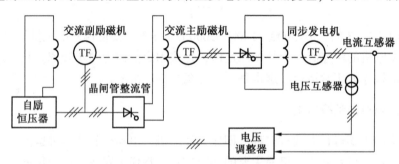

图 6-7 静止励磁器励磁系统

3. 旋转整流器励磁

静止整流器的直流输出需经过电刷和集电环才能输送到旋转的励磁绕组，对于大容量的同步发电机，其励磁电流达到数千安培，使得集电环严重过热。因此，在大容量的同步发电机中，常采用不需要电刷和集电环的旋转整流器励磁系统，如图6-8所示。主励磁机是旋转电枢式三相同步发电机，旋转电枢的交流电流经与主轴一起旋转的硅整流器整流后，直接送到主发电机的转子励磁绕组。交流主励磁机的励磁电流由同轴的交流副励磁机经静止的晶闸管整流器整流后供给。由于这种励磁系统取消了集电环和电刷装置，故称为无刷励磁系统。

五、同步电机的额定值

1. 额定容量 S_N（或额定功率 P_N）

额定容量是指额定状态下运行时电机的输出功率。同步发电机的额定容量可用输出视

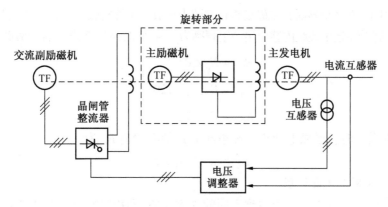

图 6-8　旋转整流器励磁系统

在功率表示，也可用有功功率表示。同步电动机的额定功率是指轴上输出的机械功率。补偿机则是指输出的最大无功功率。

2. 额定电压 U_N

额定电压是指额定运行时定子的线电压。

3. 额定电流 I_N

额定电流是指额定运行时定子的线电流。

4. 额定功率因数 $\cos\varphi_N$

额定功率因数是指额定运行时电机的功率因数。对于同步发电机，额定功率因数一般为 0.8~0.9（滞后）。

5. 额定频率 f_N

额定频率是指额定运行时电枢的频率。我国标准工频规定为 50 Hz。

6. 额定转速 n_N

额定转速是指额定运行时电机的转速，即为同步转速。

除上述额定值外，同步电机铭牌上还常列出一些其他的运行数据，例如额定负载时的温升 $\Delta\theta$ 、励磁电压 U_{fN} 和励磁电流 I_{fN} 等。

第二节　同步发电机的磁场

一、同步发电机的空载磁场

三相同步发电机必须能够建立起具有一定大小、一定频率、波形较好的三相对称的交变电动势，才能作为实用的交流电源供给特定负载或者向电网输送电能。发电机在原动机的带动下以同步转速运行，励磁绕组通入直流励磁电流，电枢绕组不带任何负载时的运行情况，称为空载运行。

空载运行时，同步电机内仅有由励磁电流所建立的主极磁场。如图 6-9 表示一台四极电机空载时的磁通示意图。由图 6-9 可知，主极磁通分成主磁通 ϕ_0 和漏磁通 $\phi_{f\sigma}$ 两部分，前者通过气隙并与定子绕组相交链，后者不通过气隙，仅与励磁绕组相交链。主磁通所经过的主磁路包括空气隙、电枢齿、电枢轭、磁极极身和转子轭等五部分。

当转子以同步转速旋转时，主磁场将在气隙中形成一个旋转磁场，它"切割"对称的三相定子绕组后，就会在定子绕组内感应出一组频率为 f 的对称三相电动势，称为激磁电动势。

$$\begin{rcases} \dot{E}_{0A} = E_0 \angle 0° \\ \dot{E}_{0B} = E_0 \angle -120° \\ \dot{E}_{0C} = E_0 \angle 120° \end{rcases} \qquad (6-4)$$

忽略高次谐波时，激磁电动势（相电动势）的有效值 E_0 为

$$E_0 = 4.44 f N_1 \phi_0 K_{w1} \qquad (6-5)$$

式中 ϕ_0 ——每极的主磁通量。

改变直流励磁电流 I_f，便可得到不同的主磁通 ϕ_0 和相应的激磁电动势 E_0，从而得到空载特性曲线 $E_0 = f(I_f)$，如图 6-10 所示。空载特性曲线是同步电机的一条基本特性曲线。

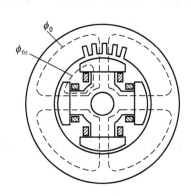

图 6-9 同步电机的空载磁路 ($2p=4$)

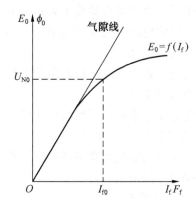

图 6-10 同步电机的空载特性曲线

空载特性曲线的下部是一条直线，与下部相切的直线称为气隙线。随着 ϕ_0 的增大，铁芯逐渐饱和，空载特性曲线就逐渐弯曲。在研究同步电机的许多问题时，为了避免作为复杂的非线性问题来求解，常常不计铁芯的磁饱和，此时空载特性曲线就成为一条理想化的直线——气隙线。

二、同步发电机的负载磁场

空载时，同步电机中只有一个以同步转速旋转的励磁磁动势 F_f，它在电枢绕组中感应出三相对称交流电动势，其每相有效值为 E_0，称为励磁电动势。电枢绕组每相端电压 $U = E_0$。

当同步发电机带上对称负载后，电枢绕组中将流过对称三相电流 $\dot{i}_A$、$\dot{i}_B$ 和 $\dot{i}_C$，此时电枢绕组就会产生电枢磁动势及相应的电枢磁场，其基波与转子同向、同速旋转。负载时，气隙内的磁场由电枢磁动势和主极磁动势共同作用产生，电枢磁动势的基波在气隙中所产生的磁场就称为电枢反应。电枢反应的性质（增磁、去磁或交磁）取决于电枢磁动势和主磁场在空间的相对位置。分析表明，此相对位置取决于激磁电动势 $\dot{E}_0$ 和负载电流 $\dot{i}$ 之间的相角差，称为内功率因数角，用 ψ_0 表示。下面分 $\psi_0 = 0$ 和 $\psi_0 \neq 0$ 两种情况进行分析。

1. $\dot{E}_0$ 和 $\dot{I}$ 同相

如图 6-11a 表示一台两极同步发电机的示意图。为简明计，图中电枢绕组每相用一个集中线圈来表示，$\dot{E}_0$ 和 $\dot{I}$ 的正方向规定为从绕组首端流出，从尾端流入。在图 6-11a 所示瞬间，主极轴线与电枢 A 相绕组的轴线正交，A 相链过的主磁通 $\dot{\phi}_{0A}$ 为零；因为电动势 $\dot{E}_{0A}$ 滞后于主磁通 90°，故 A 相激磁电动势 $\dot{E}_{0A}$ 的瞬时值达到正的最大值，其方向如图中所示（从 X 入，从 A 出）；B、C 两相的激磁电动势 $\dot{E}_{0B}$ 和 $\dot{E}_{0C}$ 分别滞后于 $\dot{E}_{0A}$ 以 120° 和 240°，如图 6-11b 所示。

当 $\dot{I}$ 和 $\dot{E}_0$ 同相时，$\psi_0 = 0$。如图 6-11a 所示，基波电枢磁动势 F_a 的轴线应与 A 相绕组轴线和转子交轴重合，它与励磁磁动势 F_f 之间的夹角为 90° 或 270°，如图 6-11c 所示。图中二者正交，转子磁动势 F_f 作用在直轴上，而电枢磁动势 F_a 作用在交轴上，电枢反应的结果使得合成磁动势的轴线位置产生一定的偏移，幅值发生一定的变化。这种作用在交轴上的电枢反应称为交轴电枢反应，简称交磁作用。

由于交轴电枢反应，使气隙合成磁场 B 与主磁场 B_0 在空间形成一定的相角差，如图 6-11d 所示。对于同步发电机，当 $\psi_0 = 0$ 时，主磁场将超前于气隙合成磁场，于是主极上将受到一个制动性质的电磁转矩。所以交轴电枢磁动势与产生电磁转矩及能量转换直接相关。

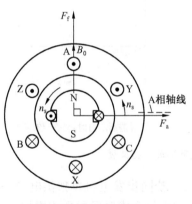

(a) 定子绕组的空间矢量图

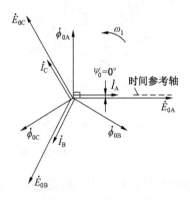

(b) 时间相量图

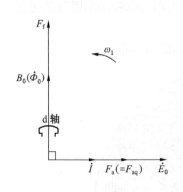

(c) 时-空统一矢量图

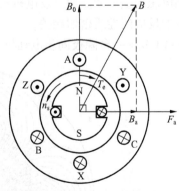

(d) 气隙合成磁场与主磁场的相对位置

图 6-11　$\psi_0 = 0$ 时同步发电机的电枢反应

2. $\dot{E}_0$ 和 $\dot{I}$ 不同相

如图 6-12a 表示一台两极同步发电机的示意图。当 $\dot{E}_0$ 和 $\dot{I}$ 不同相时，即 $\psi_0 \neq 0$。假设 $\dot{I}$ 滞后 $\dot{E}_0$ 一个夹角 ψ_0（$0 < \psi_0 < 90°$）。因此 $\dot{I}$ 分解为直轴分量 $\dot{I}_d$ 和交轴分量 $\dot{I}_q$，$\dot{I}_d$ 产生直轴电枢磁动势 F_{ad}，F_{ad} 与 F_f 反相，具有去磁作用；$\dot{I}_q$ 产生交轴电枢磁动势 F_{aq}，F_{aq} 与 F_f 正交，具有交磁作用，如图 6-12b 所示；否则，具有增磁作用。根据正交分解原理有

$$
\left.\begin{array}{l}
\dot{I} = \dot{I}_d + \dot{I}_q \\
I_d = I\sin\psi_0 \\
I_q = I\cos\psi_0
\end{array}\right\} \tag{6-6}
$$

$$
\left.\begin{array}{l}
F_a = F_{ad} + F_{aq} \\
F_{ad} = F_a\sin\psi_0 \\
F_{aq} = F_q\cos\psi_0
\end{array}\right\} \tag{6-7}
$$

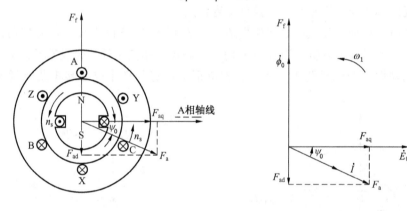

(a) $\dot{I}$ 滞后 $\dot{E}_0$ 时空间矢量图   (b) $\dot{I}$ 滞后 $\dot{E}_0$ 时时-空统一矢量图

图 6-12　$\psi_0 \neq 0$ 时同步发电机的电枢反应

直轴电枢反应对同步电机的运行性能影响很大。若同步发电机单独供电给一组负载，则负载以后，去磁或增磁性的直轴电枢反应将使气隙内的合成磁通减少或增加，从而使发电机的端电压产生变动。如果发电机接在电网上，其无功功率和功率因数是超前还是滞后与直轴电枢反应的性质密切相关。

图 6-13 表示一台隐极同步电动机在额定负载时的磁场分布。

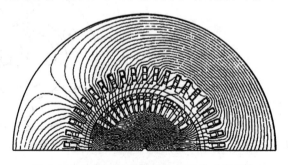

图 6-13　隐极同步电动机负载时的磁场分布

第三节　同步发电机

一、同步发电机的电压方程、相量图和等效电路

（一）电压方程

同步发电机带上负载之后，电枢绕组存在的电动势是由励磁磁通 $\dot{\phi}_f$ 产生的励磁电动势 $\dot{E}_0$、电枢反应磁通 $\dot{\phi}_a$ 产生的电枢反应电动势 $\dot{E}_a$、电枢绕组漏磁通 $\dot{\phi}_\sigma$ 产生的漏磁电动势 $\dot{E}_\sigma$ 组成，其表达式为

$$\dot{E}_0 = \dot{U} - \dot{E}_a - \dot{E}_\sigma + \dot{I}R_a \qquad (6-8)$$

式中　I——电枢电流，A；

　　　R_a——电枢电阻，Ω；

　　　E_0——空载电动势，V。

1. 凸极发电机

对于凸极电机来说，其电压方程为

$$\dot{E}_0 = \dot{U} + \dot{I}R_a + j\dot{I}_d X_d + j\dot{I}_q X_q \qquad (6-9)$$

$$\dot{E}_a + \dot{E}_\sigma = -j\dot{I}_d X_d - j\dot{I}_q X_q \qquad (6-10)$$

$$\dot{E}_a = -j\dot{I}_d X_{ad} - j\dot{I}_q X_{aq} \qquad (6-11)$$

$$\dot{E}_\sigma = -j\dot{I}X_\sigma = -j\dot{I}_d X_\sigma - j\dot{I}_q X_\sigma \qquad (6-12)$$

$$\left.\begin{array}{l} X_d = X_{ad} + X_\sigma \\ X_q = X_{aq} + X_\sigma \end{array}\right\} \qquad (6-13)$$

式中　I_d——电枢直轴电流，A；

　　　I_q——电枢交轴电流，A；

　　　X_d——直轴电抗，Ω；

　　　X_q——交轴电抗，Ω；

　　　X_{ad}——电枢直轴电抗，Ω；

　　　X_{aq}——电枢交轴电抗，Ω；

　　　X_σ——电枢漏电抗，Ω；

　　　U——电枢绕组端电压，V。

2. 隐极发电机

对于隐极电机来说，其电压方程为

$$\dot{E}_0 = \dot{U} + \dot{I}R_a + j\dot{I}X_s \qquad (6-14)$$

$$\dot{E}_a + \dot{E}_\sigma = -j\dot{I}X_a - j\dot{I}X_\sigma \qquad (6-15)$$

$$\dot{E}_a = -j\dot{I}X_a \qquad (6-16)$$

$$X_s = X_\sigma + X_a \qquad (6-17)$$

式中　X_a——电枢电抗，Ω；

X_s——同步电抗，Ω。

（二）相量图

根据式（6-9）、式（6-14）作同步发电机的相量图，对于发电机端电压 $\dot{U}$、电枢电流 $\dot{I}$、负载功率因数 $\cos\varphi$ 以及同步电抗为已知量，可以根据电压方程式来求得激磁电动势 $\dot{E}_0$。

1. 凸极发电机

根据式（6-9）作凸极同步发电机的相量图步骤如下：

（1）在水平方向作出相量 $\dot{U}$。

（2）根据功率因数角 φ 值作出相量 $\dot{I}$，并对 $\dot{I}$ 进行交、直轴分解，分别为 $\dot{I}_\mathrm{q}$、$\dot{I}_\mathrm{d}$。

（3）在 $\dot{U}$ 的尾端加上相量 $\dot{I}R_\mathrm{a}$，并与 $\dot{I}$ 平行。

（4）在 $\dot{I}R_\mathrm{a}$ 的尾端加上相量 $j\dot{I}_\mathrm{d}X_\mathrm{d}$，它超前于 $\dot{I}_\mathrm{d}90°$；在 $j\dot{I}_\mathrm{d}X_\mathrm{d}$ 的尾端加上相量 $j\dot{I}_\mathrm{q}X_\mathrm{q}$，它超前于 $\dot{I}_\mathrm{q}90°$。

（5）作出由 $\dot{U}$ 的首端指向 $j\dot{I}_\mathrm{q}X_\mathrm{q}$ 尾端的相量，该相量便是 $\dot{E}_0$。

基于上述方法，作出该发电机的相量图，如图6-14所示。

2. 隐极发电机

根据式（6-14）作隐极同步发电机的相量图步骤如下：

（1）在水平方向作出相量 $\dot{U}$。

（2）根据功率因数角 φ 值作出相量 $\dot{I}$，并对 $\dot{I}$ 进行交、直轴分解，分别为 $\dot{I}_\mathrm{q}$、$\dot{I}_\mathrm{d}$。

（3）在 $\dot{U}$ 的尾端加上相量 $\dot{I}R_\mathrm{a}$，并与 $\dot{I}$ 平行。

（4）在 $\dot{I}R_\mathrm{a}$ 的尾端加上相量 $j\dot{I}X_\mathrm{s}$，它超前于 $\dot{I}90°$。

（5）作出由 $\dot{U}$ 的首端指向 $j\dot{I}X_\mathrm{s}$ 尾端的相量，该相量便是 $\dot{E}_0$。

基于上述方法，作出该发电机相量图，如图6-15所示。

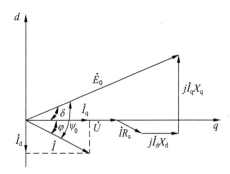 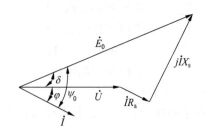

图 6-14　凸极发电机的相量图　　　　图 6-15　隐极发电机的相量图

（三）等效电路

1. 凸极发电机

根据式（6-9），引入虚拟电动势 $\dot{E}_\mathrm{Q}$，使 $\dot{E}_\mathrm{Q}=\dot{E}_0-j\dot{I}_\mathrm{d}(X_\mathrm{d}-X_\mathrm{q})$，则不难导出

$$\dot{E}_Q = \dot{U} + \dot{I}R_a + j\dot{I}X_q \qquad (6-18)$$

根据上式作凸极同步发电机的等效电路，如图 6-16 所示。

2. 隐极发电机

根据式（6-14）作隐极同步发电机的等效电路，如图 6-17 所示。

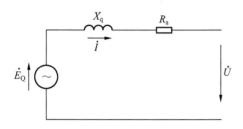

图 6-16　凸极同步发电机的等效电路

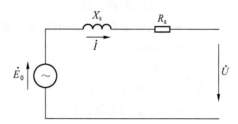

图 6-17　隐极同步发电机的等效电路

【**例 6-1**】　有一台 $P_N = 725\,\mathrm{MW}$，$U_N = 10.5\,\mathrm{kV}$，Y 接法，$\cos\varphi_N = 0.8$（滞后）的水轮发电机，$R_a^* = 0$，$X_d^* = 1$，$X_q^* = 0.554$，试求在额定负载下励磁电动势 E_0 及 $\dot{E}_0$ 与 $\dot{I}$ 的夹角。

解： 以端电压作为参考相量

$$\dot{U}^* = 1\angle 0° \qquad \dot{I}^* = 1\angle -36.87°$$

虚拟电动势 $\dot{E}_Q^*$ 为

$$\dot{E}_Q^* = \dot{U}^* + j\dot{I}^* X_q^* = 1\angle 0° + j0.554\angle -36.87° = 1.404\angle 18.4°$$

即 δ 角为 18.4°，于是

$$\psi_0 = \theta + \varphi = 18.4 + 36.87° = 55.27°$$

电枢电流的直轴、交轴分量和激磁电动势分别为

$$I_d^* = I^* \sin\psi_0 = 0.822$$

$$I_q^* = I^* \cos\psi_0 = 0.57$$

$$E_0^* = E_Q^* + I_d^* (X_d^* - X_q^*) = 1.404 + 0.822 \times (1 - 0.554) = 1.7706$$

$$E_0 = E_0^* U_N = 1.7706 \times \frac{10.5}{\sqrt{3}} = 10.734\,\mathrm{kV}$$

二、同步发电机的功率方程和转矩方程

1. 功率方程

若转子励磁损耗由另外的直流电源供给，则发电机轴上输入的机械功率 P_1 扣除机械损耗 p_Ω 和定子铁耗 p_{Fe} 后，余下的功率将通过旋转磁场和电磁感应的作用，转换成定子的电功率，所以转换功率就是电磁功率 P_e，即

$$P_1 = p_\Omega + p_{Fe} + P_e \qquad (6-19)$$

再从电磁功率 P_e 中减去电枢铜耗 p_{Cua} 就可得电枢端点输出的电功率 P_2，即

$$P_e = p_{Cua} + P_2 \qquad (6-20)$$

$$p_{Cua} = mI^2 R_a \qquad (6-21)$$

$$P_2 = mUI\cos\varphi \qquad (6-22)$$

式中　　P_1——输入的机械功率，kW；

p_{Cua}——电枢铜耗，kW；

P_e——电磁功率，kW；

p_{Fe}——定子铁耗，kW；

p_Ω——机械损耗，kW；

P_2——电枢端点输出的电功率，kW；

m——相数；

I——电枢电流，A；

R_a——电枢电阻，Ω；

U——电枢端电压，V；

$\cos\varphi$——电枢绕组的功率因数。

从式（6-20）可知，电磁功率 P_e 为

$$P_e = mUI\cos\varphi + mI^2R_a = mI(U\cos\varphi + IR_a) \qquad (6-23)$$

根据式（6-18），绘制虚拟电动势 E_Q 电压相量图，如图6-18所示，可得

$$U\cos\varphi + IR_a = E\cos\psi = E_Q\cos\psi_0 \qquad (6-24)$$

$$P_e = mEI\cos\psi = mE_QI\cos\psi_0 \qquad (6-25)$$

式中　　ψ——气隙电动势 $\dot{E}$ 与电枢电流 $\dot{I}$ 之间的夹角。

式（6-25）表明，要进行能量转换，电枢电流中必须要有交轴分量 I_q，交轴电枢反应愈强，功率角 δ（激磁电动势 $\dot{E}_0$ 与端电压 $\dot{U}$ 之间的夹角）就愈大；δ 愈大，在一定的范围内，电磁转矩和电磁功率亦愈大。

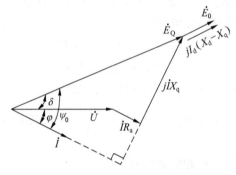

图6-18　从相量图导出 $U\cos\varphi + IR_a = E\cos\psi = E_Q\cos\psi_0$

2. 转矩方程

把功率方程式（6-19）除以同步角速度 Ω_1，可得转矩方程

$$T_1 = T_0 + T_e \qquad (6-26)$$

$$T_e = \frac{P_e}{\Omega_1} \qquad (6-27)$$

$$T_0 = \frac{p_{Fe} + p_\Omega}{\Omega_1} \qquad (6-28)$$

$$T_1 = \frac{P_1}{\Omega_1} \quad\quad (6-29)$$

式中 T_e ——电磁转矩，N·m；

$\quad\quad T_0$ ——空载转矩，N·m；

$\quad\quad T_1$ ——原动机的驱动转矩，N·m；

$\quad\quad \Omega_1$ ——同步机械角速度，rad/s。

【例 6-2】 按【例 6-1】要求，试求在额定负载下发电机发出的电磁功率。

解： $\quad\quad P_e^* = E_Q^* I^* \cos\psi_0 = 1.404 \times 1 \times \cos55.27° = 0.8$

$\quad\quad\quad\quad P_e = P_e^* S_N = 0.8 \times 725000 = 580\ \text{kW}$

注意：用标幺值计算时，P_e^* 与 $E_Q^* I^* \cos\psi_0$ 相等，不用乘以相数 m，因为功率的基值是三相容量。

三、同步发电机的参数测定

为了计算同步电机的稳态性能，除需知道电机的工况（端电压、电枢电流和功率因数等），还应给出同步电机的参数，求取电机参数采用空载试验和短路试验。

空载试验时，电枢开路。用原动机把被试验同步电机拖动到同步转速，改变励磁电流 I_f，并记取相应的电枢端电压 U_0（空载时即等于 E_0），直到 $U_0 = 1.1U_N$，可得空载特性曲线 $U_0 = E_0 = f(I_f)$。

短路试验是将同步电机的电枢端点三相短路，用原动机拖动被试验同步电机到同步转速，调节励磁电流 I_f 使电枢电流 I 从零增加到 $1.2I_N$，记录数据可得短路特性曲线 $I = f(I_f)$。

短路时，端电压 $U = 0$，短路电流仅受电机本身阻抗的限制。通常电枢电阻远小于同步电抗，因此短路电流可认为是纯感性，此时电枢磁动势接近于纯去磁性的直轴磁动势，因而电机的磁路处于不饱和状态，故短路特性曲线是一条直线，如图 6-19 所示。

短路时，$\psi_0 \approx 90°$，故 $\dot{I}_q \approx 0$，$\dot{I} = \dot{I}_d$，而

$$\dot{E}_0 \approx jIX_d$$

即

$$X_s \quad \text{或} \quad X_d = \frac{E_0}{I} \quad\quad (6-30)$$

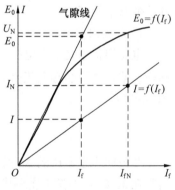

图 6-19 短路特性曲线

因为短路试验时磁路为不饱和，所以这里的 E_0 应从气隙线上查出，如图 6-19 所示，求出的 X_d 值为不饱和值。

对于磁路饱和，求取同步电抗饱和值的近似方法为：从空载特性曲线求得对应于额定电压 U_N 的励磁电流 I_{fN}，再从短路特性求得对应于 I_{fN} 的短路电流 I_k，则

$$X_s \quad \text{或} \quad X_d = \frac{U_N}{I_k} \quad\quad (6-31)$$

凸极电机的交轴同步电抗可以利用经验公式求得

$$X_q \approx 0.65 X_d \qquad\qquad (6-32)$$

【例 6-3】　有一台 25000 kW、10.5 kV（星形连接）、$\cos\varphi_N = 0.85$（滞后）的汽轮发电机，从其空载、短路试验中得到下列数据，试求同步电抗。

从空载特性曲线上查得：相电压 $U = 6.06$ kV 时，$I_{f0} = 155$ A；

从短路特性曲线上查得：$I = I_N = 1718$ A 时，$I_{fk} = 280$ A；

从气隙线上查得：$I_f = 280$ A 时，$U = 12.93$ kV。

解： 从气隙线上查出，$I_f = 280$ A 时，激磁电动势 $E_{0\phi} = 12.93$ kV；

在同一励磁电流下，由短路特性曲线查出，短路电流 $I_k = 1718$ A；所以同步电抗为

$$X_d = \frac{E_0}{I} = \frac{12930}{1718} = 2.133 \ \Omega$$

用标幺值计算时，$E_0^* = \dfrac{E_0}{U_N} = \dfrac{22.4}{10.5} = 2.133,\ I^* = 1$，故

$$X_d^* = \frac{E_0^*}{I^*} = \frac{2133}{1} = 2.433$$

从空载和短路特性可知，$I_{f0}/I_{fk} = I'/I_N = I'^*$，于是 X_d^* 为

$$X_d^* \approx \frac{1}{I'^*} = \frac{280}{155} = 1.806$$

四、同步发电机的运行特性

同步发电机的稳态运行特性包括空载特性、外特性、调整特性和效率特性。从这些特性中可以确定发电机的电压调整率、额定励磁电流和额定效率，这些都是标志同步发电机性能的基本数据。

1. 电压调整率

电压调整率是指发电机在额定运行下励磁电流 I_{fN} 和转速 n 保持不变，将发电机完全卸载，使发电机的端电压由 U_N 变化为空载电动势 E_0，电压变化的幅度与额定电压之比，用 Δu 表示。

$$\Delta u = \frac{E_0 - U_N}{U_N} \times 100\% \qquad\qquad (6-33)$$

凸极同步发电机的 Δu 通常在 18% ~ 30% 以内；隐极同步发电机由于电枢反应较强，Δu 通常在 30% ~ 48% 这一范围内。

2. 空载特性

当转速 n 为常数、负载电流 $I = 0$ 时，电机的开路电压 U_0 随励磁电流 I_f 变化的关系，即 $U_0 = f(I_f)$，称为空载特性，其特性曲线如图 6-20 所示。

3. 外特性

外特性是指发电机的转速 $n = n_1$、I_f 为常数、$\cos\varphi$ 为常数时，发电机的端电压 U 与电枢电流 I 之间的关系，即 $U = f(I)$，外特性曲线如图 6-21 所示。由图可知，在感性负载和纯电阻负载时，外特性是下降的，原因是电枢反应的去磁作用和漏阻抗压降所引起；在容性负载且内功率因数角为超前时，外特性亦可能是上升的，电枢反应的增磁作用和容性电流

的漏抗电压上升。

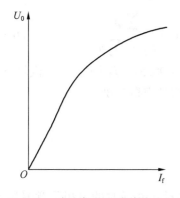

图 6-20　发电机的空载特性曲线

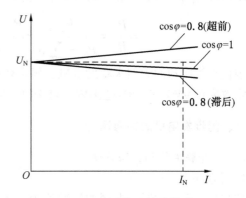

图 6-21　发电机的外特性曲线

4. 调整特性

调整特性是指 $n=n_1$、$U=U_N$、$\cos\varphi$ 为常数时，发电机的励磁电流 I_f 与电枢电流 I 之间的关系，即 $I_f=f(I)$，调整特性曲线如图 6-22 所示。由图 6-22 可见，在感性负载和纯电阻负载时，为补偿电枢电流所产生的去磁性电枢反应和漏阻抗压降，随着电枢电流的增加，必须相应地增加励磁电流，此时调整特性是上升的；在容性负载时，调整特性亦可能是下降的。

5. 效率特性

效率特性是指 $n=n_N$、$U=U_N$、$\cos\varphi=$ 常数 时，发电机的效率 η 与输出功率 P_2 之间的关系，$\eta=f(P_2)$ 的关系曲线如图 6-23 所示。

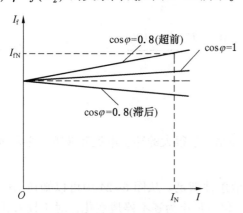

图 6-22　发电机的调整特性曲线

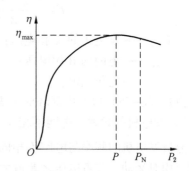

图 6-23　发电机的效率曲线

同步电机的基本损耗包括电枢的基本铁耗 p_{Fe}、电枢的基本铜耗 p_{Cua}、励磁损耗 p_{Cuf} 和机械损耗 p_{Ω}。电枢的基本铁耗是指主磁通在电枢铁芯齿部和轭部中交变所引起的损耗。电枢的基本铜耗是换算到基准工作温度时，电枢绕组的直流电阻损耗。励磁损耗包括励磁绕组的基本铜耗、变阻器内的损耗、电刷的电损耗以及励磁设备的全部损耗。机械损耗包括轴承、电刷的摩擦损耗和通风损耗。杂散损耗 p_{Δ} 包括电枢漏磁通在电枢绕组和其他金属结构部件中所引起的涡流损耗，高次谐波磁场掠过主极表面所引起的表面损耗等。

总损耗 $\sum p = p_{Fe} + p_\Omega + p_\Delta + p_{Cua} + p_{Cuf}$ 求出后，效率为

$$\eta = \frac{P_2}{P_1} = \frac{P_2}{P_2 + \sum p} = \frac{P_1 - \sum p}{P_1} = 1 - \frac{\sum p}{P_2 + \sum p} \qquad (6-34)$$

现代空气冷却的大型水轮发电机，额定效率在 96%~98.5% 范围内；空冷汽轮发电机的额定效率在 94%~97.8% 范围内；氢冷时，额定效率约可增高 0.8%。

五、同步发电机的并网运行

（一）并联条件和并联方法

1. 并联条件

把同步发电机并联至电网的过程称为投入并联，其投入并联时的单相示意图如图 6-24 所示。在并联时必须避免产生巨大的冲击电流，以防止同步发电机受到损坏、电网遭受干扰。为此，投入并联的同步发电机必须满足以下条件：①发电机的相序与电网一致；②发电机的频率与电网相同；③发电机的激磁电动势 $\dot{E}_0$ 与电网电压 $\dot{U}$ 大小相等、相位相同，即 $\dot{E}_0 = \dot{U}$。

上述条件中，第一个条件必须满足，其余两个条件允许稍有出入。

1）发电机的相序与电网不一致

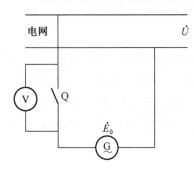

图 6-24 发电机投入并联示意图

分析发电机相序与电网不一致，而其他条件满足。假设发电机为 A 相、电网为 B 相、发电机与导线阻抗总和为 Z，电压的幅值、相位相等，则环流为

$$\dot{I} = \frac{\dot{U}_{AG} - \dot{U}_{BX}}{Z} = \frac{U_m \angle 0° - U_m \angle -120°}{Z} \qquad (6-35)$$

式中　　U_{AG}——发电机的 A 相电压；

$\quad\quad U_{BX}$——电网的 B 相电压；

$\quad\quad U_m$——电压幅值。

由式（6-35）可知内部环流不等于零，而是产生很大的冲击电流和转矩，必须避免。

2）发电机的频率与电网不相同

分析发电机的频率与电网不相同，而其他条件满足。从图 6-24 中可以知道，$\dot{E}_0$ 与 $\dot{U}$ 之间有相对运动，二者电压之差最大为幅值 2 倍，最小为零不停地变化，对于投入并联操作比较困难；若投入电网，也不宜牵入同步，而将在发电机与电网之间引起很大的电流和功率振荡。

3）发电机的激磁电动势 $\dot{E}_0$ 与电网电压 $\dot{U}$ 大小不等

分析发电机的激磁电动势 $\dot{E}_0$ 与电网电压 $\dot{U}$ 大小不等，其他条件满足。从图 6-24 中可以知道，二者存在电压差 $\Delta\dot{U} = \dot{E}_0 - \dot{U}$，因 $\Delta\dot{U} \neq 0$，所以存在环流，严重时可达额定电流的 5~8 倍。

综上所述，为了避免引起电流、功率和转矩的冲击，投入并联时最好同时满足上述 3

个条件。

2. 并联方法

发电机投入电网并联运行的方法有两种，分别是准同期法和自同期法。

1）准同期法

准同期法是指发电机在并列合闸前已加励磁，当发电机电压的幅值、频率、相位分别与并列点系统侧电压的幅值、频率、相位接近相等时，将发电机断路器合闸，完成并列操作。常用同步指示器来判断条件的满足情况。最简单的同步指示器由三组相灯组成，并有直接接法和交叉接法两种。

采用直接接法，即电机各相端与电网同相端对应，则每组灯上的电压 ΔU 相同，且 $\Delta \dot{U} = \dot{U} - \dot{E}_0$。现假定发电机与电网的电压幅值相同、频率相同，但频率略有差异，将所用三相形式绘于同一相量图上，如图 6-25 所示。由于发电机侧相量角频率 $\omega_2 = 2\pi f_2$，电网侧相量角频率 $\omega_1 = 2\pi f_1$，设 $f_1 > f_2$，则 $\dot{E}_0$ 相对于 $\dot{U}$ 以角速度 $\omega_1 - \omega_2$ 旋转。当 $\dot{E}_0$ 与 $\dot{U}$ 重合时，$\Delta U = 0$；而 $\dot{E}_0$ 与 $\dot{U}$ 反相时，$\Delta U = 2U$，表明 ΔU 以频率 $f_1 - f_2$ 在（$0 \sim 2U$）之间交变，即三组相灯以频率 $f_1 - f_2$ 同亮同暗。

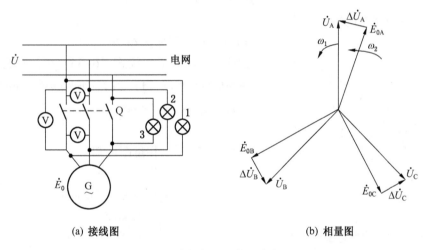

(a) 接线图   (b) 相量图

图 6-25 直接接法的接线和相量图

综上可知，采用直接接法并网可按以下步骤进行：把要投入并联运行的发电机带动到接近同步转速，加上励磁并调节至端电压与电网电压相等。此时，若相序正确，则在发电机频率与电网频率相差时，三组相灯不能同时亮暗。调节发电机转速使灯光变弱，在三组相灯全暗时刻迅速合闸，完成并网操作。

交叉接法是指一组灯同相端连接，另两组灯交叉相端连接，则加于各组灯的电压不等，从而各组灯的亮度也不一样。合闸过程是根据灯光旋转方向，调节发电机转速，使灯光旋转速度逐渐变慢，最后这一组灯光熄灭，而另两组灯光等亮时迅速合闸，完成并网操作，并最终由自整步作用牵入同步运行。

准同期并联的优点是合闸时没有明显的电流冲击，但缺点是操作复杂，而且也比较费时间。因此，当电网出现故障而要求迅速将备用发电机投入时，由于电网电压和频率不稳定，准同期法很难操作，要求采用自同期实现并联运行。

2）自同期法

自同期法是指将未加励磁、接近同步转速（转速等于$95\% n_1$）的发电机投入系统，随后给发电机加上励磁，在原动机转矩、同步力矩的作用下将发电机拉入同步，完成并列操作。

自同期法的优点是操作简便，不需要添加复杂设备，缺点是合闸及投入励磁时均有较大的电流冲击。

（二）功角特性和功率调节

1. 功角特性

并联于无穷大电网的同步发电机，当电网电压和频率恒定、参数（X_d、X_q、X_s）为常数、空载（激励）电动势 E_0 不变（即 I_f 不变）时，发电机的电磁功率 P_e 与功角 δ 之间的关系 $P_e = f(\delta)$，称为功角特性。功角特性是同步发电机接在电网上运行时的基本特性之一。

中、大型同步发电机的电枢电阻远小于同步电抗，常可忽略不计。不计电枢电阻时，发电机的电磁功率将近似等于电枢端点的输出功率，即

$$P_e = mUI\cos\varphi \qquad (6-36)$$

式中　φ——负载时的功率因数角。

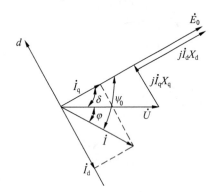

图 6-26　凸极同步发电机电压相量图

相应的相量图如图 6-26 所示。

由于 $\varphi = \psi_0 - \delta$，故式（6-36）可改写为

$$P_e = mUI\cos(\psi_0 - \delta) = mUI(\cos\psi_0\cos\delta + \sin\psi_0\sin\delta)$$
$$= mU(I_q\cos\delta + I_d\sin\delta) \qquad (6-37)$$

从图 6-26 所示相量图可知

$$\left.\begin{array}{l} I_qX_q = U\sin\delta \\ I_dX_d = E_0 - U\cos\delta \end{array}\right\} \qquad (6-38)$$

$$\left.\begin{array}{l} I_q = \dfrac{U\sin\delta}{X_q} \\[2mm] I_d = \dfrac{E_0 - U\cos\delta}{X_d} \end{array}\right\} \qquad (6-39)$$

将式（6-39）代入式（6-37），整理可得

$$P_e = m\frac{UE_0}{X_d}\sin\delta + m\frac{U^2}{2}\left(\frac{1}{X_q} - \frac{1}{X_d}\right)\sin2\delta = P_{e1} + P_{e2} \qquad (6-40)$$

式（6-40）就是凸极同步发电机的功角特性表达式，如图 6-27a 所示。

$$\left.\begin{array}{l} P_{e1} = m\dfrac{UE_0}{X_d}\sin\delta \\[3mm] P_{e2} = m\dfrac{U^2}{2}\left(\dfrac{1}{X_q} - \dfrac{1}{X_d}\right)\sin2\delta \end{array}\right\} \qquad (6-41)$$

式中　P_{e1}——基本电磁功率；

　　　P_{e2}——附加电磁功率。

当 $X_d = X_q = X_s$ 时，凸极同步发电机就变成隐极同步发电机，可得隐极同步发电机的电磁功率

$$P_e = m \frac{UE_0}{X_s} \sin\delta \qquad (6-42)$$

式（6-42）就是隐极同步发电机的功角特性表达式，如图 6-27b 所示。

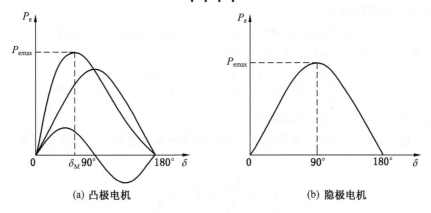

(a) 凸极电机　　　　　　　　　　　(b) 隐极电机

图 6-27　同步电机的功角特性

最大功率与额定功率的比值定义为同步发电机的过载能力。即

$$K_M = \frac{P_{emax}}{P_N} \qquad (6-43)$$

对隐极电机来说

$$K_M = \frac{P_{emax}}{P_N} = \frac{1}{\sin\delta_M} \qquad (6-44)$$

2. 有功功率调节

功角特性 $P_e = f(\delta)$ 反映了同步发电机的电磁功率随功角变化的情况。稳态运行时，同步发电机的转速由电网的频率决定，恒等于同步转速，即发电机的电磁转矩 T_e 和电磁功率 P_e 之间的关系，$T_e = \frac{P_e}{\Omega}$。电磁转矩与原动机提供的动力转矩及空载阻力转矩相平衡

$$T_1 = T_e + T_0 \qquad (6-45)$$

可见要改变发电机输送给电网的有功功率 P_e，就必须改变原动机提供的动力转矩，这一改变可以通过调节水轮机的进水量或汽轮机的进气阀门来达到。当功角处于 $0 \sim \delta_M$ 范围内时，随着 δ 的增大，P_e 亦增大，同步发电机在这一区间能够稳定运行。而当 $\delta > \delta_M$ 时，随着 δ 的增大，P_e 反而减小，电磁功率无法与输入的机械功率相平衡，发电机转速越来越大，发电机将失去同步，故在这一区间发电机不能稳定运行。因此判别系统的稳定性用整步功率系数 $dP_e/d\delta$。若 $dP_e/d\delta > 0$，表示功角增大时，制动性质的电磁转矩随着功角增大而增大，故发电机是稳定的；若 $dP_e/d\delta < 0$，制动性质的电磁转矩随着功角增大而减小，故发电机是不稳定；$dP_e/d\delta = 0$ 处，便是静态稳定极限。

同步发电机失去同步后，必须立即减小原动机输入的机械功率，否则将使转子达到极高的转速，以致离心力过大而损坏转子。另外，失步后，发电机的频率和电网频率不

一致，定子绕组中将出现一个很大的电流而烧坏定子绕组。因此，保持同步是十分重要的。

应当注意，当发电机的励磁电流 I_f 不变时，δ 的变化也将引起 φ 的变化，进而导致无功功率的变化。

$$Q = mUI\sin\varphi \tag{6-46}$$

从图 6-26 所示相量图可知

$$Q = mUI\sin\varphi = mUI\sin(\psi_0 - \delta) = mUI(I_d\cos\delta - I_q\sin\delta) \tag{6-47}$$

将式（6-39）代入式（6-47），经整理可得

$$Q = m\frac{E_0 U}{X_d}\cos\delta - m\frac{U^2}{2}\left(\frac{1}{X_q} + \frac{1}{X_d}\right) + m\frac{U^2}{2}\left(\frac{1}{X_q} - \frac{1}{X_d}\right)\sin 2\delta \tag{6-48}$$

这就是凸极同步发电机无功功率的特性。

当 $X_d = X_q = X_s$ 时，凸极同步发电机就变成隐极同步发电机，可得隐极同步发电机的无功功率为

$$Q = m\frac{E_0 U}{X_s}\cos\delta - m\frac{U^2}{X_s} \tag{6-49}$$

这就是隐极同步发电机无功功率的特性。

3. 无功功率调节

与电网并联的同步发电机，不仅要向电网输出有功功率，通常还要输出无功功率。分析表明，调节发电机的励磁，即可调节其无功功率。下面以隐极发电机为例加以说明。为简单计，忽略电枢电阻和磁饱和的影响，并假定调节励磁时原动机的输入有功功率保持不变。根据功率平衡关系可知，调节励磁前后，发电机的电磁功率和输出的有功功率应保持不变，即

$$\left.\begin{array}{l} P_e = m\dfrac{E_0 U}{X_s}\sin\delta = 常值 \\[3mm] P_2 = mUI\cos\varphi = 常值 \end{array}\right\} \tag{6-50}$$

由于电网电压 U 和发电机的同步电抗 X_s 均为定值，所以

$$\left.\begin{array}{l} E_0\sin\delta = 常值 \\[2mm] I\cos\varphi = 常值 \end{array}\right\} \tag{6-51}$$

保持 $E_0\sin\delta$、$I\cos\varphi$ 等于常值，调节励磁时发电机的相量图，如图 6-28 所示。当激磁电动势为 $\dot{E}_0$、电枢电流为 I、功率因数 $\cos\varphi = 1$ 时，此时的励磁电流 I_f 称为"正常励磁"。正常励磁时，$E_0\cos\delta = U$，发电机的输出功率全部为有功功率。

若增加励磁电流，使 $I'_f > I_f$，发电机将在"过励"状态下运行。此时激磁电动势增加为 $\dot{E}'_0$，但是因 $E_0\sin\delta$ 保持常值，故 $\dot{E}'_0$ 应落在 AB 水平线上。$\dot{E}'_0$ 确定之后，根据 $\dot{E}'_0 = \dot{U} + j\dot{I}'X_s$，可得出 $j\dot{I}'X_s$，可以求出 $\dot{I}'$，$\dot{I}'$ 的方向应与 $j\dot{I}'X_s$ 垂直，又因 $I\cos\varphi$ 等于常值，所以 $\dot{I}'$ 应落在 CD 垂直线上，如图 6-28 所示。从图中可以看出 $\dot{I}'$ 滞后 $\dot{U}$，$E'_0\cos\delta' > U$。

若减少励磁电流，使 $I''_f < I_f$，发电机将在"欠励"状态下运行。此时激磁电动势减少为 $\dot{E}''_0$，但是因 $E_0\sin\delta$ 保持常值，故 $\dot{E}''_0$ 应落在 AB 水平线上。$\dot{E}''_0$ 确定之后，根据 $\dot{E}''_0 = \dot{U} +$

$ji''X_s$，可得出 $ji''X_s$，可以求出 i''，i'' 的方向应与 $ji''X_s$ 垂直，又因 $I\cos\varphi$ 等于常值，所以 i' 应落在 CD 垂直线上，如图 6-28 所示。从图中可以看出 i'' 滞后 $\dot{U}$，$E_0''\cos\delta'' < U$。

可见，通过调节励磁电流可以达到调节同步发电机无功功率的目的。当从某一欠励状态开始增加励磁电流时，发电机输出的超前的无功功率开始减少，电枢电流中的无功分量也开始减少；达到正常励磁状态时，无功功率变为零，电枢电流中的无功分量也变为零，此时 $\cos\varphi = 1$；如果继续增加励磁电流，发电机将输出滞后性的无功功率，电枢电流中的无功分量又开始增加。电枢电流随励磁电流变化的关系表现为一个 V 形曲线。V 形曲线是一簇曲线，每一条 V 形曲线对应一定的有功功率。V 形曲线上都有一个最低点。对应 $\cos\varphi = 1$ 的情况。将所有的最低点连接起来，将得到与 $\cos\varphi = 1$ 对应的线，该线左边为欠励状态，功率因数超前，右边为过励状态，功率因数滞后，如图 6-29 所示。

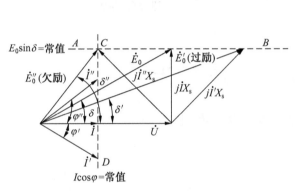

图 6-28　同步发电机与电网并联时无功功率的调节

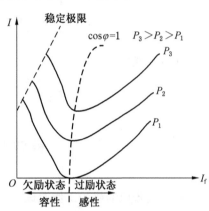

图 6-29　同步发电机

V 形曲线可以利用图 6-28 所示的电动势相量图及发电机参数大小来计算求得，亦可直接通过负载试验求得。

【例 6-4】　一台 2 极汽轮发电机与无穷大电网并联运行、定子绕组按 Y 连接，数据为：额定电压 $U_N = 18\,\text{kV}$，额定电流 $I_N = 11.32\,\text{kA}$，功率因数 $\cos\varphi = 0.85$（滞后），同步电抗 $X_s = 2.1\,\Omega$（不饱和值），电枢绕组电阻可以忽略不计。当发电机承担的负载等于其额定功率时，试求：①空载电动势 E_0；②额定负载时的功角 δ_N；③电磁功率 P_e；④过载能力 K_M。

解：①作出电动势相量图，如图 6-30 所示。

$\varphi_N = \varphi = \arccos 0.85 = 31.8°$

$\cos\varphi = 0.85$

$\sin\varphi = 0.527$

由于定子绕组 Y 连接，所以相电压和相电流分别为

$$U_\phi = \frac{U_N}{\sqrt{3}} = \frac{18000}{\sqrt{3}} = 10\,392.305\,\text{V}$$

$$I = I_N = 11320\,\text{A}$$

从相量图可知，

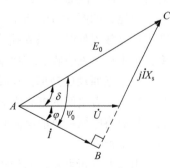

图 6-30　相量图

$$E_0 = \sqrt{(U_\phi \cos\varphi)^2 + (U_\phi \sin\varphi + IX_s)^2}$$

$$= \sqrt{(10392.305 \times 0.85)^2 + (10392.305 \times 0.527 + 11320 \times 2.1)^2} = 30552.782 \text{ V}$$

②从相量图可知

$$\delta_N = \psi_0 - \varphi_N = \arctan\frac{U\sin\varphi_N + IX_s}{U\cos\varphi_N} - \varphi_N$$

$$= \arctan\frac{10392.305 \times 0.527 + 11320 \times 2.1}{10392.305 \times 0.85} - 31.8° = 41.397°$$

③电磁功率

$$P_e = \frac{mUE_0\sin\delta_N}{X_s}$$

$$= \frac{3 \times 10392.305 \times 30552.782\sin41.397°}{2.1} = 273.865 \text{ MW}$$

④过载能力

$$K_M = \frac{P_{emax}}{P_e} = \frac{1}{\sin\delta_N} = \frac{1}{\sin41.397°} = 1.512$$

第四节 同步电动机

一、同步电动机的工作原理

同步电动机是接于频率电网上,其转速恒定。另外,同步电动机的功率因数可以调节,在需要改变功率因数和不需要调速的场合,例如大型空气压缩机、粉碎机、离心机等常常优先采用同步电动机。

先从一台并联在无穷大电网上的同步发电机着手分析。同步发电机的气隙中同时存在着对应于电网电压 $\dot{U}$ 的合成磁动势 F 和相对应于励磁电动势 $\dot{E}_0$ 的转子磁动势 F_f,F 的转速由电网频率决定,是固定不变的。

再从一台并联在无穷大电网上的同步发电机着手分析。在发电运行状态时,转子磁动势 F_f 超前于合成磁动势 F 一个 δ 角,或者说,F_f 拖着 F 一起旋转,二者之间的电磁力矩 T_e 对转子来说是阻力矩。转子在原动机的带动下克服阻力矩,将转子边的机械能转化为定子边的电能,如图6-31a 所示。如果减少原动机输出给转子的机械功率,则 δ 角逐渐缩小,在不计空载损耗时,当 δ 缩小到 0 时,电机处于理想空载状态,既不向电网提供有功功率,也不从电网吸收有功功率,如图6-31b 所示。

如果把原动机撤掉并在转子上加上机械负载,则 F_f 将落后于 F,或者说,F 拖着 F_f 一起旋转,二者之间的电磁力矩 T_e 对转子来说是动力矩,T_e 带动转子上的机械负载作机械功。从而将电网提供的电能转化为转子边的机械能。此时同步电机运行于电动机状态,如图6-31c 所示。

由以上分析可知,同步电机可以从发电机运行方式过渡为电动机运行方式。产生这一过程的本质在于转子旋转磁动势 F_f 和合成旋转磁动势 F(由交流电网决定)之间主从关系

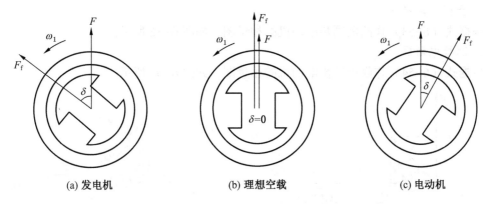

(a) 发电机   (b) 理想空载   (c) 电动机

图 6-31　同步电机的运行状态

的改变。当 F_f 超前 F 时，同步电机处于发电状态，功角 $\delta>0$，有功功率从电机流向电网；同步电机处于电动状态，功角 $\delta<0$，有功功率从电网流向电机。

二、同步电动机的电压方程、相量图和等效电路

（一）电压方程

同步电动机带上负载之后，电枢绕组存在的电动势是由励磁磁通 $\dot{\phi}_f$ 产生的励磁电动势 $\dot{E}_0$、电枢反应磁通 $\dot{\phi}_a$ 产生的电枢反应电动势 $\dot{E}_a$、电枢绕组漏磁通 $\dot{\phi}_\sigma$ 产生的漏磁电动势 $\dot{E}_\sigma$ 三者之和，其电枢绕组电压方程为

$$\dot{U} = \dot{E}_0 - \dot{E}_a - \dot{E}_\sigma - \dot{I}R_a \qquad (6-52)$$

式中　　I——电枢电流，A；

　　　　R_a——电枢电阻，Ω；

　　　　E_0——空载电动势，V。

1. 凸极电动机

对于凸极电动机来说，其电压方程为

$$\begin{aligned} \dot{U} &= \dot{E}_0 - \dot{I}R_a - j\dot{I}_d X_d - j\dot{I}_q X_q \\ &= \dot{E}_0 + \dot{I}_M R_a + j\dot{I}_{dM} X_d + j\dot{I}_{qM} X_q \end{aligned} \qquad (6-53)$$

式中　　I_M——电动机的电枢电流，A；$\dot{I}_M = -\dot{I}$。

2. 隐极电动机

对于隐极电动机来说，其电压方程为

$$\begin{aligned} \dot{U} &= \dot{E}_0 - \dot{I}R_a - j\dot{I}X_s \\ &= \dot{E}_0 + \dot{I}_M R_a + j\dot{I}_M X_s \end{aligned} \qquad (6-54)$$

（二）相量图

根据式（6-53）、式（6-54）作同步电动机的电压相量图，发电机的激磁电动势 $\dot{E}_0$、电枢电流 $\dot{I}$、负载功率因数 $\cos\varphi$、功角 δ_M 以及同步电抗为已知量，最终可以根据方程式求得端电压 $\dot{U}$。

1. 凸极电动机

根据式（6-53）作凸极同步电动机的相量图，如图 6-32 所示。

2. 隐极电动机

根据式（6-54）作隐极同步电动机的相量图，如图 6-33 所示。

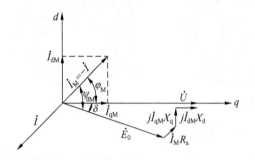

图 6-32　凸极同步电动机的电压相量图

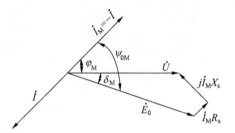

图 6-33　隐极同步电动机的电压相量图

（三）等效电路

1. 凸极电动机

根据式（6-53），引入虚拟电动势 $\dot{E}_Q$，使 $\dot{E}_Q = \dot{E}_0 + j\dot{I}_{dM}(X_d - X_q)$，则不难导出

$$\dot{U} = \dot{E}_Q + \dot{I}_M R_a + j\dot{I}_M X_q \tag{6-55}$$

根据上式作凸极同步电动机的等效电路，如图 6-34 所示。

2. 隐极电动机

根据式（6-54）作隐极同步电动机的等效电路，如图 6-35 所示。

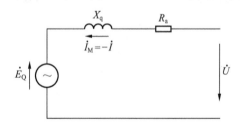

图 6-34　凸极同步电动机的等效电路

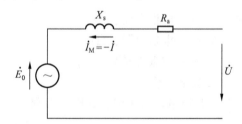

图 6-35　隐极同步电动机的等效电路

三、同步电动机的功角特性、功率方程和转矩方程

1. 功角特性

同步电动机的功角特性公式和发电机的一样都是从相量图中导出来。电动机的功角 δ_M 是 $\dot{U}$ 超前 $\dot{E}_0$ 的角度，将发电机功角特性中的 δ 用 $-\delta_M$ 来替代，电磁功率就变成了负值，电动机状态下是电网向电动机提供有功功率，即是电能转换成机械能，所以写电动机公式时将负号去掉，于是功角特性就和发电机的功角特性具有相同的形式。

凸极同步电动机的电磁功率表达式为

$$P_e = m\frac{UE_0}{X_d}\sin\delta_M + m\frac{U^2}{2}\left(\frac{1}{X_q} - \frac{1}{X_d}\right)\sin 2\delta_M = P_{e1} + P_{e2} \tag{6-56}$$

式（6-56）就是凸极同步电动机的功角特性表达式。

$$P_{e1} = m \frac{UE_0}{X_d}\sin\delta_M$$
$$P_{e2} = m \frac{U^2}{2}\left(\frac{1}{X_q} - \frac{1}{X_d}\right)\sin2\delta_M \tag{6-57}$$

式中　P_{e1}——基本电磁功率；

　　　P_{e2}——附加电磁功率。

当 $X_d = X_q = X_s$ 时，凸极同步电动机就变成隐极同步电动机，可得隐极同步电动机的电磁功率

$$P_e = m \frac{UE_0}{X_s}\sin\delta_M \tag{6-58}$$

式（6-58）就是隐极同步电动机的功角特性表达式。

将式（6-56）两端同时除以同步角速度 Ω_1，可得电动机的电磁转矩为

$$T_e = m \frac{UE_0}{X_d\Omega_1}\sin\delta_M + m \frac{U^2}{2\Omega_1}\left(\frac{1}{X_q} - \frac{1}{X_d}\right)\sin2\delta_M \tag{6-59}$$

同步电动机的电磁转矩是驱动性质的。

2. 功率方程

正常工作时，同步电动机从电网输入的电功率 P_1 扣除电枢绕组铜耗外，大部分通过定、转子磁场之间的相互作用，由电能转换为机械能，此时功率就是电磁功率 P_e，故有

$$P_1 = p_{Cua} + P_e \tag{6-60}$$

再从电磁功率 P_e 中扣除机械损耗 p_Ω 和定子铁耗 p_{Fe}，可得轴上输出的机械功率 P_2，即

$$P_e = p_\Omega + p_{Fe} + P_2 \tag{6-61}$$

式（6-60）、式（6-61）就是同步电动机的功率方程。

3. 转矩方程

把功率方程式（6-61）除以同步角速度 Ω_1，可得转矩方程

$$T_e = T_0 + T_2 \tag{6-62}$$

$$T_e = \frac{P_e}{\Omega_1} \tag{6-63}$$

$$T_0 = \frac{p_{Fe} + p_\Omega}{\Omega_1} \tag{6-64}$$

$$T_2 = \frac{P_1}{\Omega_1} \tag{6-65}$$

式中　T_e——电磁转矩，N·m；

　　　T_0——空载转矩，N·m；

　　　T_2——输出转矩，N·m；它与负载转矩 T_L 大小相等、方向相反，即 $T_2 = T_L$；

　　　Ω_1——同步机械角速度，rad/s。

四、同步电动机的运行特性

同步电动机的运行特性包括工作特性和 V 形曲线。

1. 工作特性

工作特性是指定子电压 $U = U_{N\phi}$、励磁电流 $I_f = I_{fN}$ 时，电磁转矩、电枢电流、效率、功率因数与输出功率 P_2 之间的关系，即 T_e、I_M、η、$\cos\varphi_M = f(P_2)$。

从转矩方程 $T_e = T_0 + T_2 = T_0 + \dfrac{P_2}{\Omega_1}$ 可知，当输出功率 $P_2 = 0$ 时，$T_e = T_0$，此时电枢电流为很小的空载电流。随着输出功率的增加，电磁转矩将正比增大，电枢电流也随之而增大。因此 $T_e = f(P_2)$ 是一条直线，$I_M = f(P_2)$ 近似为一直线，如图 6-36 所示。

同步电动机的效率特性与其他电机基本相同。空载时，$\eta = 0$；随着输出功率的增加，效率逐步增加，达到最大效率 η_{max} 后开始下降。

不同励磁时同步电动机的功率因数特性如图 6-37 所示。图中曲线 1 对应于励磁电流较小、空载 $\cos\varphi_M = 1$ 的情况，此时随着负载的增加，功率因数将从 1 逐步下降而变为滞后；曲线 2 对应于励磁电流稍大、使半载时 $\cos\varphi_M = 1$ 的情况，此时轻载时功率因数将变为超前；曲线 3 对应于励磁电流更大、使满载时 $\cos\varphi_M = 1$ 的情况。由图可知，改变励磁电流，可使电动机在任一特定负载下的功率因数达到 1，甚至变成超前。

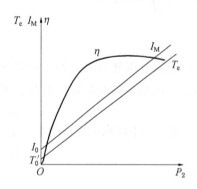

图 6-36　同步电动机的工作特性

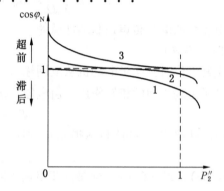

图 6-37　不同励磁时同步电动机的功率因数特性

电动机和发电机一样，增加电动机的励磁（即增大 E_0），可以提高最大电磁功率 P_{emax}，从而提高过载能力。

2. V 形曲线

V 形曲线是指定子电压 $U = U_N$、电磁功率 P_e = 常值时，电枢电流与励磁电流的关系 $I_M = f(I_f)$。

保持 $E_0\sin\delta_M$、$I_M\cos\varphi_M$ 为常数，以隐极同步电动机为例时，其相量图如图 6-38 所示。当激磁电动势为 $\dot{E}_0$、电枢电流为 $\dot{I}_M$、功率因数 $\cos\varphi_M = 1$ 时，此时的励磁电流 I_f 称为 "正常励磁"。正常励磁时，$E_0\cos\delta_M = U$，电动机的输出功率全部为机械功率。

若增加励磁电流，使 $I_f' > I_f$，电动机将在 "过励" 状态下运行。此时激磁电动势增加为 $\dot{E}_0'$，但是因 $E_0\sin\delta_M$ 保持常值，故应 $\dot{E}_0'$ 落在 AB 水平线上。$\dot{E}_0'$ 确定之后，根据 $\dot{E}_0' = \dot{U} + j\dot{I}_M'X_s$，可得出 $j\dot{I}_M'X_s$，可以求出 $\dot{I}_M'$、$\dot{I}_M'$ 的方向应与 $j\dot{I}_M'X_s$ 垂直，又因 $I_M\cos\varphi_M$ 等于常值，所以 $\dot{I}'$ 应落在 CD 垂直线上，如图 6-38 所示。从图中可以看出，$\dot{I}_M'$ 滞后 $\dot{U}$，$E_0'\cos\delta_M' > U$。

若减少励磁电流，使 $I_f' < I_f$，电动机将在 "欠励" 状态下运行。此时激磁电动势减少

为 $\dot{E}_0''$，但是因 $E_0\sin\delta_M$ 保持常值，故 $\dot{E}_0''$ 应落在 AB 水平线上。$\dot{E}_0''$ 确定之后，根据 $\dot{E}_0'' = \dot{U} + j\dot{I}_M''X_s$，可得出 $j\dot{I}_M''X_s$，可以求出 $\dot{I}_M''$、$\dot{I}_M''$ 的方向应与 $j\dot{I}_M''X_s$ 垂直，又因 $I\cos\varphi_M$ 等于常值，所以 $\dot{I}'$ 应落在 CD 垂直线上，如图 6-38 所示。从图中可以看出，$\dot{I}_M''$ 滞后 $\dot{U}$，$E_0''\cos\delta_M'' < U$。

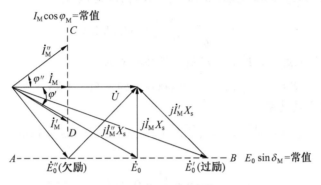

图 6-38　同步电动机与电网并联时无功功率的调节

可见，通过调节励磁电流可以达到调节同步电动机无功功率的目的。当从某一欠励状态开始减少励磁电流时，电动机输出的滞后的无功功率开始减少，电枢电流中的无功分量也开始减少；达到正常励磁状态时，无功功率变为零，电枢电流中的无功分量也变为零，此时 $\cos\varphi_M = 1$；如果继续增加励磁电流，电动机将输出超前的无功功率，电枢电流中的无功分量又开始增加。电枢电流随励磁电流变化的关系表现为一个 V 形曲线。V 形曲线是一簇曲线，每一条形 V 曲线对应一定的有功功率。V 形曲线上都有一个最低点，对应 $\cos\varphi_M = 1$ 的情况。将所有的最低点连接起来，将得到与 $\cos\varphi_M = 1$ 对应的线，该线又变为欠励状态，功率因数滞后，右边为过励状态，功率因数超前，如图 6-39 所示。

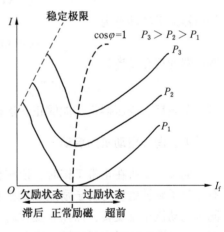

图 6-39　同步电动机

V 形曲线可以利用图 6-39 所示的电动势相量图及电动机参数大小来计算求得，亦可直接通过负载试验求得。

调节励磁就可以调节电动机的无功电流和功率因数，这是同步电动机的主要优点。通常同步电动机多在过励状态下运行，以便从电网吸收超前电流（即向电网输出滞后电流），改善电网的功率因数。但是过励时，电机的效率将有所降低。

【例 6-5】　某工厂变电所的设备容量为 1000 kW，该厂原有电力负载：有功功率为 400 kW，无功功率 400 kvar，功率因数为滞后。现因生产需要，新添一台同步电动机来驱动有功功率为 500 kW、转速为 370 r/min 的生产机械。同步电动机的技术数据如下：$P_N = 550$ kW、$U_N = 6$ kV、$I_{NM} = 64$ A、$n_N = 375$ r/min、$\eta_N = 0.92$，绕组为 Y 接法。设电机磁路不饱和，并认为电动机效率不变，调节励磁电流 I_f 向电网提供感性无功功率。当调到定子电流为额定值时，试求：①同步电动机输入的有功功率、输入的无功功率和功率因数；②此时电源变压器的有功功率、无功功率及视在功率。

解： ①同步电动机正常运行时，输出的有功功率由负载决定，故

$$P_2 = 500 \text{ kW}, \ \eta_N = 0.92$$

当定子电流为额定值时，同步电动机从电网吸收的有功功率为

$$P_1 = \frac{P_2}{\eta_N} = \frac{500}{0.92} = 543.5 \text{ kW}$$

调节 I_f 使 $I_1 = I_{NM}$ 为额定值，此时电动机的视在功率为

$$S = \sqrt{3} U_N I_{NM} = \sqrt{3} \times 6000 \times 64 = 665.1 \text{ kV} \cdot \text{A}$$

同步电动机吸收的无功功率为

$$Q = \sqrt{S^2 - P^2} = \sqrt{665.1^2 - 543.5^2} = 383.4 \text{ kvar}$$

电动机功率因数为

$$\cos\varphi = \frac{P}{S} = 0.817$$

②变压器输出的总有功功率为

$$P = 543.5 + 400 = 643.5 \text{ kW}$$

变压器的无功功率为

$$Q = 400 - 383.4 = 16.6 \text{ kvar}$$

变压器的视在功率为

$$S = \sqrt{P^2 + Q^2} = \sqrt{943.5^2 + 16.6^2} = 943.6 \text{ kV} \cdot \text{A}$$

增加负载后，变压器仍然能够正常运行。

五、同步电动机的启动

同步电动机在正常工作时，依靠合成磁场对转子磁极的磁拉力牵引转子同步旋转。只有在定子旋转磁场与转子励磁磁场相对静止时，才能得到平均电磁转矩。该电磁转矩能使同步电动机正常旋转，而在非变频启动时却无法起作用。如果静止的同步电动机励磁后立即投入电网，这时定子旋转磁场与转子磁场间以同步转速 n_1 作相对运动，功角 δ 在 $0°\sim360°$ 之间不断变化，转子承受交变的脉振转矩，其平均值为零，电机无法启动，所以必须采取其他措施辅助启动。

1. 辅助电动机启动

通常选用一台和同步电动机极数相同的小型感应电动机作为辅助电动机。先用辅助电动机将同步电动机拖到异步转速，然后投入电网、加入励磁电流，靠同步转矩把转子牵入同步，然后切断辅机电源。这种方法只适于空载启动，而且所需设备多，操作复杂，应用较少。

2. 变频启动

这种方法通过改变定子旋转磁场转速，利用同步转矩来启动。在开始启动时，转子通入直流，然后使变频电源的频率从零缓慢上升，逐步增加到额定频率，使转子的转速随着定子旋转磁场的转速而同步上升，直到额定转速。这种方法启动性能好，启动电流小，对电网冲击小，但是需要专门的变频电源，增加了投资。

3. 异步启动

在同步电动机的转子上安装类似于异步电动机的笼型绕组的启动绕组（即阻尼绕组）。当接通电源后，使同步电机在异步转矩作用下启动，当转速接近同步转速时再加励磁，依靠同步电磁转矩将转子牵入同步。这是当前同步电动机广泛采用一种方法，下面进行着重分析。

同步电动机异步启动的线路图如图 6-40 所示。启动时，先把励磁绕组串入约为励磁绕组电阻值 10 倍的附加电阻后短接，然后用异步电动机启动方法将定子接入电网，这时同步电动机与异步电动机作用相同，依靠异步电磁转矩启动，等转速上升到接近同步转速时再通入励磁电流，依靠定、转子磁场相互作用所产生的同步电磁转矩以及凸极效应引起的磁阻转矩，将转子牵入同步。整个启动过程包括"异步启动"和"牵入同步"两个阶段。

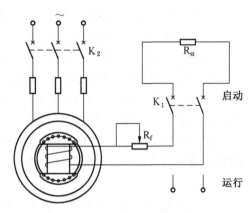

图 6-40　同步电动机异步启动线路图

同步电动机异步启动结束，电动机转速已达到准同步转速，这时笼型绕组的异步转矩虽然仍有一定数值，但不能靠它把转子拉入同步。由异步电动机机械特性可以知道，在这一段的异步转矩基本与转差率成正比，转速升高，转差率减小，转矩与之成正比减小，到同步转速时，该转矩为零。为了把转子拉入同步，这时需要靠同步转矩起作用，在电动机达到准同步转速后，应及时给直流励磁绕组加入励磁电流。这时电机的转差率很低，转子转速已接近旋转磁场转速，由凸极引起的磁阻转矩已起作用。此时转子未加励磁，转子磁极无固定极性，仅由定子磁场磁化而定。由于 θ 角连续变化，磁阻转矩是脉振的，使转子转速发生振荡。再加上励磁电流后，转子磁极有了确定的极性，在半个周期内旋转磁场对转子一直是拉力，这一转矩加上这段时间的异步转矩，完全有可能把转子由准同步转速拉到同步转速，使电动机进入稳定的同步运行。这时的磁阻转矩的振荡周期较前增加一倍。由于转子加励磁后的同步转矩比磁阻转矩强得多，故转速变化也大得多，转速瞬时值可能超过同步转速，而在减速回到同步转速时由于整步转矩的作用使振荡衰减，转子逐渐牵入同步。一般来讲，转子轴上负载愈轻，电机愈容易牵入同步。

小　　结

同步电机的基本结构主要有定子、转子和气隙，其作用和异步电机类同。该电机工作原理仍然是依据电磁感应原理，由原动机拖动转子以同步转速旋转，极性相间的转子磁极掠过分布于定子槽内的对称三相交流绕组而在其中感应出三相对称的交变电动势，该电动势可以作为电源向电网或者电负载提供电能，从而将原动机输入的机械能转变为电能。其励磁方式有直流励磁机励磁、静止整流器励磁和旋转整流器励磁等三种最基本的励磁系统。

同步发电机空载和负载时的磁场，空载时主要由励磁绕组产生主磁场；负载时定子电流不为零，与励磁磁场相互作用，存在电枢反应。在此基础上，根据电动势平衡关系以及磁动势平衡关系，画出同步发电机的相量图和等效电路，列出功率、转矩方程。求出同步发电机的运行特性以及并网运行，并网运行是同步发电机最主要的运行方式，发电机并网时必须满足相序一致、电压相等、频率相等或十分接近的条件，并掌握合适的合闸瞬间。发电机一旦并联于无穷大电网运行时，其电压和频率将成为固定不变的量，这是并网运行与单机运行的区别所在。

通过调节励磁电流的大小可以达到调节发电机无功功率的目的。处于过励状态时，发电机向电网输送滞后的无功功率；处于欠励状态时，发电机向电网输送超前的无功功率。在有功功率一定时，电枢电流随励磁电流变化的曲线称为发电机的 V 形曲线。

电动机运行是同步电机又一种重要的运行方式。同步电动机接于电网上运行，其转速恒定；另外，同步电动机的功率因数可以调节，在需要改变功率因数和不需要调速的场合，常优先采用同步电动机。

通过调节励磁电流可以方便地改变同步电动机的无功功率。过励时，同步电动机从电网吸取超前电流；欠励则吸取滞后电流。能够改善电网的功率因数是同步电动机的最大优势。

从同步电动机的原理来看，它不能自行启动。一般采用在同步电动机的转子上装设启动绕组，借助异步电动机的原理来完成其启动过程。

🔬 思考与练习

6-1 为什么大容量同步电机采用磁极旋转式而不用电枢旋转式？

6-2 为什么同步电机的气隙要比容量相同的异步电机大？

6-3 同步发电机电枢反应性质由什么决定？

6-4 对称负载运行时，凸极同步发电机阻抗 X_σ、X_{ad}、X_d、X_{aq}、X_q 之间的关系是什么？

6-5 试述直轴和交轴同步电抗的意义？如何用试验方法来测定？

6-6 凸极同步电机中，为什么直轴电枢反应电抗 X_{ad} 大于交轴电枢反应电抗 X_{aq}？

6-7 在直流电机中，$E > U$ 与 $E < U$ 是判断电机作为发电机运行还是电动机运行的依据之一，在同步电机中，这个结论还正确吗？

6-8 什么是同步电机的功角特性？θ 角有什么意义？

6-9 用功角特性说明与无限大电网并联运行的同步发电机的静态稳定概念。

6-10 为什么同步发电机的短路特性曲线是一条直线？

6-11 一般同步发电机三相稳定短路，当 $I_k = I_N$ 时的励磁电流 I_{fk} 和额定负载时的励磁电流 I_{fN} 都已达到空载特性曲线的饱和段，为什么前者 X_d 取未饱和值而后者取饱和值？为什么 X_d 一般总是采用不饱和值？

6-12 什么是 V 形曲线？什么时候是正常激磁、过激磁和欠激磁？一般情况下发电机在什么状态下运行？

6-13 与无穷大电网并联运行的同步发电机，当保持输入功率不变时，只改变激磁电流时，功角 δ 是否变化？输出的有功功率和空载电动势又如何变化？用同一相量图画出变化前、后的相量图。

6-14 有一台三相汽轮发电机，$P_N = 25000$ kW，$U_N = 10.5$ kV，Y 接法，$\cos\varphi_N = 0.8$（滞

后），作单机运行。由试验测得它的同步电抗标幺值 $X_s^* = 2.13$。电枢电阻忽略不计。每相励磁电动势为 7520 V，试求分下列几种情况接上三相对称负载时的电枢电流值，并说明其电枢反应的性质：①每相是 7.52 Ω 纯电阻；②每相是 7.52 Ω 纯电感；③每相是 (7.52 - j7.52) Ω 电阻电容性负载。

6-15 有一台 $P_N = 25000$ kW，$U_N = 10.5$ kV，Y 连接，$\cos\varphi = 0.8$（滞后）的汽轮发电机，$X_s^* = 2.13$，电枢电阻略去不计。试求额定负载下励磁电动势 E_0 及 $\dot{E}_0$ 与 $\dot{I}$ 的夹角 ψ。

6-16 有一台凸极同步发电机，其直轴和交轴同步电抗标幺值分别等于 $X_d^* = 1$、$X_q^* = 0.6$，电枢电阻可以忽略不计。试计算发电机的额定电压、额定容量、$\cos\varphi = 0.8$（滞后）时发电机的励磁电动势 E_0^*。

6-17 已知一台三相同步电动机的数据如下：额定功率 $P_N = 3000$ kW，额定电压 $U_N = 6000$ V，额定功率因数 $\cos\varphi_N = 0.8$，额定效率 $\eta_N = 0.96$，定子每相电阻 $R_a = 0.21$ Ω，定子绕组为星形连接，极对数为 5。试求：①额定运行时，定子输入的功率 P_1；②额定电流 I_N；③额定电磁功率 P_e；④空载损耗 p_0；⑤额定电磁转矩 T_e。

6-18 设有一凸极式同步发电机，Y 接线，$X_d = 1.2$ Ω，$X_q = 0.9$ Ω，和它相连的无穷大电网的线电压为 230 V，额定运行时 $\delta_N = 24°$，每相空载电动势 $E_0 = 225.5$ V，求该发电机：①在额定运行时的基本电磁功率；②在额定运行时的附加电磁功率；③在额定运行时总的电磁功率；④在额定运行时的比整步功率。

6-19 有一台同步电动机接在无穷大电网上运行，电动机的额定功率因数 $\cos\varphi_N = 1$，电动机的参数 $X_d^* = 0.8$、$X_q^* = 0.5$，电枢电阻和磁饱和忽略不计，试求：①该机在额定电流、$\cos\varphi_N = 1$ 的情况下运行时，激磁电动势的标幺值和该激磁电动势下的功角特性；②若负载转矩不变，励磁增加 20%，问电枢电流和功率因数将变成多少？

6-20 某工厂电力设备所消耗的总功率为 2400 kW、$\cos\varphi_N = 0.8$（滞后），今欲添置功率为 400 kW、$\cos\varphi_N = 0.8$（滞后）的异步电动机和 400 kW、$\cos\varphi_N = 0.8$（超前）的同步电动机供选用，试问这两种情况下，工厂的总视在功率和功率因数各为多少（电动机的损耗不计）？

第七章 电机的发热和冷却

各种电机在运行过程中都会产生损耗。这些损耗一方面使电机发热，温度升高，另一方面直接影响到电机的运行效率。温升是电机的一项重要性能指标，电机某零部件的温度与周围冷却介质的温度之差称为该零部件的温升，用符号 θ 表示。

若电机运行时的湿度过高，绝缘材料会加快老化而降低绝缘性能，严重时甚至烧坏电机。因此，发热问题直接关系到电机的使用寿命和运行的可靠性。为限制电机发热，一则要减少电机的损耗，二则要改善电机的冷却条件，使电机内部的热量较快地散发出去。

第一节 电机的发热和冷却过程

一、电机的发热过程及测量方法

(一) 电机的发热过程

电机运行时会产生损耗，这些损耗转变为热能，使电机的温度升高，其温度升高过程中，由于辐射和对流作用向周围空气散发热量，当所产生的热量与所散发的热量相等时，电机温度就不再上升而达到某一稳定数值；否则电机温度随时间急速上升。

电机实际运行中有绕组、铁芯、轴承等好几个不同的热源，各热源之间自然存在有热交换，各部分又有不同的热导率。因此，电机的发热过程是极为复杂的。为使问题简化，只讨论均质等温固体的发热过程，即认为物体表面各点的散热条件完全相同、体内各点间没有温差的理想发热体。实践证明，这对研究电机发热规律和估算稳定温升，还是与实际情况基本相符合的。

物体在发热过程中的热量可以分成两部分：一部分为物体内部产生的热量 $Q\mathrm{d}t$，另一部分为散发出的热量 $\alpha A\theta \mathrm{d}t$。那么这两部分之差则是用以提高物体温升 $\mathrm{d}\theta$ 所需的热量 $cG\mathrm{d}\theta$，故物体的热平衡方程式为

$$Q\mathrm{d}t - \alpha A\theta \mathrm{d}t = cG\mathrm{d}\theta$$

即

$$cG\frac{\mathrm{d}\theta}{\mathrm{d}t} + \alpha A\theta = Q \qquad (7-1)$$

式中　　Q——物体每秒所产生的热量，即电机中某部件的损耗，W；

　　　$Q\mathrm{d}t$——在 $\mathrm{d}t$ 时间内所产生的总热量；

　　　α——散热系数，即当物体的温差为 1 K 时，每秒钟内在单位面积上所散出的热量，$\mathrm{W/(m^2 \cdot K)}$；

　　　A——物体表面的散热面积，$\mathrm{m^2}$；

　　　θ——物体的温升，K；

　　　c——物体的比热，即物体温升为 1 K 时，每单位重量所需的热量，$\mathrm{J/(kg \cdot K)}$；

G——物体的重量，kg；故 $cG\mathrm{d}\theta$ 是当物体温度升高了 $\mathrm{d}\theta$ 之后在物体内部所需热量。

当热量 Q 和散热系数 α 为已知，解式 (7-1) 可得

$$\theta = \theta_\infty \left(1 - e^{-\frac{t}{\tau}}\right) + \theta_0 e^{-\frac{t}{\tau}} \qquad (7-2)$$

式中　θ_∞——当 $t = \infty$ 时物体的稳定后温升，一般情况下 $t = (4-5)\tau$ 时温度基本上达到稳定状态；

　　　θ_0——当 $t = 0$ 时物体的稳定后温升；

　　　τ——物体的发热时间常数。

$$\left.\begin{array}{l} \theta_\infty = \dfrac{Q}{\alpha A} \\[3mm] \tau = \dfrac{cG}{\alpha A} \end{array}\right\} \qquad (7-3)$$

上式说明物体每秒钟产生的热量 Q 越大，温升便越高。而物体的散热系数 α 及散热面积 A 越大，温升便越低。增大散热系数的途径一般是在电机中装风扇，以增强空气的对流作用；或者增大散热面积 A，为此封闭式电机的机座上都设置有散热筋。

式 (7-2) 中 θ 对时间 t 求导，可得

$$\frac{\mathrm{d}\theta}{\mathrm{d}t} = \frac{\theta_\infty - \theta_0}{\tau}\left(e^{-\frac{t}{\tau}}\right) \qquad (7-4)$$

这就是温升上升速率，曲线如图 7-1 所示。从图中可以看出，温升的上升速度随时间的指数函数而衰减。在开始发热（$t = 0$）时，温升上升速度最快，其值为 $\dfrac{\theta_\infty - \theta_0}{\tau}$。随着电机温度的升高，电机与周围介质之间的温差逐渐增大，电机向外散发的热量也逐渐增多，于是用以提高电机本身温度的热量就减少，温升的上升速度也就逐渐缓慢下来，这就是温升曲线形成的过程。

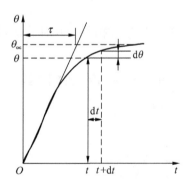

图 7-1　发热曲线（$\theta_0 = 0$）

（二）温升测量方法

电机测温方法多种多样，下面简要介绍温度计法、电阻法和埋置检温计法等方法。

1. 温度计法

温度计法是用酒精温度计、半导体点温计等贴附在电机可接触到的表面，以测出接触点表面的温度。

2. 电阻法

电阻法是通过测量绕组在冷态和热态时的电阻来推算出绕组在热态时的温度。若测得绕组在冷态温度 θ_0 时的电阻为 R_0，热态时的电阻为 R_t，则绕组热态时的平均温度为

$$\theta = \theta_0 + \frac{R_t - R_0}{R_0}(G + \theta_0) \qquad (7-5)$$

式中　G——常数，对铜绕组取 235；对铝绕组取 225。

3. 埋置检温计法

在电机的绕组、铁芯或其他需要测温的位置，在电机装配时预先埋置检温计。检温计通常有热电偶和电阻温度计两种。这种方法可在电机运行中测出被测处温度。

当把电机作为一个各点温度都相同，而且表面各点散热能力也相同的均质等温体时，电机的温升按指数规律增长，温升变化为

$$\Delta\theta = \frac{Q}{\lambda A} \qquad\qquad (7-6)$$

式中　λ ——折射而散走的热量。λ 的大小取决于散热表面的性质和周围冷却气体的流动速度。

上式表明，电机的稳定温升内单位时间的发热量 Q 、散热表面积的大小 A 和散热系数 α 确定。因此，要降低电机的温升有三种办法；一是设法减少电机的损耗，以便降低 Q ；二是增加散热表面积 A ；三是提高电机的散热能力，改进冷却办法，即增大 λ 。

二、电机的冷却过程及冷却方法

（一）电机的冷却过程

当电机的温升已经达到稳态值 θ_∞ 后，若电机停止运行，电机内部便停止产生热量，相当于式（7-1）中的 $Q = 0$ ，于是电机将逐渐冷却，可得冷却过程的方程式为

$$cG\frac{\mathrm{d}\theta}{\mathrm{d}t} + \alpha A\theta = 0 \qquad\qquad (7-7)$$

求解上式，并设 $t = 0$ 时的 $\theta = \theta_0$ ，可得

$$\theta = \theta_0 \mathrm{e}^{-\frac{t}{\tau}} \qquad\qquad (7-8)$$

式中　τ ——冷却时间常数。

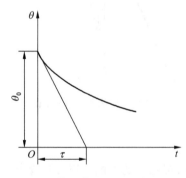

图 7-2　均质等温固体的冷却曲线

上式表明，均质等温固体的冷却曲线也是一条指数曲线，如图 7-2 所示。在开始冷却阶段，物体温度下降较快，以后温升的下降速度又逐渐减慢。

（二）冷却方法

电机的冷却状况决定了电机的温升，而温升又直接影响到电机的使用寿命和额定容量。因此，冷却问题是电机设计制造和运行维护中的重要问题，其核心是选择经济有效的冷却介质和冷却方式。

1. 冷却介质

（1）气体。电机中采用的气体冷却介质有空气和氢气等。氢气的密度小（约为空气的1/10），可降低通风摩擦损耗，明显提高电机效率，且热容量大，能显著改善冷却效果，故在需要强化冷却手段的大型汽轮发电机（单机容量在5 MW 以上）中得到广泛应用。一般来说，从空气冷却改为氢气冷却后，汽轮发电机转子绕组的温升约降低一半，电机容量约提高 1/4，效果是非常显著的。不过，采用氢气冷却的成本很高，并且还要求有防漏、防爆等保证措施，因此大部分电机仍首选空气冷却。

（2）液体。液体冷却介质主要有水、油。由于液体的热容量和导热能力远大于气体，

因此冷却效果也就优越得多。电力变压器大都采用油浸冷却方式。汽轮发电机改空气冷却为水冷，容量可成倍提高。不过，液体冷却中也面临泄漏和积垢堵塞等新问题。

2. 冷却方式

电机的冷却方式有直接冷却（又称内部冷却）和间接冷却（又称外部冷却）。直接冷却将冷却介质（多为氢气和水）导入发热体内，吸收热量并直接带走；间接冷却则以改善发热体外表的散热环境，即以提高对流换热能力为目标。显然，直接冷却的效果要比间接冷却好得多，且正因为直接冷却方式的不断发展才使电机的单机容量不断突破，并使巨型机问世。但直接冷却方式成本昂贵，电机的冷却结构也非常复杂，所涉及的知识内容超出了本书的范围，因此下面仅简要介绍间接冷却方式。

间接冷却方式的冷却介质主要是空气，具体有自然、自扇、他扇三种冷却形式。

（1）自然冷却。仅靠空气在电机中自然冷却，一般在几百瓦以下的小电机中采用。

（2）自扇冷却。在电机转轴上装有风扇，使冷却空气顺风道进入电机掠过发热表面带走热量。

按气体在电机中的流动方向，自扇冷却有内风扇独向通风（图7-3）和径向通风（图7-4）或轴、径向混合通风（图7-5）以及外风扇自冷通风等多种形式。其中外风扇自冷通风方式多用于封闭式电机，意在加强机座外表面的对流散热效果。内风扇通风冷却方式适用于非封闭式电机。径向通风系统中，冷却空气经两端鼓入，穿过径向通风道由机座流出。轴向通风系统中，冷却空气一端进，另一端出，并有抽出式（图7-3a）和鼓入式（图7-3b）之分，但实际中多采用抽出式。

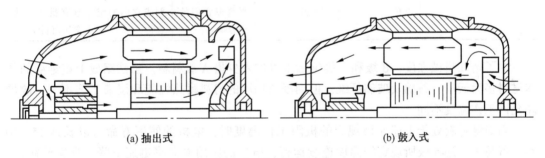

(a) 抽出式　　　　　　　　　　　　　　(b) 鼓入式

图7-3　轴向通风系统

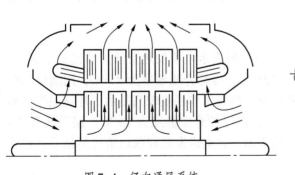

图7-4　径向通风系统

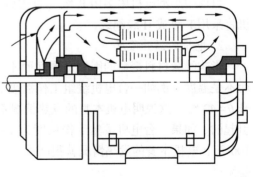

图7-5　混合通风系统

（3）他扇冷却。冷却空气由专门的风扇或鼓风机等辅助通风设备供给（若通过管道输送，则称为管道通风式），特别适合于宽调速电机，因为这种电机低速运行时的自通风能力显著降低。进入电机的空气直接排入大气称为开放式系统，适用于中、小型电机；若冷却空气在一个封闭的系统中经冷却器循环，则称为闭路式系统，这种系统在大型电机中广泛应用。

第二节　电机用绝缘材料和电机的定额

一、电机常用的绝缘材料

1. 绝缘材料的等级

电机常用绝缘材料，按其耐热能力分为 A、E、B、F 和 H 级，每级绝缘材料都根据其使用寿命规定其温度限值，见表7-1。

表7-1　各级绝缘材料

绝缘材料等级	A 级	E 级	B 级	F 级	H 级
容许工作温升/℃	105	120	130	155	180
制作材料	采用浸渍处理过的有机材料	采用聚酯薄膜、三醋酸纤维薄膜	采用云母纸、云母带、玻璃纤维及石棉等材料或它们的组合物	采用云母、玻璃纤维和合成树脂作黏合剂或它们的组合物	采用云母、石棉、玻璃纤维等物质再用硅有机漆作为黏物而制成

为了增加机械强度，B 级和 F 级绝缘也可加入少量 A 级材料。虽然组成上述绝缘的基本材料多为云母、石棉及玻璃纤维，但因浸渍用漆的材料耐热性能和浸渍工艺不一，故最高允许工作温度不同。

当绝缘材料处于上述 5 级规定的极限工作温度时，电机的使用寿命可以长达 15～20 年。若高于上述 5 级所规定的温度连续运行，电机的使用寿命将迅速下降。据实验统计，A 级绝缘的工作温度每上升 8 ℃，绝缘的寿命将减少一半。

目前中小型电机中多用 B 级（过去曾用 E 级）绝缘。若在高温或重要的场合下，电机将采用 F 级或 H 级绝缘。

2. 电机的温升限度

影响绝缘材料寿命的因素是温度而不是温升，但表示电机发热及散热情况的是温升，而不是温度。例如一台电机绕组工作温度为 125 ℃，冷却介质温度为 85 ℃，则绕组的温升 $\theta=40$ ℃。这说明电机本身的发热情况不严重，电机工作温度较高是由于环境温度高而引起的。如果一台电机虽然工作温度为 125 ℃，但冷却介质温度为 25 ℃，温升便有 $\theta=100$ ℃，电机本身的发热情况就很严重了。故表示一台电机发热和散热情况的是温升而不是温度。

当电机的绝缘材料确定后，电机的最高容许温度就确定了，此时温升的限值就取决于冷却介质的温度。一般电机中冷却介质是空气，它的温度随地区及季节而不同，为制造出能在全国各地全年都能适用的电机，并明确统一的检查标准，国家标准《旋转电机 绝缘结构功能性评定 成型绕组试验规程 旋转电机绝缘结构热评定和分级》（GB/T 17948.3—2017）规定，冷却空气的温度定为 40 ℃。在此环境温度下，电机绕组的温升限值：E 级绝缘为 75 ℃，B 级绝缘为 80 ℃。

二、电机的定额

电机的温升不仅取决于损耗的大小和散热情况，而且还与运行方式有关。例如同一台电机，在损耗相同的条件下，长时间连续运行时的温升就比短时运行的高。因为短时运行情况下的电机温升尚未达到稳定的较高值就已停止使用，当然温度就不可能继续升高。这样同一台电机如果是短时运行，将允许流过较大的电流，这就是电机的定额问题，电机的定额分为连续运行、短时运行和周期运行。

1. 连续运行

电机的连续运行是指电机在额定电压和额定负载下不间歇持续运行。

2. 短时运行

电机的短时运行是指电机在额定条件下，只在限定的时间内运行，工作周期短，停止周期长。待再次启动时，电机各部分均已进入冷态。此类电机发热、冷却曲线如图 7-6 所示。

3. 周期运行

按照电机铭牌上规定的额定数据，电机长期运行于一系列完全相同的周期，每个周期包括一个额定负载时间和一个空载或停机时间。额定负载运行时间与整个周期时间之比称为负载持续率。每个周期的负载持续时间通常为10 min，负载持续率有15%、25%、40%及60% 四种。

周期运行时，电机的发热和冷却过程是交错进行的，故它到达的温升将比连续运行时低，如图 7-7 所示。不论是周期运行定额还是短时运行定额的电机，都不可按其周期运行定额或短时运行定额的数值而作长期连续运行，否则会使电机过热而损坏。

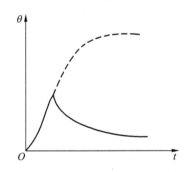

图 7-6　短时运行额定电机的发热冷却曲线

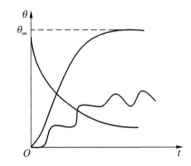

图 7-7　周期运行额定电机的发热冷却曲线

小　　结

电机的发热平衡方程式 $cGd\theta/dt + \alpha A\theta = Q$ 以及测量方法有温度计法、电阻法和埋置检温计法。电机的冷却方程式 $cGd\theta/dt + \alpha A\theta = 0$ 以及冷却方式自然冷却、自扇冷却、他扇冷却等。电机的绝缘材料分为五级，有 A、E、B、F 和 H 级。根据电机的定额可分为连续运行、周期运行和短时运行等，并理解它们的工作原理。

思考与练习

7-1 电机的发热测量方法有哪些？具体的测量过程是什么？

7-2 电机的冷却方式有哪些？具体的冷却方式有哪些？

7-3 电机常用的绝缘材料有哪些？具体由哪些材料制成？

7-4 电机的定额分类是什么？各有何特点。

参 考 文 献

[1] 张广溢，郭前岗．电机学 [M]．重庆：重庆大学出版社，2002．

[2] 汤蕴璆，罗应力．电机学 [M]．3 版．北京：机械工业出版社，2008．

[3] 阎治安，崔新艺，苏少平．电机学 [M]．2 版．西安：西安交通大学出版社，2006．

[4] 李发海，朱东起．电机学 [M]．3 版．北京：科学出版社，2001．

[5] 辜承林，陈乔夫，熊永前．电机学 [M]．2 版．武汉：华中科技大学出版社，2005．

[6] 向伯荣．电机学 [M]．郑州：黄河水利出版社，2002．

[7] 王正茂，阎治安，崔新艺，等．电机学 [M]．西安：西安交通大学出版社，2000．

[8] 蒋豪贤．电机学 [M]．广州：华南理工大学出版社，1997．

[9] 顾绳谷．电机及拖动基础 [M]．北京：机械工业出版社，2007．

[10] 汤蕴璆．电机学 [M]．5 版．北京：机械工业出版社，2022．